高等学校电子信息类系列教材

电工电子技术实验教程

主　编　柴志军
副主编　王云霞　吴宇红
主　审　刘明亮

西安电子科技大学出版社

内 容 简 介

本书是与电工电子技术实验课程相配套的教材。全书共三篇：第一篇为电工电子技术实验基础知识，主要内容包括绪论、常用电子元器件、实验操作技术；第二篇为 EDA 软件的介绍与实验，包括 Multisim 14.0 仿真软件介绍、Quartus Prime 软件应用方法以及 FPGA 基础实验；第三篇为电工电子实验，内容涵盖了电工学实验、模拟电子线路实验、数字电子线路实验和电子线路综合设计实验。

为帮助学生掌握实验基本技能，本书对实验步骤和实验数据的处理方法进行了较为详细的介绍。书中的设计性实验项目要求学生自己设计实验方案、自拟实验步骤，完成电路测试并达到设计要求，可为提升学生的创新能力和研究能力打下基础。

本书适合作为高等学校电子信息类专业电工电子技术实验课程的教材，也可以供其他相关专业人员参考。

图书在版编目（CIP）数据

电工电子技术实验教程 / 柴志军主编. -- 西安：西安电子科技大学出版社，2025.1. -- ISBN 978-7-5606-7527- 5

Ⅰ. TM-33；TN-33

中国国家版本馆 CIP 数据核字第 202568FN44 号

策　　划　明政珠

责任编辑　张　存　许青青

出版发行　西安电子科技大学出版社（西安市太白南路 2 号）

电　　话　(029) 88202421　88201467　　邮　　编　710071

网　　址　www.xduph.com　　电子邮箱　xdupfxb001@163.com

经　　销　新华书店

印刷单位　陕西天意印务有限责任公司

版　　次　2025 年 1 月第 1 版　2025 年 1 月第 1 次印刷

开　　本　787 毫米×1092 毫米　1/16　印张 16.5

字　　数　388 千字

定　　价　47.00 元

ISBN 978-7-5606-7527-5

XDUP 7828001-1

前　言

Preface

电子技术是20世纪70年代以来高速发展的一门科学技术，其每一次的技术飞跃都带来了生产生活领域的巨大变革。“电工电子技术”课程是电子信息类专业的基础课程，而电工电子技术实验是“电工电子技术”课程的重要组成部分，对培养学生的操作能力、动手实践能力和创新创造能力具有重要的作用。电工电子技术实验的主要任务是使学生熟练掌握基本仪器的使用方法，具备分析、测量、调试电路等实验能力，以及电子线路综合设计能力，为后续专业课程的学习和工程实践奠定基础。

本书分为电工电子技术实验基础知识、EDA软件的介绍与实验、电工电子实验三篇，重点从知识、技术、能力、综合素养和创新5个层面突出对学生的培养。

第一篇为电工电子技术实验基础知识，主要介绍电工电子实验的基本目标、安全用电常识、常用电子元器件的分类与故障检测方法、实验操作技术等，对实验数据的读取和处理也进行了重点介绍。通过本篇内容的学习，学生可以快速掌握基本实验技能和数据处理方法。

第二篇为EDA软件的介绍与实验，重点介绍了Multisim 14.0仿真软件、Quartus Prime软件的应用方法以及FPGA基础实验项目，其中对软件的使用做了较详细的讲解和举例。通过对这些内容的学习与实践，学生不仅可以进一步理解电工电子技术课程的理论知识，还可以从实践角度感受电子电路的相关特性，为开展后续的基础性实验和设计性实验奠定基础。

第三篇为电工电子实验，主要介绍电工学实验、模拟电子线路实验、数字电子线路实验和电子线路综合设计实验。通过这些研究性的实践和尝试，学生可以学会如何应用单元电路来组建一定规模的电子系统，提高基础电子元器件的综合应用能力，从而提升创新意识，拓展创新思维。

本书第一篇及第三篇的第7章由柴志军编写，第二篇和第三篇的第10章由王云霞编写，第三篇的第8章和第9章由吴宇红编写。柴志军负责编写组织、书稿整理定稿及出版联系等工作。

本书由黑龙江大学刘明亮教授担任主审，刘教授对本书提出了许多宝贵的修改意见，在此表示诚挚的感谢。由于编者水平有限，不足之处在所难免，衷心欢迎广大读者批评指正。

编　者

2024年7月

目　录

CONTENTS

第一篇　电工电子技术实验基础知识

第二篇 EDA软件的介绍与实验

第三篇　电工电子实验

第一篇　电工电子技术实验基础知识

本书介绍的实验内容主要针对电工学实验、模拟电子线路实验、数字电子线路实验。本篇内容主要介绍电工电子技术实验基础知识，包括绪论、常用电子元器件、实验操作技术。

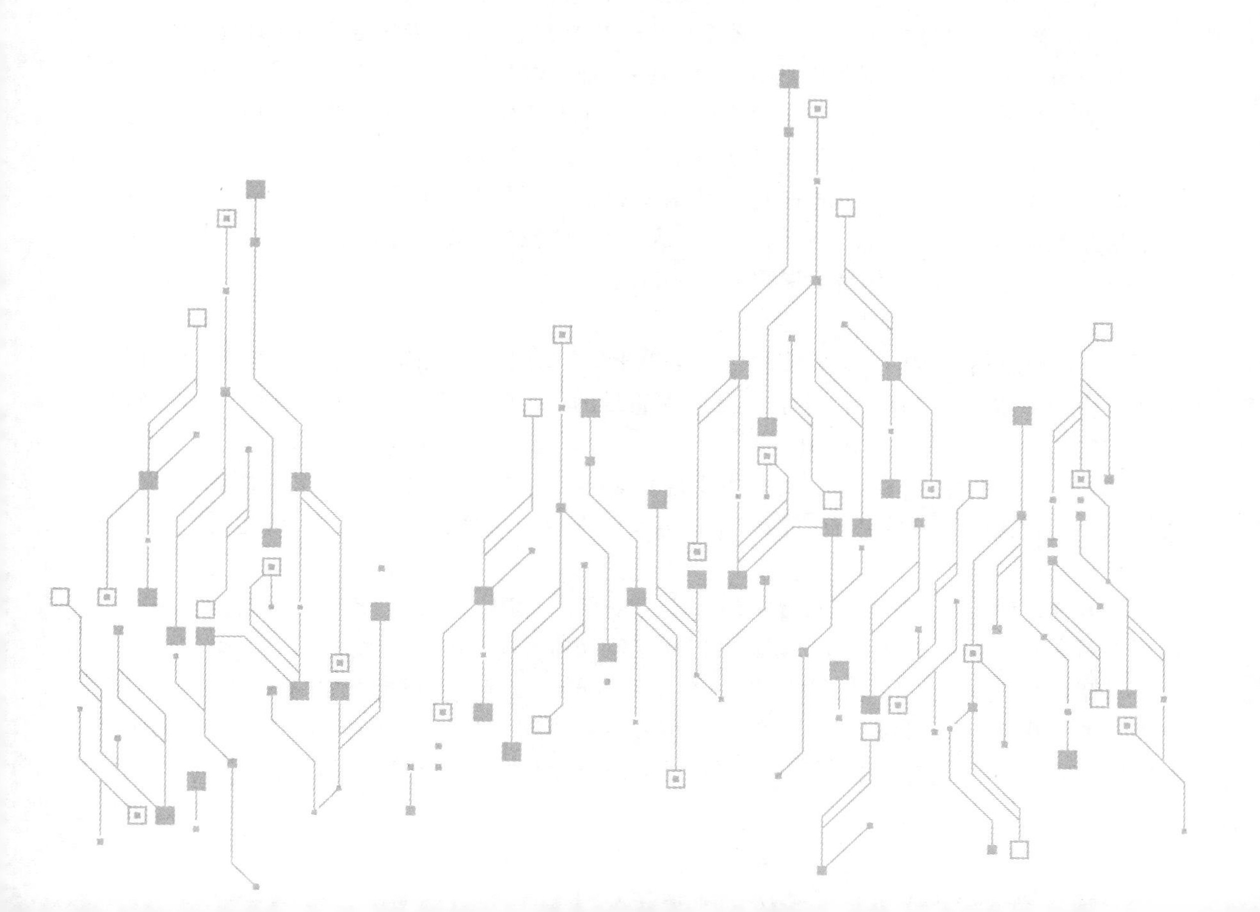

第1章

绪　　论

电工电子技术具有应用性和实践性强的特点，其实验在课程研究和技术发展过程中起着关键作用。例如，工程技术人员和科研工作者通过实验的方法可以分析实际应用电路、器件、单元电路的工作特性与工作原理，完成电路性能参数的测量与评估，验证电路性能，设计组成各种实用型电路与系统。

1.1　电工电子技术实验的目的与性质

电工电子技术实验是学习现代电子技术课程不可缺少的基础性环节。学生在实践过程中通过观察、分析、验证，将理论学习与实践内容紧密结合，可以加深对所学知识的理解。近几十年，科学技术发展迅速，电路系统变得越来越复杂，但无论多么复杂的电路系统，其都可以分为模拟型、数字型和模数混合型电路。通常将具有特定功能、规模较小的一类电路系统称为单元电路，实际应用电路多由若干单元电路组成。本书将以电工电子单元电路为核心开展实验训练，以提高学生的实践能力，夯实其创新基础。

对于电子类专业的学生，电工电子技术实验是重要的基础课程。通过实验过程学习电路基础知识和基本实验技能，在此基础上运用所学的理论来分析和解决工程实践中的问题，提升创新能力，这些都是本课程的学习目的。

电工电子技术实验分为三个层次。

(1) 基础应用型实验：这类实验主要培养学生的动手能力和基本实验素养，同时巩固理论教学中的基本知识；通常要求学生根据实验目的、实验原理、实验电路和详细的实验步骤完成实验，学习基本实验技能。

(2) 综合提升型实验：这类实验主要培养学生综合应用电路知识解决问题的能力；通常要求学生以满足设计指标为目的，根据实验要求自行选择测量方法、设计电路、完成电路的调试工作。

(3) 设计型实验：这类实验着重培养学生的创新能力；通常要求学生根据指定的实验内容自行设计全部或者部分电路，自主选择实验仪器，自拟实验步骤。

基础应用型实验可以根据学生学习能力的不同进行选择，每个实验约2学时；综合提升型实验课内实验时间为2学时，但前期预习准备时间至少为3学时；设计型实验需要较长时间进行准备，实验内容包括实验项目的电路设计、仿真、搭建、调试、测试、演示及答辩等，需要 7～12 学时。

电工电子技术发展迅速，新器件、新电路层出不穷，内容丰富，在学习过程中要关注新技术的发展。在实验中，重点学习常用实验仪器的使用方法，直流电压、电流的测量，交流信号频率、相位、时间、平均值、有效值、峰峰值等参数的测量，电路元件资料、手册的查询，以及典型电路的应用等。

1.2　电工电子技术实验的要求

电工电子技术实验内容广泛，包括电工学实验、模拟电子线路实验和数字电子线路实验，每个实验都有不同的实验目的和实验步骤，但是对于实验的基本要求是类似的。

1. 熟悉实验室安全规则

为顺利完成实验，确保实验仪器仪表设备和人身安全，学生进入实验室后必须遵守实验室安全规则。

(1) 学生进入实验室后必须严肃认真、用心专一，不得进行与本实验无关的事情。

(2) 学生在实验前应熟知安全用电常识，在实验中应严格遵守安全用电制度和操作规程。

(3) 学生应熟悉实验室的电源配置和操作方法，了解电源的参数和控制方式，对于直流电源应正确区分电源、仪表的正负极。

(4) 接通电源和进行实验操作前应规划好操作步骤，不得盲目操作实验装置；电源设备送电和操作实验设备时应按照实验指导书进行操作，发现异常应立即切断电源，待故障排除后方可重新接通电源和进行实验操作。

(5) 使用和移动仪器时应轻拿轻放，不清楚使用方法和操作步骤时不得随意使用，以免损坏实验设备。

(6) 实验中不得用手触摸线路中裸露的带电体，防止电击和触电事故发生。如遇触电事故，应立即切断电源，并及时抢救。

(7) 电气设备带电运行时，设备的外壳应有保护接地或接零措施。

(8) 未经允许不得随意改变实验室的电气配置和更换熔断器熔丝等配件，不得擅自拆卸仪表和实验装置。

(9) 实验过程中，应先连接实验线路和仪表设备，再接通电源；实验完毕后应立即切断实验电源，并先拆除电源线路，再拆除实验仪表设备和线路。

2. 实验前预习

实验前应做好实验预习，否则在实验过程中容易出现较多错误或者引发安全事故。实验预习主要包括：

(1) 阅读实验教材，明确实验目的、实验原理和实验内容，关注实验注意事项。

(2) 复习本次实验课相关理论知识，完成电路的基本分析与设计。

(3) 根据实验内容拟定好实验步骤，选择合适的测量方法与测量仪器。

(4) 认真完成预习与思考题。

3. 实验准备与检查

在实验课之前应充分了解实验操作规程，保障实验安全，提高实验质量。在实验前应做好如下准备与检查工作：

(1) 检查电源与实验仪器、实验需要应用的元器件是否齐全，功能是否完好；确保实验仪器处于初始的预置状态。例如：可调直流电源的挡位应在实验开始前调节好，不能将未调节好的电源接入电路；交流毫伏表的挡位在使用前应置于最大量程。

(2) 对照实验原理图认真检查、核对电路板中的元器件，检查各个引线，明确实验箱、实验台的控制方式；检查电路中的元器件是否存在损坏、缺失等情况，防止电路出现异常短路、断路等故障。

4. 实验结束

实验结束后应整理实验设备、关闭电源，将实验元器件放到指定位置。实验结束后，还须对实验内容进行整理，撰写实验报告。

1.3 安全用电基础

实验室安全用电关系着人员的生命健康和设备的安全运行，因此掌握安全用电常识非常重要。

1. 实验过程中需要确保人员安全

(1) 进行实验前，应明确实验电路中哪些位置为强电输出端，实验过程中禁止随意触碰强电输出插口，防止出现电击伤害。

(2) 在实验过程中如果需要调换实验仪器位置，必须切断电源后方可施行。

(3) 仪器使用过程中应确保安全接地，防止机壳带电发生触电事故。

(4) 应熟练掌握安全标志。图 1-1 为实验设备常见的安全标志，应尤其注意警告标志。

图 1-1 实验设备常见的安全标志

2. 实验过程中需要确保仪器和元器件安全

(1) 为防止损坏实验元器件，通常要求在连接、改接和拆除电路过程中先进行断电操作。

(2) 在使用仪器的过程中，尽量减少开关次数，以免影响仪器使用寿命。

(3) 不要随意切换仪器挡位和旋钮。实验结束后切断实验设备电源。

(4) 为确保设备安全，实验仪器中的熔断器应按规定容量使用，不得随意代用。

(5) 注意仪表量程，当被测量无法估计大小时，应从仪表的最大量程开始测试，逐渐减小量程。

1.4 实验报告撰写

实验报告是对实验前预习、实验过程记录和实验结果分析的全面总结。撰写实验报告可以使学生加深对实验相关理论知识的理解，培养综合分析问题和解决问题的能力，促进知识内化，提高科技创新能力和论文写作能力。

撰写实验报告应做到字迹工整、语言通顺、技术用语专业、原理简洁、数据准确、图表规范、结论明确。

实验报告通常包括如下几个组成部分：

(1) 实验目的。实验目的应简明扼要，不要超出本次实验的范围。

(2) 实验原理与实验内容。明确实验原理与实验内容，对实验内容和原理应用文字进行描述和说明，对实验原理也可以用原理图、方框图进行描述说明。电路图绘制应该规范，参数应详细标注。

(3) 实验仪器设备。实验报告中应明确说明实验使用的仪器设备及型号。

(4) 操作步骤。通常操作步骤与实验内容应有效结合，对于关键步骤应详细、准确陈述。

(5) 实验数据记录及数据处理。实验数据是实验报告最重要的组成部分之一，是分析实验结论的重要依据。实验过程中应准确记录实验原始数据，不得随意更改，禁止弄虚作假。通常应通过列表、作图等方法进行数据处理。对数据要进行分析比较，对与理论相差过大的数据应分析产生原因并提出解决方法。

(6) 结论与心得。对实验数据的分析应体现最终结论；实验数据对实验结论应有明显支撑，不能脱离数据谈结论；对实验的收获和体会应真实；还可以提出对实验和测量方法的改进方案。

第 2 章

常用电子元器件

电路是由电子元器件经过连接线搭建而成的，本章介绍常用电子元器件的种类、参数、特性及一般测量方法。

2.1 电　　阻

电阻器又称为电阻（Resistance），是电路中必不可少的基本元件，也是对电流流动有一定阻力的元件。为了表述更方便，本书后面内容将电阻器统称为电阻。电阻通常用 R 来表示，阻值的单位为 Ω。

2.1.1 电阻的种类

电阻是利用某些材料对电流产生阻碍作用的特性制造的基本元件。固定电阻是阻值不变(或基本不变)的电阻，也是电子产品中使用最多的元件。根据电阻的外部特征可将常见电阻分为色环电阻、贴片电阻、水泥电阻、排阻、敏感电阻、可调电阻等。

1. 色环电阻

色环电阻应用历史较长，其大小可以用万用表来测量，也可以通过色环来读取，是手工搭建实验电路时经常使用的电子元件之一。常用的电阻分为四色环电阻和五色环电阻。为增强散热能力，电阻经常设计为两端较粗、中间较细的结构。图 2－1 为色环电阻实物图。

四色环电阻就是指用四条色环表示阻值的电阻。图 2－2 为四色环电阻示意图，有三条色环相互之间的距离较近，另外一条与其他环的距离相对远一些。从左向右数，第一、二环表示两位有效数字，第三环表示有效数字后面乘以 10 的几次方，第四环(误差环)表示电阻

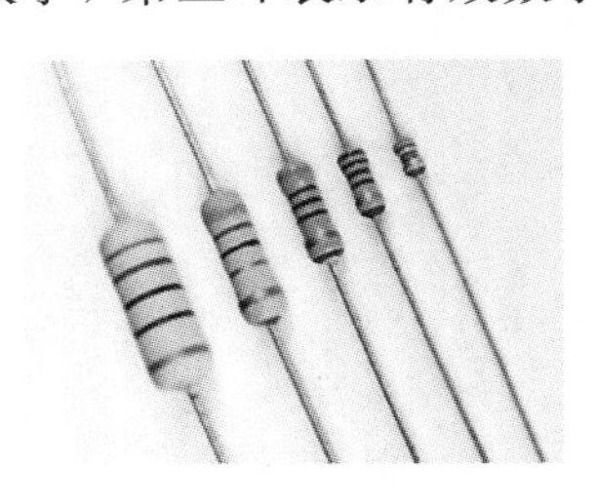

图 2－1　色环电阻实物图

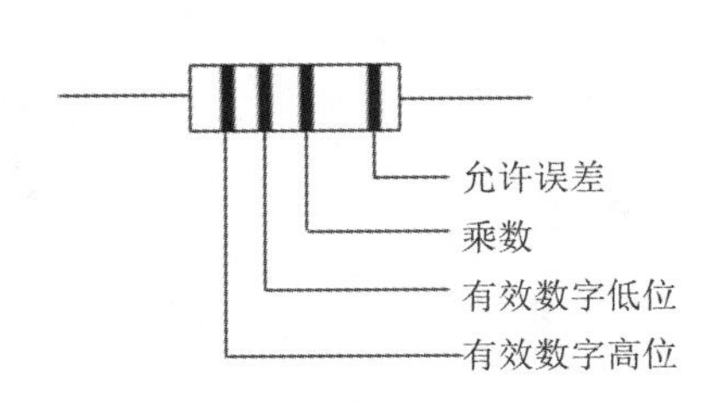

图 2－2　四色环电阻示意图

阻值的精度，即允许阻值的误差。通常第四环(误差环)为蓝色、棕色、金色和银色(蓝色代表误差为 0.1%，棕色代表误差为±1%，金色代表误差为±5%，银色代表误差为±10%)。例如，第一环到第四环的颜色分别为蓝、灰、橙、金，表示电阻的阻值为(68±5%)kΩ。

五色环电阻用五条色环表示阻值及误差，其示意图如图 2-3 所示。从左向右数，第一、二、三环表示三位有效数字，第四环表示有效数字后面乘以 10 的几次方，第五环表示电阻阻值的精度。例如，第一环到第五环的颜色分别为绿、棕、黑、红、棕，表示电阻的阻值为(51±1%)kΩ。

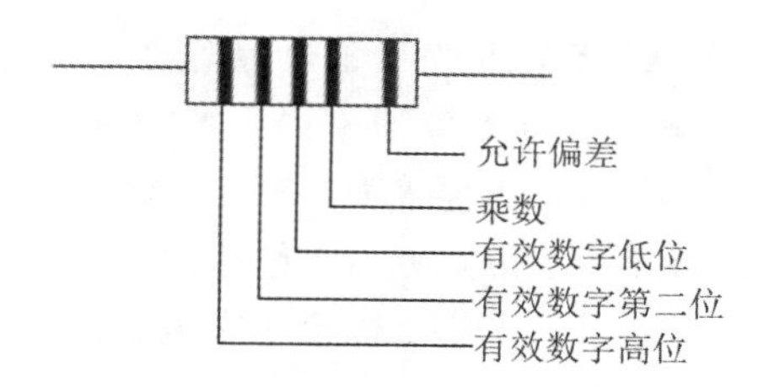

图 2-3　五色环电阻示意图

色环电阻各环颜色代表的数值如表 2-1 所示。

表 2-1　色环电阻颜色对应的数值

颜色	银	金	黑	棕	红	橙	黄	绿	蓝	紫	灰	白	无
有效数字	—	—	0	1	2	3	4	5	6	7	8	9	—
乘数	10^{-2}	10^{-1}	10^{0}	10^{1}	10^{2}	10^{3}	10^{4}	10^{5}	10^{6}	10^{7}	10^{8}	10^{9}	—
允许偏差/%	±10	±5	—	±1	±2	—	—	±0.5	±0.25	±0.1	±0.05	—	±20

色环电阻的阻值可以通过上述读色环的方法读出。如果不能准确辨识色环值，也可以用数字万用表或指针式万用表的电阻挡测试电阻值。

2. 贴片电阻

贴片电阻又名表面安装电阻，是现代电子设备中使用较多的电阻。贴片电阻具有体积小、重量轻、电性能稳定、可靠性高、装配成本低、机械强度高和高频特性优越等特点。贴片电阻主要有矩形和圆形两种形状。常用的贴片电阻为黑色扁平小方块，两边的引脚焊片呈银白色。常用贴片电阻外形与对应型号如图 2-4 所示(单位为 cm)。

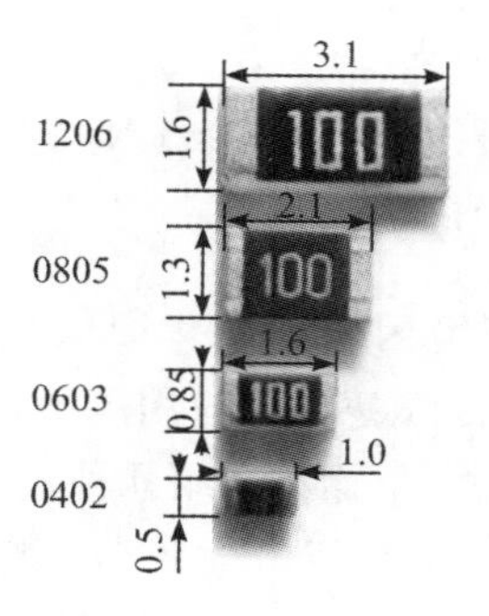

图 2-4　常用贴片电阻外形与对应型号

贴片电阻的功率与体积正相关，体积越大，其最大功率就越大，通常贴片电阻的功率在0.05～1 W的范围内。功率稍大的贴片电阻阻值直接采用数字索位标称法标注。数字索位标称法就是在电阻体上用三位数字来标明其阻值，它的第一位和第二位为有效数字，第三位表示在有效数字后面所加“0”的个数(这一位不会出现字母)。例如：“472”表示4700 Ω；“151”表示150 Ω。如果是小数，则用“R”表示“小数点”，并占用一位有效数字，其余两位是有效数字。例如：“2R4”表示2.4 Ω；“R15”表示0.15 Ω。

3. 水泥电阻

水泥电阻是一种绕线电阻，即将电阻绕于耐热瓷芯上，外面加上耐热、耐湿及防腐蚀的材料保护固定并把绕线电阻体放入方形瓷器框内，用特殊不燃性耐热材料填充而成，通常体积和功率较大。一般情况下，填充物为水泥，故称水泥电阻。水泥电阻的阻值会直接标注于电阻上。水泥电阻具有耐高功率、散热性好、稳定性好、耐震等特点，常用于大电流工作电路中，如用于过流检测电路、保护电路、音频功率放大电路等。图2-5为水泥电阻外形图。

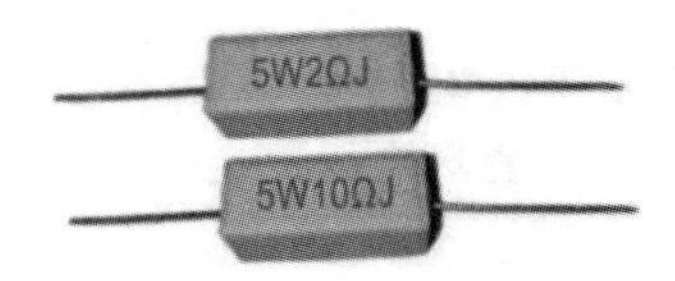

图2-5　水泥电阻外形图

4. 排阻

排阻又被称为网络电阻，是将多个电阻按一定顺序封装在一起而制成的复合电阻。排阻具有方向性，与色环电阻相比具有整齐、占用空间少等优点。

排阻分为直插式和贴片式，其型号可在排阻表面的标识上读出。直插式排阻通常都有一个公共端，在其表面用一个小白点表示。常见的直插式排阻如图2-6(a)所示。贴片式排阻有8P4R(8引脚4电阻)和10P8R(10引脚8电阻)两种。贴片式排阻如图2-6(b)所示。

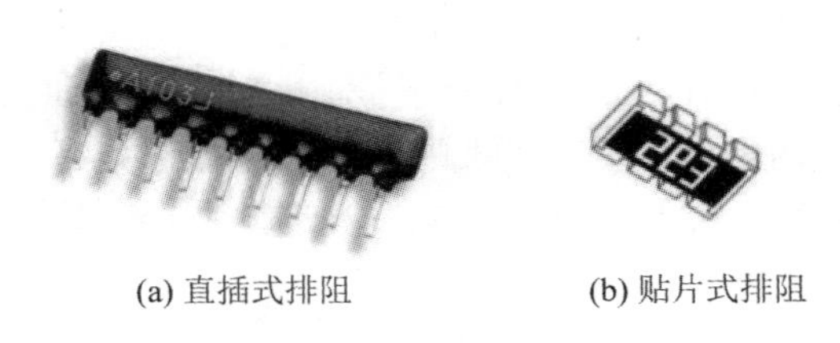

(a) 直插式排阻　　(b) 贴片式排阻

图2-6　排阻外形图

5. 敏感电阻

敏感电阻的阻值会随着外部环境因素的变化而变化。常见的敏感电阻包括光敏电阻、热敏电阻等，其外观如图2-7所示。敏感电阻应用广泛，例如热敏电阻可以用于电路的温度补偿，也可以作为测温电路的传感器。下面将介绍几种在电子电路中广泛应用的敏感电阻。

(1) 光敏电阻：光敏电阻见光后，其阻值会变小。光敏电阻在无光时，其阻值一般大于1500 Ω。

(2) 正温度系数(PTC)热敏电阻：阻值随温度升高而升高。

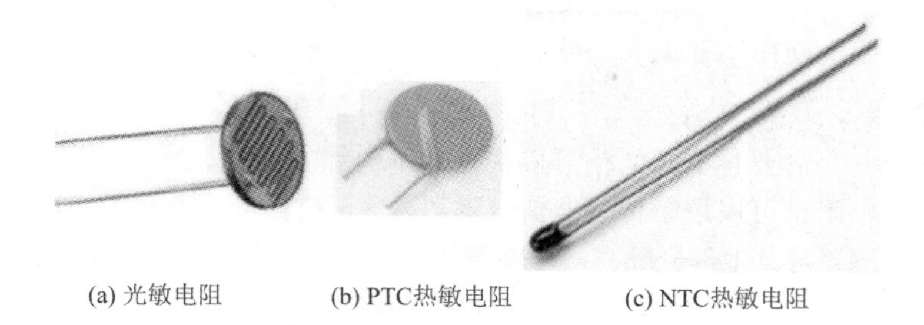

(a) 光敏电阻　　(b) PTC热敏电阻　　(c) NTC热敏电阻

图 2－7　常见的敏感电阻

(3) 负温度系数(NTC)热敏电阻：阻值随温度升高而减小。

6. 可调电阻

可调电阻(Rheostat)，又称为可变电阻。它是一类电阻的统称，其阻值可以人为调节，以满足电路的需要。常见的可调电阻如图 2－8 所示。

图 2－8　常见的可调电阻

可调电阻按照阻值大小、调节范围、调节形式、制作工艺、制作材料、体积大小等可分为许多不同的类型。可调电阻的标称值是标准规定的可以调整到的最大电阻阻值。理论上，可调电阻的阻值可以调整到 0 与标称值之间的任意值上，但因为实际结构与设计精度要求等原因，往往不容易达到“任意”要求，只能“基本上”做到在允许的范围内调节。常见的可调电阻主要是通过改变电阻接入电路的长度来改变阻值的。通常可调电阻的体积越大，其最大电流也越大。

2.1.2　电阻的应用

电阻是电子电路中不可或缺的元件之一，对于保证电路的正常运行和稳定性具有重要作用。电阻的应用非常广泛，除大家熟知的分压、分流外，还可以用于限流、降压、信号隔离等。

1. 限流

电阻的限流作用是指将电阻用作限流元件，把电流限制在一定范围内。当电路中的电流过大时，电阻会通过其阻值来限制电流的流动，以防止电流过大对电路中的元件造成损坏。同时，电阻也可以通过调整阻值来满足电路的电流需求。

2. 降压

当某个用电器的额定电压小于电源电压时，为了使其正常工作，可以将电阻与用电器串联，让电阻承担一部分电压，以确保用电器可以正常工作，此时这个电阻就叫作降压电阻。通常降压电阻的功率不能太大，否则会产生较多热量。

3. 信号隔离

在一些电路中，需要将不同的信号隔离开，避免相互干扰，这时可以通过电阻将信号分离开来。隔离电阻也可以用于传感器信号隔离，防止信号干扰导致传感器的输出失真。通过隔离电阻将传感器与其他部分隔离，可以降低噪声和干扰信号的影响，提高传感器的准确性和可靠性。在自动化控制系统中，控制信号可能来自不同的源，并且具有不同的电位参考点，隔离电阻可以使不同电路之间的控制信号相互隔离，确保它们不会相互干扰或损坏。

2.1.3 阻值的测量

测量电阻阻值时应确保没有其他支路并联，且测量过程中不能通电。由于人体是有一定阻值的导体，因此在测量电阻阻值时，手不要触碰表笔和引脚部分。典型的测量电阻阻值的方法如图 2-9 所示。

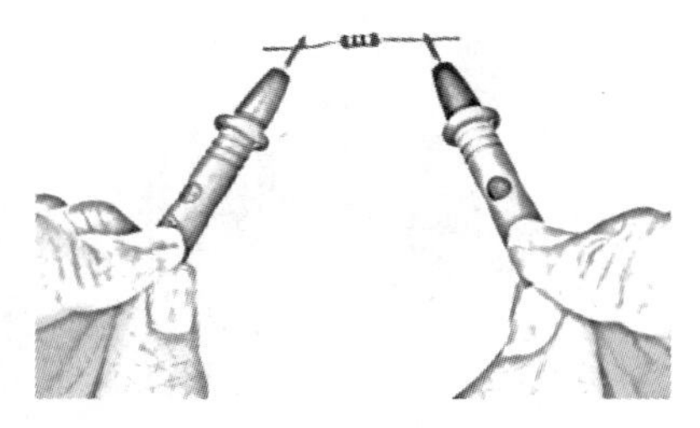

图 2-9 测量电阻阻值的方法

测量电阻阻值可以使用数字万用表或指针式万用表。为了提高测量精度，应依据被测电阻的标称阻值选择合适的量程。对于指针式万用表，由于欧姆挡刻度是非线性的，只有表盘中间的刻度较为精确，因此在测量时应尽可能选择合适的量程使表针指向刻度盘的中间部位。

2.2 电　容

两个相互靠近的极板中间夹一层不导电的绝缘介质，就构成了电容器(Capacitance)，一般用“C”来表示。为了表述更方便，本书后面内容将电容器统称为电容。当电容的两个极板之间加上电压时，电容就会储存电荷。电容的电容量在数值上等于一个导电极板上的电荷量与两个极板之间的电压之比。电容量的单位为法拉(F)。

2.2.1 电容的功能及种类

电容的主要功能包括以下几方面。

(1) 滤波：可以将某些频段中的干扰信号从总信号中去除。

(2) 信号耦合：阻隔直流信号，传输交流信号，避免前后两级线路在静态工作时相互干扰。

(3) 储存电荷和降压：当电容两端施加电压时，电荷会在电容的两个极板上聚集，因此可利用大容量的电容作为储能器件。基于串联分压原理，电容对交流信号的电阻体现为 $1/j\omega C$，可以将电容用于交流电降压电路。

(4) 旁路：可从信号中消去某一频段的信号。

(5) 谐振：用在 LC 谐振电路中。

电路中常用的电容有电解电容、瓷片电容、聚酯电容、贴片电容和涤纶电容等，如表 2-2 所示。

表 2-2　常见电容的种类与应用

种类	电解电容	瓷片电容	聚酯电容	贴片电容	涤纶电容
外形					
用途	电解电容存在极性，可用于电源滤波、储能、耦合，也可用作旁路电容等	瓷片电容常用于对设计精度要求不高的电路	聚酯薄膜电容的介电常数较高、体积小、容量大、稳定性较好，适宜用作旁路电容	贴片电容稳定性好，常用于电路的滤波、耦合，适宜用作旁路电容	涤纶电容具有稳定性好、可靠性高等特点，广泛用于滤波、耦合和计时电路

2.2.2　电容量的测量

常用电容的电容量通常较小，常以 μF、pF 作为标称单位，电容量单位间的换算关系为

$$1\ \text{F}=10^3\ \text{mF}=10^6\ \mu\text{F}$$

$$1\ \mu\text{F}=10^3\ \text{nF}=10^6\ \text{pF}$$

电容的组成原理有差别，部分电容(例如电解电容)有正负极之分，通常管脚长的为正极，管脚短的为负极，其体积与电容量相对较大，一般在电容上直接标明电容量，例如 10μF/16 V。

其他类型的电容多为无极性电容，电容量较小，一般在电容上用字母或数字表示法表示。

(1) 字母表示法：1m 即 1000 μF；1P2 即 1.2 pF；1n 即 1000 pF。

(2) 数字表示法：一般用三位数字表示容量大小，前两位表示有效数字，第三位数字表示倍率，默认单位为 pF。例如：标识数字 102 表示 (10×10^2) pF = 1000 pF；标识数字 224 表示 (22×10^4) pF = 0.22 μF；标识数字 20 表示 20 pF。

电容量误差符号包括 F、G、J、K、L、M，表示允许误差分别为 ±1%、±2%、±5%、±10%、±15%、±20%。例如：一瓷片电容标识为 104J，表示电容量为 0.1 μF，误差为 ±5%。

电解电容广泛应用于各种电子产品中，其电容量范围较大，一般为1～33 000 μF，最大耐压范围为6.3～700 V。电解电容的缺点是存在介质损耗，电容量误差较大(最大允许偏差为+100%、-20%)，耐高温性较差，长时间存放容易失效。电解电容的参数一般直接标注在电容外壳上，例如220 μF/50 V，表示电容量为220 μF，耐压值为50 V。

电解电容的好坏可以用万用表来测量。首先把电阻挡放在"R×1 k"上，然后用红表笔和黑表笔分别接触电解电容的负极和正极，指针便会迅速向右摆动，接着慢慢向回摆动，待指针不动时，又回到原来位置，这说明电解电容完好。如果不能回到原来位置，则说明电解电容漏电，指针离原来位置越远，说明漏电程度越大。

电容的电容量也可以利用数字万用表的电容挡来测量，很多数字万用表上都有电容测量插槽，通过直接读取数字万用表的读数就可以获得电容的电容量。

2.3 常用分立元器件

随着技术发展，集成电路(IC)的应用越来越多，许多分立元器件电路的功能都可以集成，但在大功率电路方面的应用还不太完善。分立元器件具有较好的散热条件，在大功率电路中有明显优势，因此集成电路还不能完全取代分立元器件。对于初学者，在小型电路制作中，应用分立元器件搭建基础电路是十分必要的学习方式，是学习元器件应用、电路原理、安装调试方法的必要途径。常用分立元器件包括晶体二极管、晶体三极管、场效应管、扬声器与蜂鸣器等。

2.3.1 晶体二极管

晶体二极管简称二极管，按其在电路中的作用可分为整流二极管(如1N4004)、检波二极管(如1N34A)、稳压二极管(如1N4733)、变容二极管、发光二极管和开关二极管等，其应用特点、外观和图形符号见表2-3。

表2-3 常见的二极管及其应用特点、外观与图形符号

类 型	应用特点	外观	图形符号
整流二极管	主要用于电源电路，具有整流效果好、工作电流大等特点		
检波二极管	具有结电容低、工作频率高和反向电流小等特点		

续表

类 型	应用特点	外观	图形符号
稳压二极管	主要用于电源电路，具有稳定工作电压的特点		
变容二极管	主要用于谐振电路，其结电容可随外加电压的变化在几十皮法之内变化		
发光二极管	主要用于工作状态指示、照明光源等，发光颜色主要有蓝色、绿色、黄色、红色、橙色、白色等		
开关二极管	具有反向恢复时间短、能满足高频和超高频应用等特点		

常见的二极管外形如图 2－10 所示。二极管的识别方法很简单，多数小功率二极管的 N 极(负极)在二极管外壳上用色圈标出来，有些二极管也用二极管专用符号来表示 P 极(正极)或 N 极(负极)。发光二极管的正负极可从引脚长短来识别，长脚为正，短脚为负。贴片型二极管在负极一侧有明显标记，无标记一侧为二极管正极。各个厂商不同，标识方法也各有不同。如果通过外观观察不能判别，可以借助万用表进行判别。

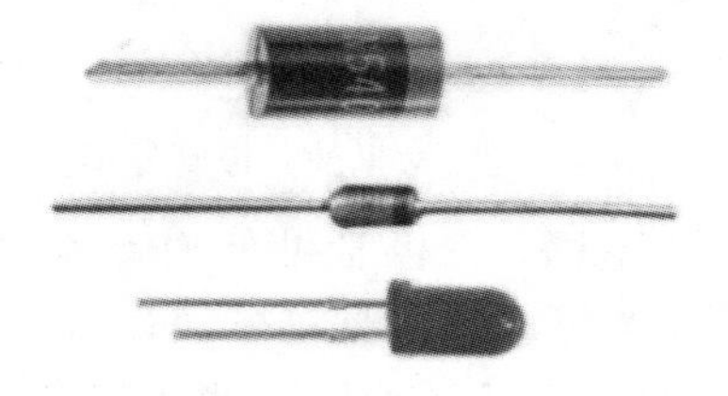

图 2－10　常见的二极管外形

指针式万用表中黑表笔连接的是万用表电池的正极，红表笔连接的是万用表电池的负极。利用指针式万用表判别二极管正负极的方法如图 2－11 所示。用指针式万用表“R×100”或“R×1 k”挡测量二极管电阻值，当测得的电阻阻值在几百欧姆至一千欧姆时，表明为正向导通电阻。此时黑表笔接的是二极管正极，红表笔接的是二极管负极。若测得二极管两端的电阻阻值在几十千欧姆至几百千欧姆以上，表明为反向电阻，此时黑表笔接的是二极管负极，红表笔接的是二极管正极。

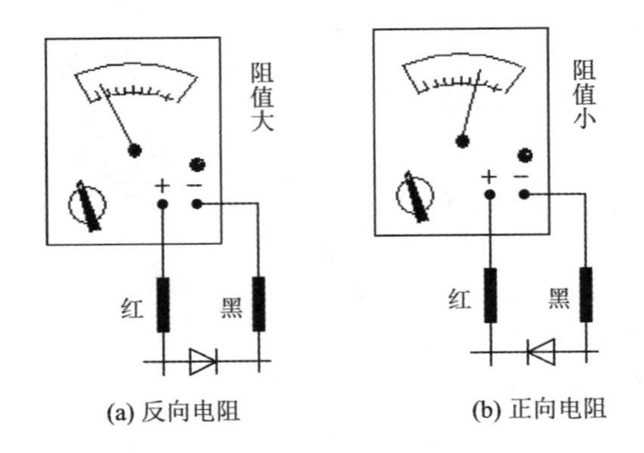

(a) 反向电阻　　(b) 正向电阻

图 2-11　利用指针式万用表判别二极管正负极的方法

需要注意的是，数字万用表与指针式万用表的表笔极性完全相反，数字万用表的红表笔连接的是万用表电池的正极，黑表笔连接的是万用表电池的负极。在数字万用表中有专门测量二极管导通电压的挡位，当红表笔接二极管正极，黑表笔接二极管负极时，就可以在屏幕上读出该二极管的正向导通压降，反过来则显示为超量程状态，这说明二极管完好。利用上述测量方法也可以判别二极管的引脚极性。

2.3.2 晶体三极管

晶体三极管简称三极管，三极管是模拟电路和数字电路中常见的电子器件，在模拟电路中通常起到放大作用，在数字电路中则起到开关或者逻辑转换作用。常见的三极管外形如图 2-12 所示。

图 2-12　常见的三极管外形

根据两个 PN 结连接方式的不同，三极管可分为 PNP 和 NPN 两类。电路中常用的 PNP 型三极管有 9012、9015、A92 等；NPN 型三极管有 3DG6、9014、9018、9013 等。可以根据不同型号三极管的说明文档进行引脚的判别，也可以利用仪表测量法判别三极管的各个引脚。

三极管的管型(PNP、NPN)及管脚(B、E、C)的判别方法是电子技术专业学生必备的一项技能。为了帮助大家迅速掌握判别方法，我们总结出三句口诀："三颠倒，找基极；PN 结，定管型；集电极，碰手指"，下面针对该口诀进行解释说明。

1. 三颠倒，找基极

三极管是含有两个 PN 结的半导体器件。图 2－13 是利用指针式万用表判断三极管基极的基本方法，万用表可以选择“R×100”或“R×1k”挡位。

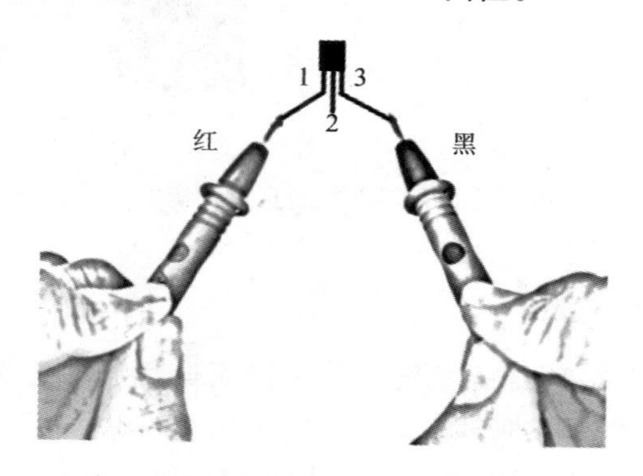

图 2－13　利用指针式万用表判断三极管基极

假定测量前并不知道被测三极管是 NPN 型还是 PNP 型，也分不清各管脚是什么电极。测试的第一步是判断哪个管脚是基极。这时，我们任取两个电极(如这两个电极为 1、3)，用万用表两支表笔颠倒测量它们的正、反向阻值，观察表针的偏转角度；接着，再取 1、2 两个电极和 2、3 两个电极，分别颠倒测量它们的正、反向阻值，观察表针的偏转角度。在这三次颠倒测量中，必然有两次测量中表针一次偏转大，一次偏转小；剩下一次则是颠倒测量前后指针偏转都很小(对应电阻小)，这一次未测的那只管脚就是我们要寻找的基极。

2. PN 结，定管型

找出三极管的基极后，我们就可以根据基极与另外两个电极之间 PN 结的方向来确定三极管的导电类型。将万用表的黑表笔接触基极，红表笔接触另外两个电极中的任一电极，若表头指针偏转角度很大，说明被测三极管为 NPN 型；若表头指针偏转角度很小，则说明被测三极管为 PNP 型。

3. 集电极，动手指

图 2－14 为利用指针式万用表判断三极管集电极的原理和方法。以 NPN 型三极管为例，测量原理如图 2－14(a)所示。先在除基极以外的两个电极中任设一个为集电极，并将指针式万用表的黑表笔搭接在假设的集电极上，用一个电阻 R 接基极和假设的集电极，如果万用表指针有较大的偏转，则以上假设正确；如果万用表指针偏转很小，则假设不正确。为准确起见，一般将基极以外的两个电极先后假设为集电极，进行两次测量，万用表指针偏转较大的那次测量，与黑表笔(若使用的是数字万用表，则为红表笔)相连的是三极管的集电极。

具体的测量方法如图 2－14(b)所示：在测量中，用两只手分别捏住两表笔与管脚的结合部，用一个手指抵住基极 B，此时万用表指针偏转大的一次测量中，以黑表笔(正极)指示其集电极 C，以红表笔(负极)指示其发射极 E。其中，手指起到直流偏置电阻 R 的作用，目的是使 C、E 间的导通效果更加明显。

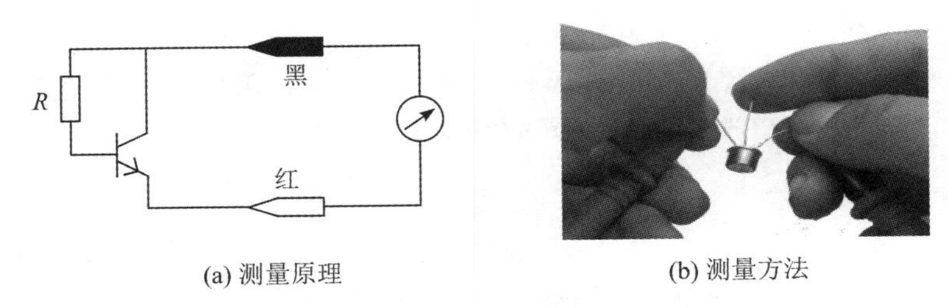

(a) 测量原理　　(b) 测量方法

图 2-14　利用指针式万用表判断三极管集电极的原理和方法

2.3.3　场效应管

场效应管是电压控制电流器件，而三极管是电流控制电流器件。当只允许从信号源取得极小电流时，应优先选用场效应管。在信号电压相对较低，同时允许从信号源取得较大电流的条件下，应选用三极管。图 2-15 为常见场效应管的外形。

图 2-15　常见场效应管的外形

场效应管分为结型场效应管(JFET)和金属氧化物半导体绝缘栅型场效应管(简称为 MOS 场效应管)。MOS 场效应管的输入电阻高，栅极 G 的感应电压不可过高，所以使用中应注意栅极不能悬空，尽量不要直接用手触碰栅极(用手握螺丝刀的绝缘柄，用金属杆去碰触栅极)，以防止人体感应电荷直接加到栅极，引起栅极击穿。焊接过程中应使用带有接地线的电烙铁，避免电烙铁的静电损坏晶体管。

可以使用万用表测量场效应管的源极与漏极、栅极与源极、栅极与漏极之间的阻值，并比较它们与场效应管手册上标明的阻值是否相符，以判断场效应管的好坏。具体步骤如下：

(1) 将万用表调到电阻挡，测量源极 S 与漏极 D 之间的电阻，正常阻值通常在几百欧姆到几十千欧姆之间。如果测得的阻值大于正常范围，可能内部存在接触不良；如果测得的阻值为无穷大，可能内部存在断路；如果测得的电阻值为几欧姆或零，可能内部存在短路损毁。

(2) 测量栅极与源极、栅极与漏极之间的阻值。如果测得它们的阻值均为几十千欧姆以上或无穷大，说明场效应管是正常的；如果测得上述各阻值均太小或为通路，则说明场效应管是坏的。

2.3.4　扬声器与蜂鸣器

扬声器和蜂鸣器均为常见的发声器件。

1. 扬声器

扬声器，俗称喇叭，是一种十分常用的电声换能器件，在发声的电子电气设备中都能见到它。图 2－16 为扬声器的图形符号。

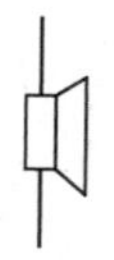

图 2－16　扬声器的图形符号

扬声器是音响设备中一个薄弱的器件，对于音响效果而言，它又是一个重要的部件，扬声器的性能优劣对音质的影响很大。

扬声器的种类繁多，而且价格相差很大。音频电信号通过电磁、压电或静电效应，使其纸盆或膜片振动并与周围的空气产生共振(共鸣)而发出声音。扬声器尺寸通常越大越好，大口径的低音扬声器在低频部分有更好的表现，用高性能的扬声器制造的音箱意味着有更低的瞬态失真和更好的音质。

不同种类的扬声器原理有所不同，实验室常见的扬声器为电磁式扬声器。它的工作原理是利用电磁感应原理，当音圈中流过音频电流时，音圈在磁场中受力而振动，带动振膜振动，从而发出声音。

2. 蜂鸣器

蜂鸣器是一种一体化结构的电子发声器，采用直流电压供电，通常为单一频率发声，使用简单。它作为发声器件广泛应用于计算机、打印机、复印机、报警器、电子玩具、汽车电子设备、电话机、定时器等电子产品中。根据工作原理的不同，蜂鸣器主要分为压电式蜂鸣器和电磁式蜂鸣器两种类型。蜂鸣器在电路中用字母“BZ”或“HA”表示，其图形符号如图 2－17 所示。

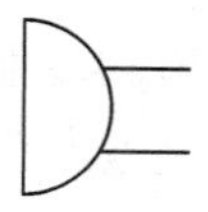

图 2－17　蜂鸣器的图形符号

蜂鸣器的使用方法取决于具体的型号和应用场景。有源蜂鸣器因使用简单得到广泛应用，使用过程中不需要外接振荡电路和放大电路，只需要将正极连接到电源的正极，负极连接到电源的负极即可。无源蜂鸣器需要外接振荡电路和放大电路才能工作。

蜂鸣器可以通过单片机、微处理器等的数字信号控制，也可以通过模拟信号控制。根据蜂鸣器的类型和控制方式，需将蜂鸣器连接至合适的电路中。当需要控制蜂鸣器发声时，可以通过控制电路中的电压或电流来实现。例如，通过单片机或微处理器的 I/O 口输出高电平或低电平信号来控制蜂鸣器的开关。

需要注意的是，不同的蜂鸣器型号和控制方式可能存在差异，因此在使用前需要仔细阅读产品说明书。

2.4 集成电路

集成电路是指将一些元器件(如电阻、电容、三极管、场效应管等)按照一定电路连接起来，再将整个电路封装在一起，从而形成的一个可以供其他电路使用的独立模块。它可以将多个电子元器件集成在一个芯片上，实现了电路的小型化和高性能化。

集成电路的特点如下：

(1) 体积小、重量轻。集成电路的体积和重量远远小于传统的分立元件电路，有利于电子设备的微型化。

(2) 功耗低。集成电路采用了先进的半导体工艺，使得器件的功耗大大降低，提高了电子设备的能效。

(3) 速度快。集成电路中的元件和连线都制作在同一芯片上，信号传输延迟小，工作速度快。

(4) 性能好。集成电路的制造工艺和封装技术都很成熟，所以器件的性能稳定、可靠。

(5) 易于大规模生产。集成电路的制造工艺适合大规模生产，可以降低成本，提高生产效率。

集成电路按照功能不同可分为模拟集成电路、数字集成电路和数/模混合集成电路三类。模拟集成电路就是用来处理各种模拟信号的集成电路，常见的有各种类型的集成运算放大器、功率放大器、稳压器等。模拟集成电路可以用来产生、放大和处理各种模拟信号，其输入信号和输出信号呈比例关系。数字集成电路是用于处理各种数字信号的集成电路，常见类型包括晶体管-晶体管逻辑(TTL)集成电路、互补金属氧化物半导体(CMOS)集成电路。集成电路根据其内部的逻辑门数量可以分为小规模、中规模、大规模和超大规模集成电路。

对于一般的集成电路，在设计时其规格和功能就已经确定了，在制造时所有电路都是固定的，因此不能由用户定义和更改。集成电路中还包括可编程逻辑器件，其中内部逻辑电路可以在制造后由用户定义和更改。可编程逻辑器件在出厂时并未定义用于执行特定处理的电路，仅当用户在设备中设置必要的电路配置信息时才起作用。

目前常用的集成电路分为直插型和贴片型两类，其外形如图 2-18 所示。在集成电路使用前，首要的是区分器件引脚位置。双列直插型芯片的外部封装通常有半圆形缺口，缺口的左下角为 1 号引脚；贴片型芯片通常由一个圆圈标记 1 号引脚，其他引脚位置按照逆

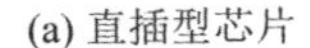
(a) 直插型芯片　　(b) 贴片型芯片

图 2-18　常见芯片外形

时针方向排列。每一种集成电路芯片都有其独特的功能，因此在使用前应阅读芯片使用手册，确认每个芯片引脚的功能。

集成电路的使用注意事项包括：

(1) 电源电压变化不应超过额定值的±10%。在电源接通与断开时，不得有瞬时电压产生，否则可能会击穿集成电路。

(2) 集成电路工作温度一般在−30～+85℃之间。使用时应尽量远离热源，确需在高温环境使用时则必须进行隔热防护，避免因为温度过高导致集成电路损坏。

(3) 如果使用手工焊接集成电路，应使用功率小于 45 W 的电烙铁，且单个引脚连续焊接时间应不超过 10 s。

(4) 在使用 MOS 集成电路时，要防止静电击穿。

2.5　电路元器件故障的检测方法

实验过程中容易出现电路故障，最常见的原因是实验导线损坏，除此之外常见的电路故障主要还是集中在元器件上面，如电容、电阻、电感、二极管、三极管、场效应管、集成芯片的明显损坏，这些故障可以用观察法或仪器检测法发现。

2.5.1　观察法

观察法适合直观可见的故障排查。

(1) 观察元器件的状态。

拿到一块出故障的电路板后，首先观察电路板有没有明显的元器件损坏，如电解电容烧毁和鼓胀，电阻烧坏以及功率器件的烧损、变色等。

(2) 观察电路板的焊接。

观察电路板时，需注意：印制电路板有没有变形翘曲；有没有焊点脱落、明显虚焊；电路板上覆盖的铜皮有没有翘起、烧糊变黑；仔细观察电路板是否出现裂纹。

(3) 观察元器件的插件。

在完成电路搭建或焊接后应检视电路，电路调试过程中也需要检查电路元器件是否正确，观察集成电路、二极管、电路板电源变压器等有没有插错方向。

2.5.2　仪器检测法

在排查电路故障时，如果直接观察无法确定故障原因，我们通常需要借助万用表进行检测。以下是几种常用器件的检测方法。

1. 二极管的检测方法

使用 MF47 型万用表检测普通二极管。将红、黑表笔分别接在二极管的两端，读取读数，再将表笔对调后读取读数。根据两次测量结果，可以判断二极管的好坏。通常小功率型锗二极管的正向阻值为 300～500 Ω，硅二极管的正向阻值约为 1 kΩ 或更大些。锗二极管的反向阻值为几十千欧姆，硅二极管的反向阻值在 500 kΩ 以上(大功率二极管的数值要小得多)。好的二极管的正向阻值较低，反向阻值较大，正反向阻值的差值越大越好。如果测得正、反向阻值都很小，说明二极管内部已短路；如果测得正、反向阻值都很大或趋于无穷大，则说明二极管内部已断路。在这两种情况下，二极管需要更换。

2. 三极管的检测方法

将数字万用表拨到二极管挡，用表笔测 PN 结，如果正向导通，则显示的数字即为 PN 结的正向压降。先确定集电极和发射极；用表笔测出两个 PN 结的正向压降，压降大的是发射极 E，压降小的是集电极 C。在测试两个结的正向压降时，如果红表笔接的是公共极，则被测三极管为 NPN 型，且红表笔所接为基极 B；如果黑表笔接的是公共极，则被测三极管是 PNP 型，且黑表笔所接为基极 B。三极管损坏后 PN 结有击穿短路和开路两种情况，可通过数字万用表的电阻挡检测。

在路测试：在路测试三极管时，实际上是通过测试 PN 结的正、反向阻值来判断三极管是否损坏的。当支路阻值大于 PN 结正向阻值时，测得正、反向阻值应有明显区别，否则说明 PN 结已损坏。当支路阻值小于 PN 结正向阻值时，应将支路断开，否则无法判断三极管的好坏。

通过以上方法，我们可以利用万用表检测电路中的二极管和三极管是否正常工作，从而有效地排查电路故障。

3. MOS 管的检测方法

MOS 管的检测方法主要包括电阻测量法、电压测量法和波形测量法。

(1) 电阻测量法：通过测量 MOS 管各个引脚之间的电阻值，来判断 MOS 管是否正常工作。通常 MOS 管损坏是由栅极击穿导致的，首先可以利用数字万用表进行通断测试，测量栅极与漏极、源极是否存在导通关系，若蜂鸣器出现导通提示，则说明 MOS 管已经损坏。按下面步骤完成 MOS 管的检测。

① 将红表笔接在 D 极上，黑表笔接在 S 极上，一般会测得 500 kΩ 以上的阻值。

② 在黑表笔不动的前提下，用红表笔点一下 G 极，然后再用红表笔测 S 极，就会出现导通。

③ 红表笔接 D 极，黑表笔点一下 G 极再接 S 极，如果测得的阻值和步骤①一样，说明 MOS 管工作正常。

(2) 电压测量法：通过测量 MOS 管的电源电压以及各个引脚的电压值，来判断 MOS 管是否正常工作。

(3) 波形测量法：通过示波器等仪器测量 MOS 管的输入、输出波形，来判断 MOS 管是否正常工作。

4. 电解电容的检测方法

用万用表检测电解电容时，首先将指针式万用表的红表笔接电解电容负极，黑表笔接电解电容正极，在刚接触的瞬间，万用表指针即向右偏转较大幅度，接着逐渐向左回转，直到停在某一位置(返回无穷大位置)，此时的阻值便是电解电容的正向漏电阻值。此值越大，说明漏电流越小，电容性能越好。然后，将红、黑表笔对调，万用表指针将重复上述摆动现象。但此时所测阻值为电解电容的反向漏电阻值，此值略小于正向漏电阻值，即反向漏电流比正向漏电流要大。实际使用经验表明，电解电容的漏电阻值一般应在几百千欧姆以上，否则将不能正常工作。

在测试中，若正向、反向均无充电现象，即表针不动，说明电解电容的电容量消失或内部短路；如果所测阻值很小或为零，说明电容漏电流大或已发生击穿损坏，不能再使用。在使用过程中，如果电解电容的外壳凸起、变形等，说明电容已经损坏，需要更换。

在路测试：在路测试电解电容只宜检查严重漏电或击穿的故障，轻微漏电或小电容量的电解电容测试的准确性很差。在路测试还应考虑其他元器件对测试结果的影响，否则读出的数值就不准确，会影响正常判断。电解电容还可以用电容表来检测其两端之间的电容量，以判断电解电容的好坏。

5. 集成电路的检测方法

集成电路的故障检测方法主要有在线测量法、非在线测量法和代换法。

(1) 在线测量法：利用电压测量法、电阻测量法及电流测量法等，通过在电路上测量集成电路的各引脚电压值、电阻值和电流值是否正常，来判断该集成电路是否损坏。在测量过程中应配合器件使用手册验证电路中各引脚参数是否符合正常状态，通常检测过程中应先检查集成电路供电情况是否正常，是否存在芯片过热、断电等故障。

(2) 非在线测量法：在集成电路未焊入电路时，通过测量各引脚之间的直流电阻值并与已知正常同型号集成电路各引脚之间的直流电阻值进行对比，以确定其是否正常。器件手册中通常会标注各引脚功能、参考电阻值等，可以根据测量结果进行对比，判别集成电路是否损坏。

(3) 代换法：用已知完好的同型号、同规格集成电路来代换被测集成电路，可以判断出该集成电路是否损坏。这也是在实际电路维修、调试过程中进行检测的一种快捷方法，使用此方法的前提是没有电路设计性错误，否则可能导致多个集成电路在检测过程中被损坏。

第 3 章

实验操作技术

电路实验操作是学习电路知识的重要环节，它涉及多个方面的技术。本章内容主要包括电路常用搭建方式、电路组装技术与要求和实验数据读取与处理。

3.1 电路常用搭建方式

电子线路实验电路搭建方式包括利用实验箱(实验台)搭建电路、利用面包板搭建电路、利用万用电路板搭建电路、利用 PCB 实现电路等。随着技术的进步，利用仿真软件完成实验成为一种重要的实验方式，在后文中将单独介绍。

3.1.1 利用实验箱搭建电路

实验箱将部分器件、简单电路模块、小型仪表集成到一起，形成一个小型化的实验平台，实验过程中进行简单电路连接即可完成电路搭建，具有操作方便的特点。

实验箱包括总电源开关和常用实验模块、电源模块、基本实验元器件，结构清晰，操作简单。实验箱通常使用标准实验导线进行连接，根据实验设备的不同，本书中涉及的实验导线类型包括 K2 香蕉头实验导线、K2 固定型实验导线、K4 香蕉头实验导线和高压电实验导线。图 3－1 为实验箱中几种常见实验导线的外形。

(a) K2香蕉头实验导线

(b) K2固定型实验导线

(c) K4香蕉头实验导线

(d) 高压电实验导线

图 3－1　实验箱中几种常见的实验导线

实验箱中电路通常包含部分电路模块，在使用过程中简单连接电路即可快速搭建实验电路，只需接入电源和仪表即可进行实验测量。电路模块中各个插孔均可以插入实验专用导线，器件间的实线表示内部已经进行了该元件的连接，电路中出现的虚线表示未连接，可以根据实验需要连入电路。

3.1.2　利用面包板搭建电路

面包板作为一种发展历史最长的实验电路搭建装置，具有结构简单、应用便捷等特点，非常适合初学者使用，也是许多研究人员进行电路测试的常用搭建平台。图 3－2 为面包板的外观，面包板的孔与孔之间存在一定的连通关系，在搭建电路过程中可以方便连接。

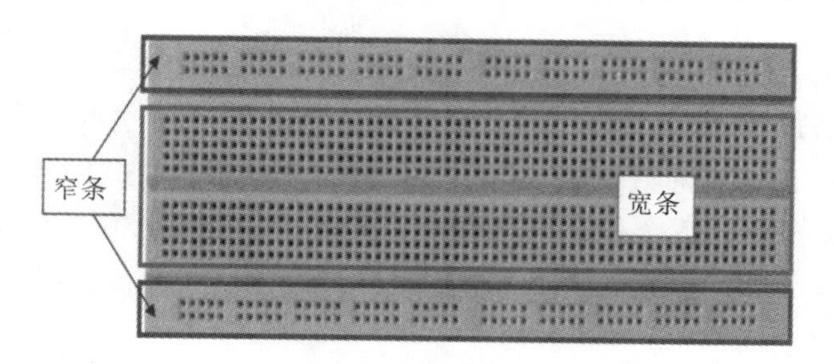

图 3－2　面包板的外观

面包板的内部连通结构如图 3－3 所示，根据其外观特征可以区分内部连接情况，利用内部连接节点可以方便搭建各种电路，具有使用方便、无须焊接的特点。连接面包板的导线可以是杜邦线，我们也可以根据距离，利用单股导线自己制作连接线。

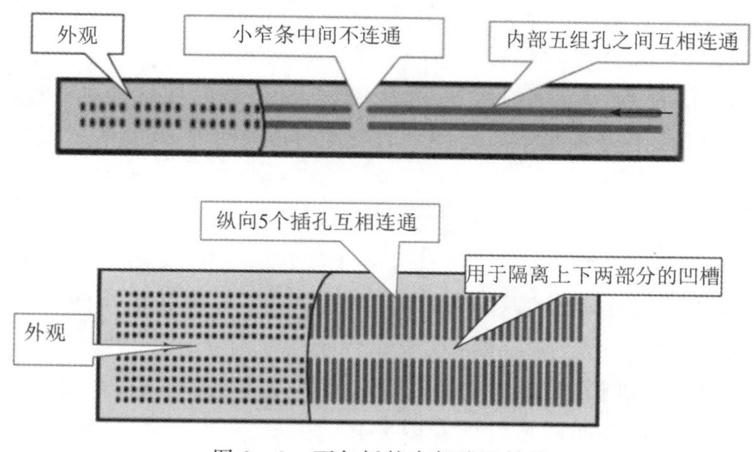

图 3－3　面包板的内部连通结构

3.1.3　利用万用板搭建电路

针对部分实验内容，有时需要制作稳定性好、不易脱落的电路，一般用万用电路板进行电路元件焊接。

万用电路板，又被称为“洞洞板”或“万用板”，其外形和结构如图 3－4 所示。与专业的印制电路板(PCB)相比，万用板具有使用门槛低、成本低廉、使用方便、扩展灵活等优点。例如，在大学生电子设计竞赛中，参赛者往往需要在几天时间内争分夺秒地完成作品，因此大多使用万用板。

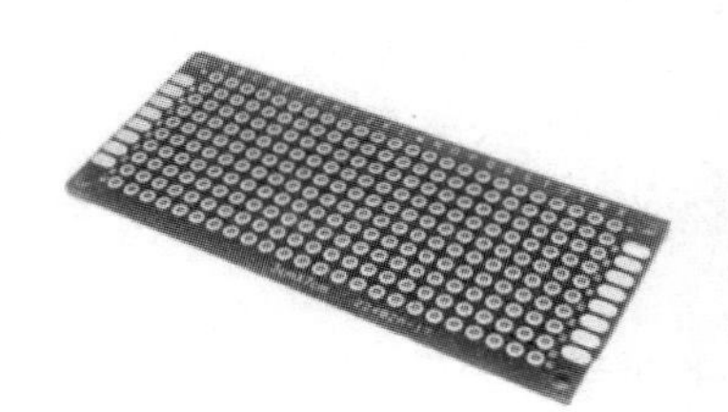

(a) 单孔板

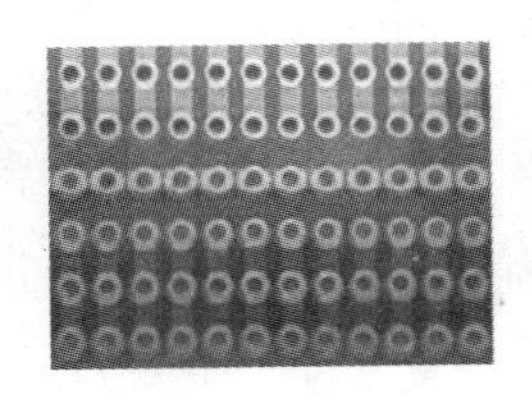

(b) 连孔板

图 3-4　万用板的外形与结构

目前市场上出售的万用板主要有两种，一种是焊盘各自独立的万用板(简称单孔板)，另一种是多个焊盘连在一起的万用板(简称连孔板)。单孔板又分为单面板和双面板两种。根据笔者的经验，单孔板较适合数字电路和单片机电路，连孔板则更适合模拟电路和分立电路。其原因主要是，数字电路和单片机电路以芯片为主，电路较规则；而模拟电路和分立电路往往较不规则。

3.1.4　利用 PCB 实现电路

PCB(Printed Circuit Board)即印制电路板，简称印制板，是电子产品的重要部件之一。印制板由绝缘底板、连接导线和装配焊接电子元件的焊盘组成，具有导电线路和绝缘底板的双重作用。它可以代替复杂的连线，仅需要将电路元件完成焊接，即可实现电路中各元件之间的电气连接，不仅简化了电子产品的装配、焊接工作，减少了传统方式下的接线工作量和焊接电路的工作量，还缩小了电路体积，提高了电路的质量和可靠性。

自 20 世纪 50 年代半导体晶体管问世以来，各行业对印制板的需求量急剧增加。印制板的品种已经从单面板发展到双面板、多层板；结构和质量也已发展到超高密度、微型化和高可靠性程度；新的设计方法、设计用品和制板材料、制板工艺不断涌现。在印制板生产厂家中，机械化、自动化生产已经完全取代了手工操作。此外，各种印制板的计算机辅助设计(CAD)应用软件已经在行业内普及与推广，大大提高了印制板的生产效率和质量。

用于 PCB 绘制的软件比较多，国际比较流行的软件为 Altium Designer，国内比较流行的软件为立创 EDA。立创 EDA 创建于 2010 年，完全由中国人独立开发，拥有独立自主知识产权，隶属于深圳市嘉立创科技发展有限公司，由嘉立创 EDA 团队开发。EDA 指的是通过计算机的辅助完成电路原理图、印刷电路板文件等的绘制、制作、仿真设计。立创 EDA 是一款基于浏览器的、友好易用的 EDA 设计工具。立创 EDA 服务于广大电子工程师、教育者、学生、电子制造商和爱好者，致力于中小原理图、电路图绘制和仿真，为 PCB 设计与制造提供便利性，下载地址为 https://lceda.cn/。

对于初学者，也可以使用 Altium Designer 进行 PCB 设计，Altium Designer 是原 Protel 软件开发商 Altium 公司推出的一体化的电子产品开发系统。该软件发展时间较长，相关资料丰富，融合了原理图设计、电路仿真、PCB 绘制编辑、拓扑逻辑自动布线、信号完整性分析和设计输出等技术，为设计者提供了较为全面的设计解决方案，使设计者可以轻松进行设计。熟练使用这一软件能大大提高电路设计的质量和效率。

3.2　电路组装技术与要求

电路组装也称为电路搭建，主要包括电路组装的基本原则、电路的焊接技术、电路的调试方法。

3.2.1　电路组装的基本原则

大多数电路的布局应紧凑且符合检测、调试及维修要求，元器件位置应安排合理，插接方式应符合基本规范，通常应满足如下基本原则：

(1) 按照电路中信号的走向布置晶体管与集成电路，避免输入输出、高低电平出现交叉点。

(2) 元器件安放尽量满足就近原则，避免元器件出现长距离绕行，元器件之间不能直接交叉。

(3) 发热元器件应留有足够的安全距离，包括与电路板、其他元器件的距离，部分发热元器件应加装散热片。

(4) 根据元器件功能合理布置位置，注意地线的使用，避免电路间出现干扰。

(5) 安装元器件过程中应认真查看元器件参数及标称值，将元器件上标注的标称值参数置于易观察的方向，便于器件检查。

(6) 焊接电路过程中，元器件安放顺序通常遵循“先低后高，先简单后复杂”的原则。同类型元器件安放高度尽量一致。

(7) 合理使用工具，如利用镊子弯折器件引脚，使用斜口钳剪掉多余引线，保持器件使用规范性。

3.2.2　电路的焊接技术

电路焊接技术是初学者必须掌握的一门基本功，直接影响电路实践应用的效果。为了使初学者能更快地掌握焊接技术，下面将介绍有关的焊接内容，主要包括电烙铁的选择与使用、直插型元器件与贴片元器件的焊接。

1. 电烙铁的选择与使用

1) 电烙铁的选择

电烙铁有多种不同的规格，包括内热式和外热式两种类型。内热式电烙铁的常见规格有 25 W 和 30 W，而外热式电烙铁的规格较为丰富，包括 25 W、45 W、75 W 和 100 W 等。在选择电烙铁规格时，需要根据焊接对象来确定。对于一般的电路焊接，建议选择内热式 25 W 或 30 W 的电烙铁，因为它们具有节省电力、体积适中、重量轻以及加热迅速等优点。如果选择的电烙铁功率过大，可能会烫坏元器件，并导致焊锡快速氧化，从而降低焊接质量。相反，如果焊接较大元器件引脚时选择的电烙铁功率过小，可能会出现焊锡熔化缓慢的情况，导致焊锡熔化不充分，容易引发焊接不可靠问题。这种故障从表面上看像是已经完成焊接，但实际上焊接非常不牢固，容易出现假焊或虚焊的问题。目前，大多数实验室都提供恒温焊台供学生使用，恒温焊台具有加热速度快、温度稳定以及节约电能等优点。恒温焊台由恒温控制箱和加热手柄两部分组成，通常需要将焊接温度调整到 330～350 ℃，在这个温度下可以快速完成焊接。

2）电烙铁的使用

（1）电烙铁的准备与养护。

电烙铁使用前的准备：电烙铁通电前应将电线拉直并检查电线的绝缘层是否有损坏，不能将电线缠在手上。通电后应将电烙铁放置在电烙铁架上，并检查电烙铁头是否会碰到电线、书包等物品。焊接前一定要注意，电烙铁的插头必须插在右手边的插座上，不能插在靠左手边的插座上（惯用手为左手，则插在左手边的插座上），否则会影响焊接者的视线。电烙铁加热过程中及刚刚拔下插头时都不能用手触碰电烙铁的发热金属部分，以免被烫伤。

电烙铁的养护：主要是防止电烙铁头氧化，氧化后的电烙铁头会出现导热差、熔锡慢的现象，十分影响焊接效果。为了便于使用，电烙铁在每次使用后都要进行维护，去掉电烙铁头的黑色氧化层，可以用焊锡覆盖电烙铁头防止其氧化。在加热电烙铁的过程中要注意观察电烙铁头表面的颜色，随着颜色的加深，电烙铁的温度逐渐升高，这时要及时把焊锡点到电烙铁头上，可以在一定程度上防止电烙铁头出现快速氧化现象，延长电烙铁的寿命，同时提高电烙铁头的导热能力。

电烙铁头上多余焊锡的处理：在焊接过程中，有时候电烙铁头上会出现较多的焊锡，导致焊接效果较差，可在加水海绵上通过拖曳法擦去多余的焊锡，或者轻轻震掉，不可以甩动电烙铁头（避免被烫伤），也不可以在可燃物上抹去（容易引发火灾）。

焊接练习时应不断总结规律，焊盘大小与焊锡量呈正比，在焊接初期应针对焊锡加入速度和数量做到胸中有数，通常一个焊接点的焊接时间不超过 10 s。不可以在一个焊接点加热时间过长，否则温度过高可能会导致焊盘剥落。

（2）电烙铁的握法。

电烙铁的握法一般有两种。第一种是常见的“握笔式”（见图 3－5），这种握法使用的电烙铁头一般是直的。握笔法适用于小功率和直形电烙铁头的电烙铁，适合焊接散热量小的焊件，如焊接仪表里的印刷电路板等。第二种握法是“握拳式”（见图 3－6），这种握法使用的电烙铁头一般是弯的，常用于大型的扩音机焊接等。因为待焊接物是直立在工作台上的，在焊接者对面，再加上使用的电烙铁功率较大、质量较重且焊点大，需要加温的时间长，故宜采用“拳握式”。

图 3－5 电烙铁的“握笔式”握法

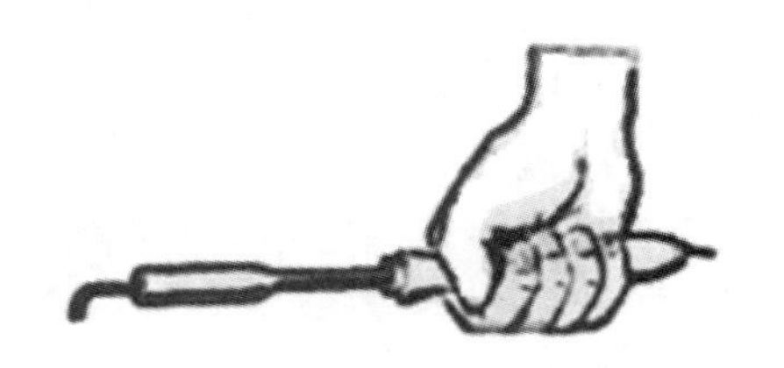

图 3－6 电烙铁的“握拳式”握法

（3）助焊剂的选用。

电路焊接过程中仅有电烙铁是不够的，还需要使用助焊剂提高焊接效果。助焊剂在电路焊接过程中起着至关重要的作用，其主要作用包括：

① 清除焊接金属表面的氧化膜。助焊剂能够清除金属表面的氧化物，使得焊接时能形成更好的金属间连接。

② 降低焊锡的表面张力。助焊剂可以降低熔融焊料的表面张力，从而增加其扩散能力，有助于焊接的顺利进行。

③ 焊接瞬间，可以让熔融状的焊锡取代助焊剂，顺利完成焊接。在焊接过程中，助焊剂能够帮助熔融焊锡更好地与被焊金属表面结合，形成可靠的焊点。

④ 保护焊接母材。被焊材料在焊接过程中可能会受到破坏，而好的助焊剂能在焊接完成后迅速恢复其保护作用，防止金属表面再次氧化。

⑤ 加快热量从电烙铁头向焊料和被焊物表面传递。助焊剂可以加速热量的传递，从而提高焊接的效率。

⑥ 使焊点美观且具备导电性能。合适的助焊剂能够使焊点看起来更加美观，并且具备一定的机械和电学性能。

为了达到理想的焊接效果，应该选择和使用与焊接工艺相匹配的助焊剂。市面上销售的助焊剂种类繁多，适用于不同的焊接场景。实验室常用的是松香，它最大的优点是没有腐蚀性，而且绝缘性也比较好。可以将松香溶于95%的酒精制成松香酒精溶液，在焊接前均匀涂刷在电路焊盘上，这样可有良好的助焊效果，它是焊接半导体收音机、电话机、数字万用表等小型电路的最理想的助焊剂。

市面上销售的焊锡膏也是一种常用的助焊剂，具有使用方便、保存时间长的优点。焊锡膏的使用方法是将焊锡膏先涂到焊接点和器件引脚处，再进行焊接。无论使用哪种助焊剂，都可能导致助焊剂残留到电路板上，因此焊接完成后应用酒精对电路板进行清洗。

2. 直插型元器件的焊接

下面介绍直插型元器件的基本焊接方法。

1）元器件的安放与焊接

在电路板上进行焊接的步骤如下：

（1）对照图纸或电路板标识的元器件符号安放元器件。

（2）用万用表校验，检查每个元器件的插放是否正确、整齐。

（3）检查二极管、电解电容、芯片的引脚有没有接反。

（4）观察电阻色环排列方向是否一致。

（5）焊接元器件引脚，注意焊接技巧，焊接的元器件应排列整齐、同种元器件高度一致。

焊接顺序会影响焊接的便捷性，一般原则是先焊接较低的元器件，再焊接较高的元器件，如果有焊接电路基础，建议先完成贴片元器件的焊接。

为保证焊接整齐美观，焊接时应将线路板架在焊接木架上，两边架空的高度应尽量一致，元器件插好后要调整位置使之与桌面接触，保证每个元器件焊接高度一致（见图3-7）。焊接时电阻不能太高，也不能完全贴住电路板，一般保留1～2 mm的距离，以免影响器件散热。引脚的弯折处离元器件本体应有1～2 mm的距离，引脚间的距离根据线路板孔距而定。焊点高度一般为2 mm左右，大小应与焊盘大小一致，引脚应高出焊点大约0.5 mm，较长的引脚在焊接完成后应用斜口钳剪掉，以免在电路调试的过程中出现短路等问题。

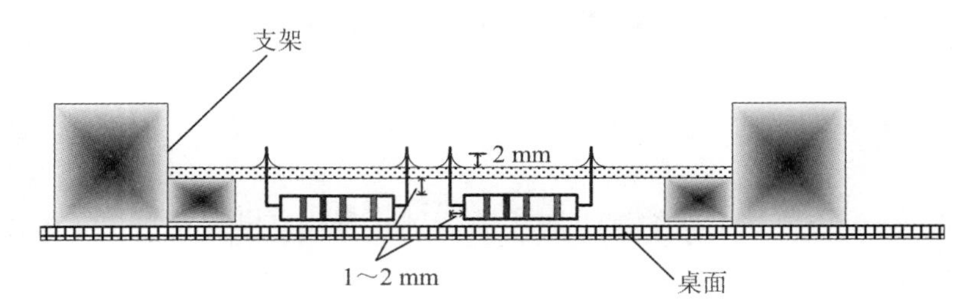

图3-7　元器件安放及焊接示意图

2）直插型元器件的焊接方法

电路元器件焊接的目的是将电路板与电子元器件利用焊锡建立电路连接关系，同时要确保焊接的有效性与牢固性。若引脚温度或焊盘温度不能使焊锡充分熔化，则会形成虚焊、假焊等焊接故障。直插型元器件通常从焊盘正面插入，到背面进行焊接，常用的手工焊接方法有以下两种。

(1) 点锡焊接法。点锡焊接法是多数元器件采用的焊接方法，应重点掌握。首先把准备好的元器件插入印制电路板的焊接位置，调整好元器件的高度。然后，将电烙铁预热好，用电烙铁头点到电路板上，同时靠住元器件引脚(目的是同时加热电路板焊盘与元器件引脚)约2 s后，向电烙铁头尖端和焊盘的夹缝处送入焊锡。观察焊锡量的多少，焊锡太多容易造成堆焊，太少则会造成虚焊。当焊锡充分融化并发出光泽时(焊接温度最佳)，应立即将焊锡丝移开，延迟1～2 s后再将电烙铁迅速移开。最后，观察焊点形状，最佳形状为圆锥体，每个焊点的焊接时间一般是5～8 s。为了使电烙铁头的加热面积最大，要将电烙铁头的斜面靠在元器件引脚上，电烙铁头的顶端顶在电路板的焊盘上(见图3-8)。焊点高度一般在2 mm左右，直径应与焊盘大小相一致，多余引脚应用斜口钳剪断，保留引脚高出焊点大约0.5 mm即可。这种点锡焊接方法必须左右手配合，才能保证焊接的质量。点锡焊接法技术简单，容易控制焊锡的使用量，从而得到合适大小的焊点。

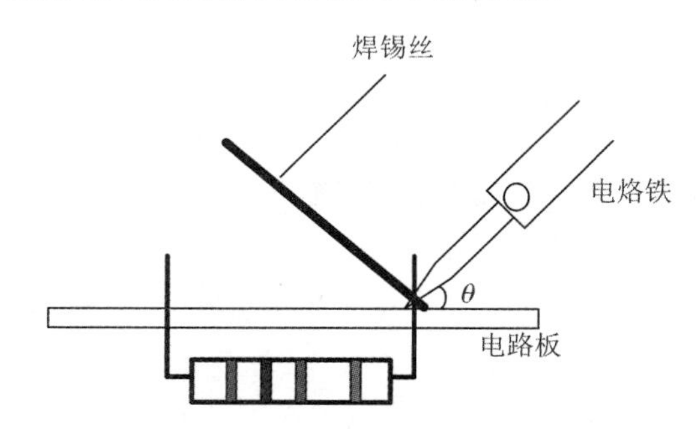

图3-8　点锡焊接法的示意图

(2) 带锡焊接法。在开始焊接前，请将预先准备好的元器件插入电路板设定的位置，并仔细检查确保无误。然后在引线和电路板铜箔的连接点涂上少量的助焊剂以辅助焊接过程。焊接时，先用电烙铁对焊点进行加热。等电烙铁头加热后，再用其刃口带上一小部分的焊锡(焊锡量取决于焊点的尺寸)。请注意，电烙铁头的刃口应与电路板保持一定的角度。如果刃口与电路板的角度 θ 较小，那么焊点会较小；如果角度 θ 较大，那么焊点则相对较大。图3-9为带锡焊接法的示意图。在焊接过程中，需将电烙铁头的刃口紧紧压在电路板上的铜箔焊点与元器件引线的交汇处，保持这个状态大约3 s，再将电烙铁移开。这样就能制作出既美观又坚固的焊点。然而，一些初学者可能会因为担心焊接不牢固而过度延长焊接时间，这可能会导致焊接的元器件因过度受热而损坏。另一些初学者则可能因害怕烫坏元器件而在焊接时过于匆忙，只短暂地接触焊点，这样的焊接可能会留下焊锡，但并不牢固，容易造成虚焊和假焊，会给整个制作过程带来严重的隐患。因此，焊接的时间需要经过大量的练习来掌握，以保证焊接的质量。

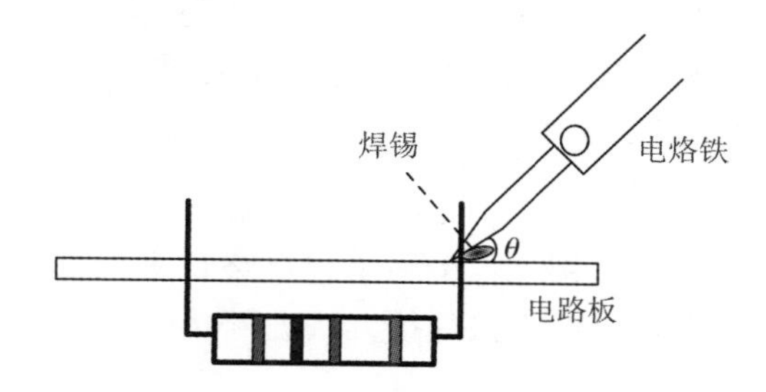

图3-9　带锡焊接法的示意图

3）焊点的正确形状

无论上述哪种方式完成的焊接，其焊锡均应呈现出明亮的金属光泽。若焊锡呈灰白色，说明焊接时间过长，高温作用下出现氧化现象，应注意温度与焊接时间。直插型元器件焊点的剖面示意图如图3-10所示。其中，焊点①焊接得比较坚固；焊点②为理想焊接状态，一般不易焊出这样的形状；焊点③焊锡较多，当焊盘较小时会出现此类问题，往往容易出现虚焊；焊点④、⑤的焊锡量太少；焊点⑥不规则，是电烙铁移除时方向不正确造成的；焊点⑦中焊点与引脚间有缝隙，这属于虚焊；焊点⑧的元器件引脚放置歪斜。除①、②两种情况外，其余焊点都存在一定问题，应补焊好。

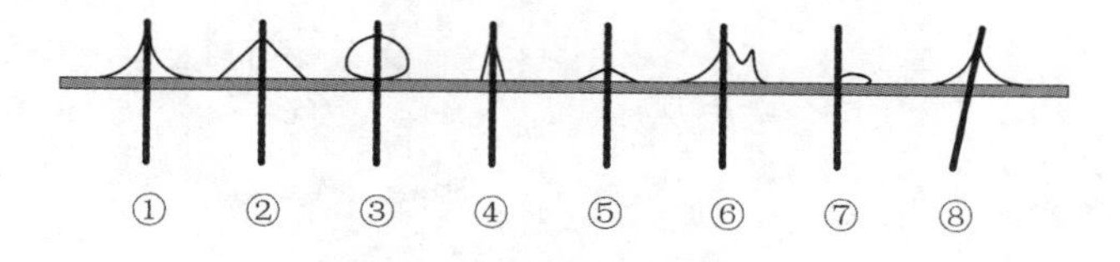

图3-10　焊点的剖面示意图

焊点的俯视图如图3-11所示。其中，焊点①、②形状规则，有光泽，焊接正确；焊点③、④的边缘不规则，可能是焊锡量不够或者焊接方法不对造成的；焊点⑤的焊锡较多，将两个焊点连到了一起，造成短路。在焊接的过程中应注意不同的焊点在电路中是否为不同电位点，如果是不同电位点，绝对不能连接到一起。

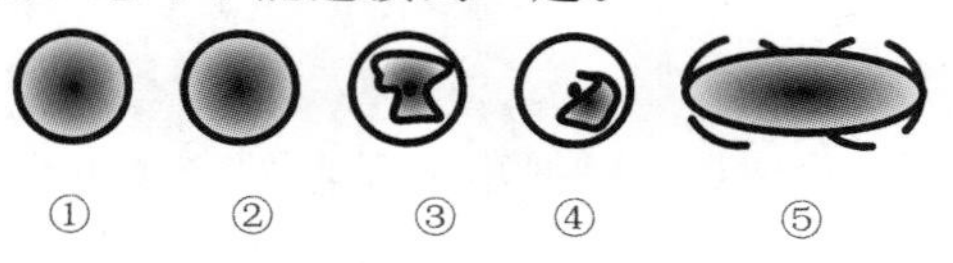

图3-11　焊点的俯视图

贴片元器件的焊点形状与焊盘形状有关，通常为圆形或方形，靠近引脚侧焊锡较厚，边缘处焊锡较薄。

4）错焊元器件的处理

当元器件焊错时，要将错焊的元器件拔除。先检查错焊的元器件应该焊在什么位置，将电路板绿色的焊接面朝下，用电烙铁将元器件的焊锡熔开，同时使用镊子等工具将元器件轻轻取出。注意在操作过程中不能用手直接拉元器件，防止烫伤；也不能用力过猛，否则会将焊盘拉掉；加热时间也不宜过长，否则容易出现电路板损坏的情况。取下元器件后，焊盘的孔会残留焊锡，可以使用吸锡器或者吸锡带清除。

3. 贴片元器件的焊接

贴片元器件体积小、引脚距离近、密度大，手工焊接不易操作。下面分别介绍电烙铁焊接方法和回流焊接方法。

1）电烙铁焊接方法

对于初学者，在电路元器件焊接过程中多采用电烙铁进行手工焊接，这种方法具有易实施的特点，下面对贴片元器件的电烙铁焊接方法进行介绍。

(1) 清洁和固定 PCB。

在焊接前应对要焊接的 PCB(见图 3－12)进行检查，对电路板上面的油性手印以及氧化物等要进行清除，确保其干净。焊接前尽量避免手指触碰焊盘的助焊层，从而避免影响上锡。手工焊接 PCB 时，如果条件允许，可以用焊接支架将 PCB 固定好，从而方便焊接，一般情况下直接将 PCB 放置于桌面上即可。

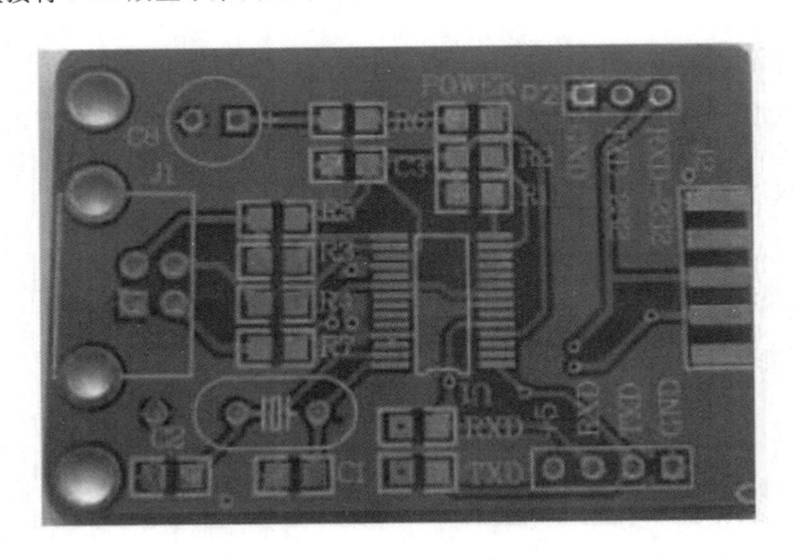

图 3－12　待焊接的 PCB

(2) 固定贴片元器件。

贴片元器件的固定是非常重要的。根据贴片元器件管脚的多少，其固定方法大体上可以分为两种——单脚固定法和多脚固定法。

对于管脚数目少(一般为 2～5 个)的贴片元器件，如电阻、电容、二极管、三极管等，一般采用单脚固定法。单脚固定法的步骤如下：先在板上对其中的一个焊盘上锡(见图 3－13)，然后左手拿镊子夹持元器件放到安装位置并轻抵住电路板，右手拿电烙铁靠近已镀锡焊盘，熔化焊锡，将该引脚焊好(见图 3－14)。焊好一个焊盘后元器件已不会移动，此时可以松开镊子。

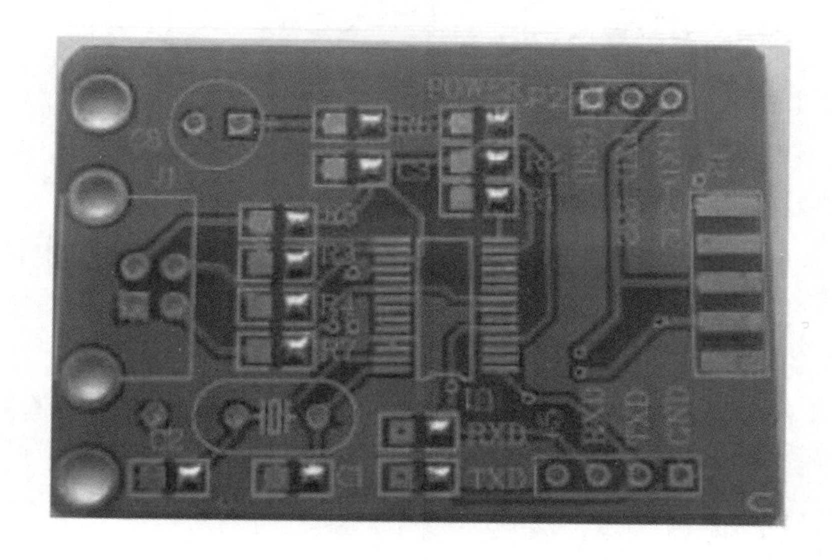

图 3－13　管脚少的元器件先单脚上锡

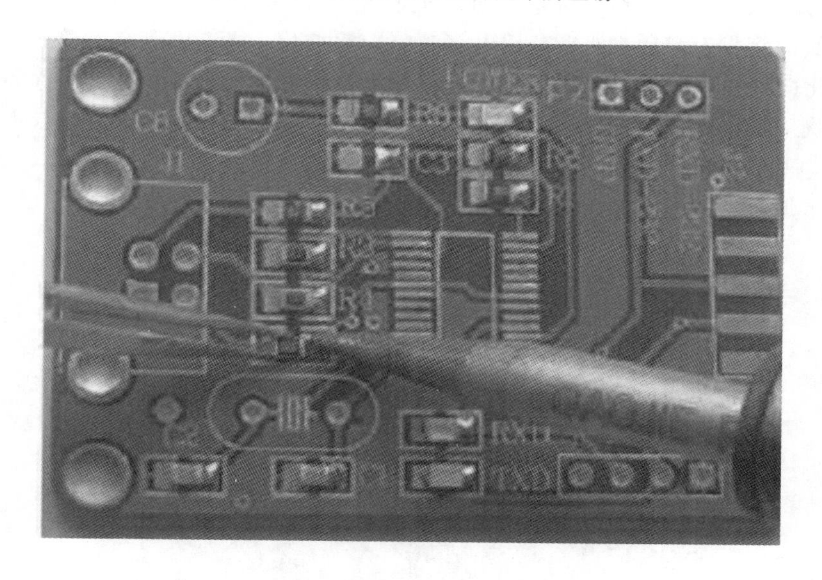

图 3－14　对管脚少的元器件进行固定焊接

对于管脚多且多面分布的贴片芯片，单脚上锡是难以将芯片固定好的，这时就需要进行多脚固定。一般可以采用对脚固定的方法(见图 3－15)，即先焊接固定一个管脚，再对该管脚对面的管脚进行焊接固定，从而达到整个芯片被固定好的目的。需要注意的是，管脚多且密集的贴片芯片，精准地将管脚对齐焊盘尤其重要，应仔细检查核对，因为焊接的好坏都是由这个前提决定的。

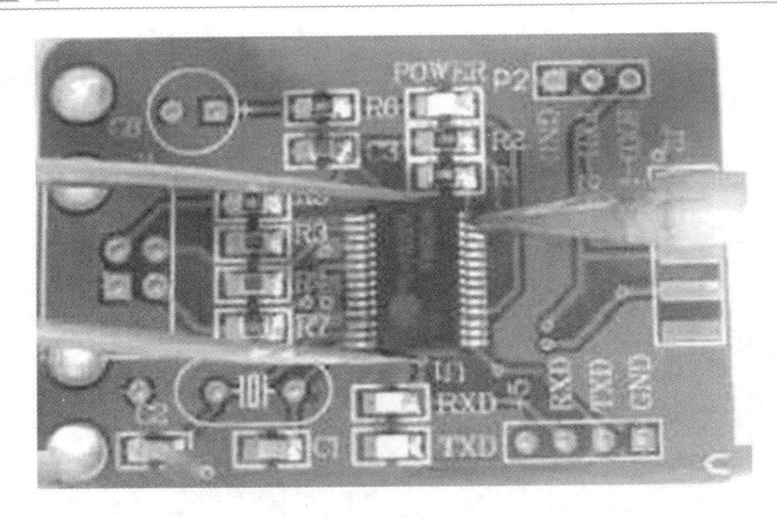

图 3-15 对管脚较多的元器件进行对脚或多脚固定焊接

特别要注意的是，芯片的管脚顺序一定要判断正确。若在芯片固定好甚至焊接完成后检查的时候发现管脚对应错误，就需要花费大量时间去修正错误，因此这些细致的前期工作一定不能马虎。

(3) 焊接剩下的管脚。

元器件固定好之后，应对剩下的管脚进行焊接。对于管脚少的元器件，可左手拿焊锡，右手拿电烙铁，依次点焊即可。对于管脚多而且密集的贴片芯片，除点焊外，可以采取拖焊，即在一侧的管脚上足锡，然后利用电烙铁将焊锡熔化，往该侧剩余的管脚上抹去(见图3-16)。熔化的焊锡可以流动，因此有时也可以将板子适当倾斜，从而将多余的焊锡去掉。需要注意的是，不论点焊还是拖焊，都很容易造成相邻的管脚被锡短路。这点不用担心，因为可以利用电烙铁作进一步调整，需要关心的是所有管脚是否都与焊盘很好地连接在一起，有没有虚焊。

图 3-16 对管脚较多的贴片芯片进行拖焊

（4）清除多余焊锡。

对步骤(3)中提到的焊接时可能造成的管脚短路现象，如何处理掉多余的焊锡呢？一般而言，可以用吸锡带将多余的焊锡吸掉。吸锡带的使用方法很简单，首先，向吸锡带加入适量助焊剂(如松香)后将其紧贴焊盘；然后，将干净的电烙铁头放在要吸附的焊锡上，焊锡融化后，慢慢将吸锡带从焊盘的一端向另一端轻压拖拉，焊锡就会被吸入吸锡带中(见图3-17)。上述操作结束后，应将电烙铁头与吸上锡的吸锡带同时撤离焊盘，如果吸锡带粘在焊盘上，千万不要用力拉吸锡带，而是向吸锡带上加助焊剂或重新用电烙铁头加热焊锡后再轻拉吸锡带，使其顺利脱离焊盘，同时要防止电烙铁烫坏周围元器件。图3-18为清除芯片管脚上多余焊锡后的效果图。

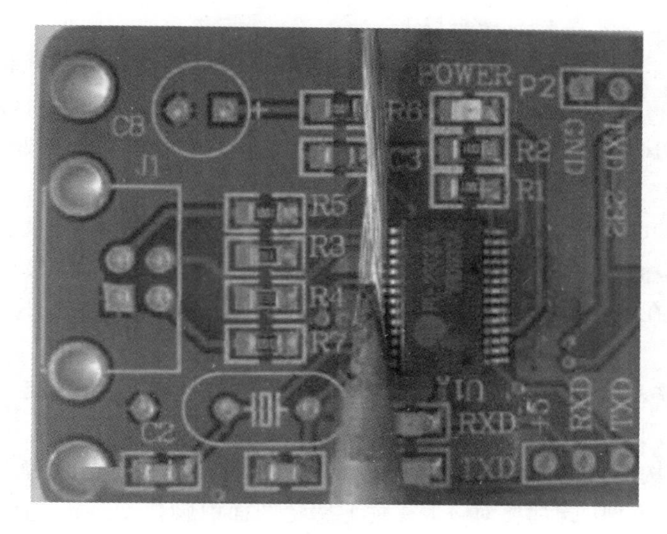

图3-17　用吸锡带吸去芯片管脚上多余的焊锡

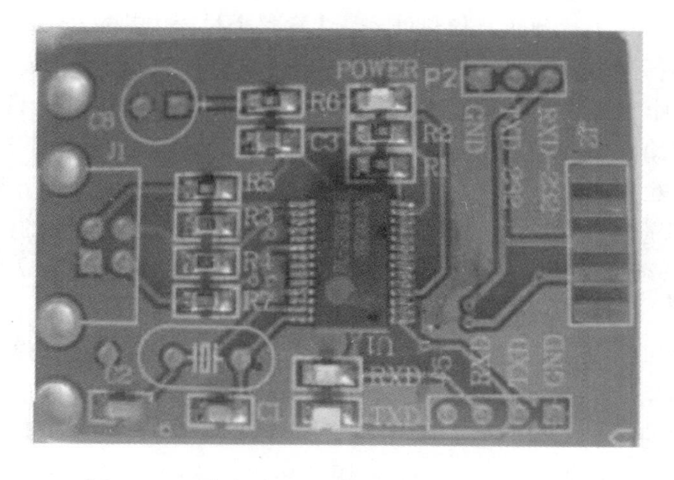

图3-18　清除芯片管脚上多余焊锡后的效果图

2）回流焊接方法

贴片元器件体积小，电路整洁度好，是新技术发展的主要方向。随着贴片元器件的广泛应用，回流焊成为工业电路焊接的常见方法。回流焊是通过重新熔化预先分配到PCB焊盘上的膏状焊料，实现表面组装元器件焊端或引脚与PCB板焊盘间机械与电气连接的软钎焊接方法。回流焊是靠热气流对焊点的作用，即胶状的焊剂(焊锡浆)在稳定的高温气流下进行的物理反应，完成贴片元器件的焊接。在进行小型电路调试过程中也可以应用类似方法进行焊接，具体方法为：将膏状焊锡点涂到焊盘上，然后放置贴片元器件，利用热风枪加热焊点，完成焊接后迅速移开热风枪风嘴，防止温度过高损坏元器件。

(1) 准备工作。

① 打开热风枪，把风量、温度调到适当位置，选择合适的风嘴。

② 调节风量旋扭，让风量指示在中间位置。

③ 调节温度，让温度指示在200～350℃的范围内，具体需要根据使用的焊锡浆进行调整。

注意：短时间不使用热风枪时，要使其进入休眠状态(部分品牌的风枪手柄上有休眠开关，按一下开关即可；手柄上无开关的，风嘴向下为工作状态，风嘴向上为休眠状态，因此将风枪手柄放置回风枪支架即可短时休眠)，超过5 min不工作时要把热风枪关闭，关闭前应将风枪放回支架。

(2) 焊接贴片IC的步骤。

① 观察要焊接的IC引脚是否平整，如果有IC引脚焊锡短路，用吸锡带处理；如果IC引脚不平，将其放在一个平板上，用平整的镊子背压平；如果IC引脚不正，可用镊子将其歪的部位修正。

② 在焊盘上放适量的焊锡膏，若焊锡膏过多则加热时会使IC漂走，过少则起不到应有的作用。同时对周围怕热的元器件应进行覆盖保护。

③ 将贴片IC按原来的方向放在焊盘上，把IC引脚与PCB引脚位置对齐，对位时眼睛要垂直向下观察，四面引脚都要对齐，视觉上感觉四面引脚长度一致，且引脚平直，没有歪斜现象。

④ 用热风枪对IC进行预热及加热处理，注意整个过程中热风枪不能停止移动(如果停止移动，会造成局部温升过高而损坏IC)。边加热边注意观察IC，如果发现IC有移动现象，要在不停止加热的情况下用镊子轻轻地把它调正。如果没有移动现象，只要IC引脚下的焊锡都熔化了，要在第一时间发现(如果焊锡熔化了，会发现IC有轻微下沉、松香有轻烟及焊锡发亮等现象，也可用镊子轻轻碰IC旁边的小元器件，如果旁边的小元器件活动，就说明IC引脚下的焊锡也临近熔化了)并立即停止加热。因为热风枪设置的温度比较高，IC及PCB上的温度是持续增长的，如果不能及早发现，温升过高会损坏IC或PCB。所以加热的时间一定不能过长。

⑤ 等PCB冷却后，用少量酒精清洗焊接点，同时检查是否存在虚焊和短路。如果有虚焊情况，可用电烙铁一根一根碰触引脚进行加焊或用热风枪把IC拆掉重新焊接。如果有短路现象，可用潮湿的耐热海绵把电烙铁头擦干净后，蘸点松香顺着短路处引脚轻轻划过，带走短路处的焊锡；也可用吸锡线处理，用镊子挑出四根吸锡线，蘸少量松香，放在短路处，将电烙铁轻轻压在吸锡线上，短路处的焊锡就会熔化并粘在吸锡线上，进而修复短路部位。

(3) 使用热风枪拆焊贴片IC。

在检修电路中，经常需要更换损坏的元器件，贴片IC通常引脚多而密，拆焊难度大。

下面介绍贴片IC的拆焊步骤：

① 拆下IC之前要看清方向，重装时不要放反。

② 观察IC旁边及正背面有无怕热元器件(如液晶显示器、塑料元件、带封胶的球栅阵列IC等)，如果有，则要用屏蔽罩之类的物品把它们盖好。

③ 在要拆的IC引脚上加适量的松香，可以使拆下元器件后的PCB焊盘光滑，否则会起毛刺，重新焊接时不容易对位。

④ 用调整好的热风枪对元器件周围2 cm^2 左右的范围进行均匀预热(风嘴距PCB约1 cm，在预热位置以较快速度移动，PCB的温度不超过130～160 ℃)

⑤ 热风枪风嘴距IC引脚1 cm左右，沿IC边缘慢速均匀移动，用镊子轻轻夹住IC对角线部位。

⑥ 如果焊点已经加热至熔点，拿镊子的手就会在第一时间感觉到，一定要等到IC引脚上的焊锡全部熔化后再通过"零作用力"小心地将IC从PCB上垂直提起，这样能避免损坏PCB或IC，也可避免PCB上留下的焊锡短路。加热控制是返修的一个关键因素，焊料必须完全熔化，以免在取走元器件时损伤焊盘。与此同时，还要防止电路板加热过度，避免因加热造成板子扭曲(有条件的可选择140～160 ℃做预热，拆IC的整个过程不超过250 s)

⑦ 取下IC后观察PCB上的焊点是否存在短路现象，如果有短路现象，可用热风枪重新对其进行加热，待短路处焊锡熔化后，用镊子顺着短路处轻轻划一下，使焊锡自然分开。尽量不要用电烙铁处理，因为电烙铁会把PCB板上的焊锡带走，增加虚焊的可能性，且小引脚的焊盘补锡不容易。

(4) 焊接注意事项。

① 焊接过程中，必须注意安全，避免烫伤，防止电线漏电发生触电事故。

② 在焊接耐热性差的元器件时，可用镊子或尖嘴钳子夹住元器件的引线帮助散热。

③ 在焊锡未凝固前，不得摇动元器件的引线或移动元器件，避免造成虚焊或假焊。

④ 在焊接集成电路和场效应管时，一是要注意焊接时温度不要太高，二是电烙铁应可靠接地，这样能防止元器件损坏。

3.2.3　电路的调试方法

电路调试过程是利用符合指标要求的各种电子测量仪器，如示波器、万用表、信号发生器、频率计、逻辑分析仪等，对安装好的电路或电子装置进行调整和测量，以保证电路或装置正常工作，同时，判别其性能的好坏、各项指标是否符合要求等。因此，调试必须按一定的方法和步骤进行。

1. 调试的方法和步骤

为了使测试能够顺利进行，可以在设计的电路图上标出各点的电位值、相应的波形以及其他参考数值。

调试方法有两种。一种是分块调试，即采用边安装边调试的方法，把复杂的电路按原理图上的功能分块进行调试，在分块调试的基础上逐步扩大调试的范围，最后完成整机调试。这种调试方法能及时发现问题和解决问题，也是常用的方法，对于新设计的电路更为有效。另一种方法是整个电路安装完毕后，实行一次性调试。这种方法适用于简单电路或定型产品。这里仅介绍分块调试。

分块调试是把电路按功能分成不同的部分，把每个部分看成一个模块进行调试。比较理想的调试程序是按信号的流向进行，这样可以把前面调试过的输出信号作为后一级的输入信号，为最后的联调创造条件。分块调试分为静态调试和动态调试。

静态调试一般指在没有外加信号的条件下测试电路各点的电位。如测试模拟电路的静态工作点，数字电路的各输入、输出电平及逻辑关系等，将测试获得的数据与设计值进行比较，若超出指标范围，应分析原因，并进行处理。

动态调试可以利用前级的输出信号作为后级的输入信号，也可利用自身的信号来检查电路功能和各种指标是否满足设计要求，包括信号幅值、波形、相位关系、频率、放大倍数、输出动态范围等。模拟电路的动态调试比较复杂，而对数字电路来说，由于集成度比较高，一般调试工作量不大，只要元器件选择合适，直流电源状态正常，逻辑关系就不会有太大问题，一般是测试电平的转换和工作速度等。

把静态和动态的测试结果与设计指标进行比较，经进一步分析后对电路参数实施合理的修正。

电路搭建完成后，可能会存在一定的故障，电路故障的检测包括以下几个方面。

(1) 不通电检查。电路安装完毕后，不要急于通电，应先认真检查接线是否正确，包括检查是否存在多线、少线、错线等，尤其是电源线不能接错或接反，以免通电后烧坏电路或元器件。查线的方法有两种：一种方法是按照设计电路接线图检查安装电路，即在安装好的电路中按电路图一一对照检查连线；另一种方法是按实际线路，对照电路原理图按两个元器件接线端之间的连线去向检查。无论哪种方法，在检查中都要对已经检查过的连线做标记，万用表对检查连线很有帮助。

(2) 直观检查。连线检查完毕后，直观检查电源、地线、信号线、元器件接线端之间有无短路，连线处有无接触不良，二极管、三极管、电解电容等有极性的元器件引线端有无错接、反接，集成块是否插对。

(3) 通电检查。把经过准确测量的电源电压加入电路，但暂不接入信号源信号。电源接通之后不要急于测量数据和观察结果，首先要观察有无异常现象，包括有无冒烟、有无异常气味、触摸元器件是否有发烫现象、电源是否短路等。如果出现异常，应立即切断电源，排除故障后方可重新通电。

(4) 分块调试。分块调试包括测试和调整两个方面。测试是在安装后对电路的参数及工作状态进行测量；调整则是在测试的基础上对电路的结构或参数进行修正，使其满足设计要求。

(5) 整机联调。对于复杂的电子电路系统，在分块调试的过程中会逐步扩大调试范围，实际上已完成了某些局部联调工作。只要做好各功能块之间接口电路的调试工作，再把全部电路接通，就可以实现整机联调。整机联调只需要观察动态结果，即把各种测量仪器及系统本身显示部分提供的信息与设计指标逐一比较，找出问题，然后进一步修改电路参数，直到完全符合设计要求为止。

调试过程中不能单凭自身感觉和印象，要始终借助仪器观察。使用示波器时，最好把示波器的信号输入方式置于“DC”挡(直流耦合方式)，同时可以观察被测信号的交、直流成分。被测信号的频率应处在示波器能够稳定显示的频率范围内，如果频率太低，观察不到

稳定波形时，应改变电路参数后再进行测量。

2. 调试注意事项

(1) 测试之前要熟悉各种仪器的使用方法，并仔细检查，避免由于仪器使用不当或出现故障而作出错误判断。

(2) 测试仪器和被测电路应具有良好的共地，只有使仪器和电路之间建立一个公共地参考点，测试结果才是准确的。

(3) 调试过程中，发现元器件或接线有问题需要更换或修改时，应关断电源，更换完毕并认真检查后方可重新通电。

(4) 调试过程中，不仅要认真观察和检测，还要认真记录，包括记录观察的现象、测量的数据、波形及相位关系，必要时在记录中应附加说明，那些和设计不符合的现象更是记录的重点。依据记录的数据才能把实际观察的现象和理论预计的结果进行定量比较，从中发现问题，加以改进，最终完善设计方案。通过收集第一手资料可以帮助自己积累实际经验，切不可低估记录的重要作用。

(5) 安装和调试的过程中要有严谨的科学作风，不能抱有侥幸心理。出现故障时，不要手忙脚乱，马虎从事，要认真查找故障原因，仔细作出判断，切不可一遇到解决不了的故障就拆线重新安装。因为重新安装的线路仍然存在各种问题，且原理上的问题也不是重新安装电路就能解决的。

3.3　实验数据的读取与处理

实验数据的读取与处理是实验过程中至关重要的环节，要确保数据的准确性和完整性，避免因为数据错误或缺失而影响实验结果。在实验前应充分预习实验内容，大体了解实验数据的变化趋势，及时发现测量错误。为分析某些电路参数变化的影响，经常需要绘制数据变化曲线，同时在曲率较大的位置多测量一些数据点，因此曲线的极大值和极小值点应准确、完整。

3.3.1　实验数据的记录与整理

为获得正确的实验数据和波形，应选择合适的测量仪表和量程；记录的数据应为原始数据，不得随意更改，还应记录仪表型号、精度等信息。对于指针式仪表，为减小读数误差，读取数据时应尽量保证指针偏转大于三分之一量程。对于数字式仪表，应在不超量程的情况下尽量选择较小量程，以减小读数误差。为提高测量结果的准确性和测量精度，在相同测量条件下，应对同一被测量进行多次测量。当测量环境存在干扰时，仪器读数会有较大偏差，这种情况下也应多次测量，计算被测量的算术平均值作为实验结果，或者在多次测量中读取示数值出现最多的数据作为最终结果。

实验数据的记录与整理是科学研究中的重要环节，准确记录实验数据是得出实验结论的基础。

1. 测量数据的记录

现代实验室中仪器数字化水平逐渐提高，但指针式仪表并未被完全替代，因此下面分数字式仪表和指针式仪表讨论测量数据的记录。

1）数字式仪表测量数据的读取

实验中使用的数字式仪表可能是实验设备上固定配置的，也可能是其他数字式仪表（例如数字万用表）。从数字式仪表上可直接读出被测量的值并作为测量结果予以记录，无须再进行换算。需要注意的是，对数字式仪表而言，若测量时量程选择不当，则会丢失有效数字，因此应合理地选择数字式仪表的量程。例如，用某数字式仪表测量 1.528 V 的电压，在不同量程时的显示值见表 3-1。

表 3-1 某数字式仪表不同量程时的显示值和有效数字

量程/V	显示值/V	有效数字位数
2	1.528	4
20	1.53	3
200	1.5	2

由表 3-1 可知，在不同的量程下，测量值的有效数字位数不同，量程选择不当将损失有效数字。在此例中选择 2 V 的量程才是最恰当的。实际测量时，一般要使测量值小于且接近所选择的量程，而不可选择过大的量程。

2）指针式仪表测量数据的读取

与数字式仪表不同，指针式仪表的指示值一般不是被测量的测量值，其要经过换算才可得到所需的测量结果。下面介绍有关的概念和方法。

指针式仪表的仪表常数是指指针式仪表的标度每分格所代表的被测量的大小，又称为分格常数或分度值，可以用 C_0 表示，即

$$C_0=\frac{x_m}{a_m} \tag{3-1}$$

式中，x_m 为选择的仪表量程；a_m 为指针式仪表满刻度格数。

指针式仪表的指示值称为直接读数，简称读数，它是指针式仪表的指针所指出的标尺值，用格数表示。图 3-19 为某电压的均匀标度有效数字读数示意图，图中指针的两次读数分别为 12.0 格和 114.2 格，它们的有效数字位数分别为 3 位和 4 位。

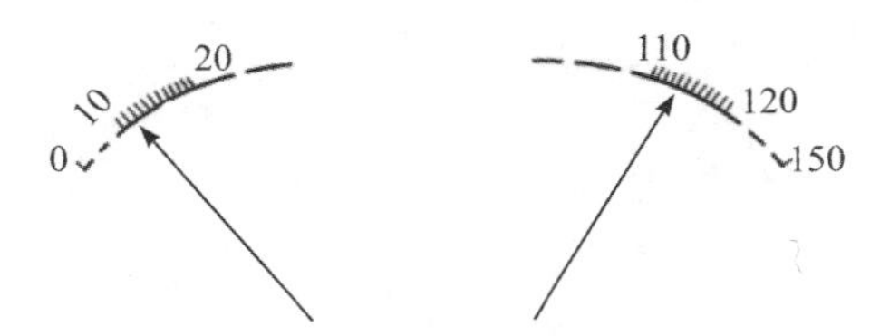

(a) 大分度值测量时指针的位置 (b) 小分度值测量时指针的位置

图 3-19 指针式仪表读数示意图

通过图 3-19 的示意图可以看出，对于同一被测电压，选择的电压表量程不同，分度值也不同，其读数精度也有较大差异。

指针式仪表的读出方式是用仪表的指针指示位置换算出被测量的测量值，且测量值的有效数字位数应与读数的有效数字位数一致，可表示为

$$\text{测量值} = \text{读数(格)} \times \text{分度值}(C_0) \tag{3-2}$$

2. 测量数据的整理

对实验中记录的原始测量数据，通常还需加以整理，以便于进一步分析，作出合理的评估，并给出切合实际的结论。

(1) 数据的排列。为了分析计算的便利，通常希望原始实验数据按一定的顺序排列。若记录下的数据未按期望的次序排列，则应予以整理，如将原始数据按从小到大或从大到小的顺序进行排列。当数据量较大时，这种排序工作最好由计算机完成。

(2) 坏值的剔除。在测量数据中，有时会出现偏差较大的测量值，这种数据称为离群值。离群值分为两类：一类是因为粗大误差而产生的，或是因为随机误差过大且超过了给定的误差限而产生的，这类数据为异常值，属于坏值，应予以剔除；另一类是因为随机误差较大但未超过规定的误差限而产生的，这类数据属于极值，应予以保留。需要说明的是，若确知测量值为粗大误差，即使其偏差不大，未超过误差限，也必须予以剔除。

(3) 数据的补充。在测量数据的处理过程中，有时会遇到缺损的数据，或者需要知道测量范围内未测出的中间数值，这时可采用插值法(又称内插法)计算出这些数据。常用的插值法有线性插值法、拉格朗日插值法和牛顿插值法等。

3.3.2 测量数据的处理与分析

实验中要对所测量的量进行记录，得到实验数据，对这些实验数据需要进行很好的整理、分析和计算，并从中得到实验的最终结果，找出实验的规律，这个过程称为数据处理。

1. 测量中有效数字的处理

有效数字是指在实验中实际能够测量到的数字，有效数字的位数反映了测量的准确度。

1) 有效数字的概念

在测量中必须正确地读取数据，即除末位数字欠准确外，其余各位数字都是准确可靠的。末位数字是估计出来的，因而不准确。例如，用一块量程为30 V、分度值为1 V的电压表(刻度每小格代表1 V)测量电压时，指针指在24 V和25 V之间，可读数为24.4 V；其中，数字“24”是准确可靠的，称为可靠数字，而最后一位数字“4”是估计出来的不可靠数字，称为欠准数字，在实验中估读完成，两者结合起来称为有效数字。对于“24.4”这个数，有效数字是三位。

有效数字位数越多，测量准确度越高。如果条件允许，能够读成“24.40”，就不应该记为“24.4”，否则会降低测量准确度。反过来，如果只能读作“24.4”，就不应记为“24.40”，后者从表面看好像提高了测量准确度，但实际上小数点后面第一位就是估计出来的欠准数字，因此第二位就没有意义了。在读取和处理数据时有效数字的位数要合理选择，使所取得的有效数字位数与实际测量的准确度一致。

2) 有效数字的正确表示

(1) 记录测量数值时，只允许保留一位欠准数字。

(2) 数字“0”可能是有效数字，也可能不是有效数字。例如，0.0244 V前面的两个“0”

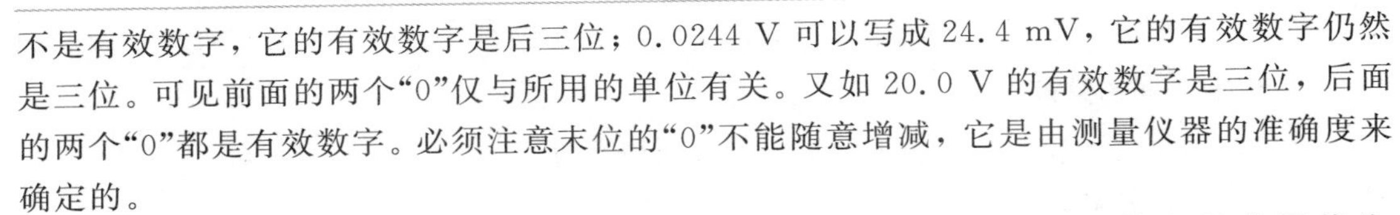

不是有效数字，它的有效数字是后三位；0.0244 V 可以写成 24.4 mV，它的有效数字仍然是三位。可见前面的两个“0”仅与所用的单位有关。又如 20.0 V 的有效数字是三位，后面的两个“0”都是有效数字。必须注意末位的“0”不能随意增减，它是由测量仪器的准确度来确定的。

(3) 大数值与小数值都要用幂的乘积形式来表示。例如，测得某电阻的阻值为 15 000 Ω，有效数字为三位时，应记为 15.0×10^3 Ω 或 150×10^2 Ω。

(4) 在计算中，常数(如 π、e 等)以及因子的有效数字位数没有限制，根据结果需要保留。

(5) 有效数字位数确定以后，多余的位数应按四舍五入的规则舍去，称为有效数字的修约。

3) 有效数字的运算规则

(1) 加减运算。参加运算的各数所保留的位数，一般应与各数小数点后位数最少的相同。例如 13.6、0.056 和 1.666 三个数相加，小数点后最少位数是一位(按 13.6 取)，所以应将其余两数修约到小数点后一位数，然后再相加，即

$$13.6+0.1+1.7=15.4 \tag{3-3}$$

为了减少计算误差，也可在修约时多保留一位小数，计算之后再修约到规定的位数，即

$$13.6+0.06+1.67=15.33 \tag{3-4}$$

其最后结果为 15.3。

(2) 乘除运算。各因子及计算结果所保留的位数以百分误差最大或有效数字位数最少的项为准，不考虑小数点的位置。例如，0.12、1.057 和 23.41 三个数相乘，有效数字最少的是 0.12，则 $0.12\times1.1\times23=3.036$，保留两位有效数字，其结果为 3.0。

(3) 乘方及开方运算。运算结果比原数多保留一位有效数字。例如：

$$(15.4)^2\approx237.2 \tag{3-5}$$

$$\sqrt{2.4}\approx1.55 \tag{3-6}$$

(4) 对数运算。取对数前后的有效数字位数应相等，例如：

$$\ln220\approx5.39 \tag{3-7}$$

2. 实验数据的分析与处理

实验测量所得到的数据，经过有效数字修约、运算处理后，有时仍看不出实验规律或结果，因此，必须对这些实验数据进行整理、计算和分析，这个过程称为实验数据的分析与处理。下面是几种常用于电路实验中的数据处理方法。

1) 列表法

列表法是最基本和常用的实验数据表示方法，其特点是形式紧凑、便于数据的比较和检验。列表法的要点如下：

(1) 先对原始数据进行整理，完成有关数值的计算，剔除坏值等。

(2) 给出表的编号和名称。

(3) 必要时对有关情况予以说明(如数据来源等)。

(4) 确定表格的具体格式，合理安排表格中的主项和副项。通常主项代表自变量，副项

代表因变量。一般将能直接测量的物理量选作主项(自变量)。

(5) 表中数据应以有效数字的形式表示，不能记录为分数等形式。

(6) 数据需有序排列，如按照由大到小的顺序排列等。

(7) 表中的各项物理量要给出单位，如电压 U/V、电流 I/A、功率 P/W 等。

(8) 要注意书写整洁，如将每列数字的小数点对齐，数据空缺处记为斜杠“/”，要注意检查记录数据有无笔误。

2) 绘图法

将测量数据在图纸上绘制为图形也是常用的实验数据表示法。绘图法的优点是直观、形象，能清晰地反映出变量间的函数关系和变化规律。

(1) 绘图法的要点。

绘图法的要点如下：

① 选择合适的坐标系。常用的坐标系有直角坐标系、半对数坐标系和双对数坐标系等。选择哪种坐标系，要视是否便于描述数据和表达实验结果而定。最常用的是直角坐标系，但若测量值的数值范围很大，就可选用对数坐标系。

② 在坐标系中，一般横坐标代表自变量，纵坐标代表因变量。

③ 在横、纵坐标轴的末端要标明其所代表的物理量及单位。

④ 要合理恰当地进行坐标分度。分度可不必从原点开始，但要包括变量的最小与最大值，并且使所绘图形占满全幅坐标纸为宜。

在直角坐标系中，最常用的是线性分度。分度的原则是使图上坐标分度对应的示值有效数字位数能反映实验数据的有效数字位数。横、纵坐标轴的分度可以不同，需要根据具体情况确定，原则是使所绘曲线能明显地反映出变化规律。图 3-20 给出了两个不同坐标轴分度的例子，其中，图 3-20(b)对曲线变化规律的表述更为清楚。

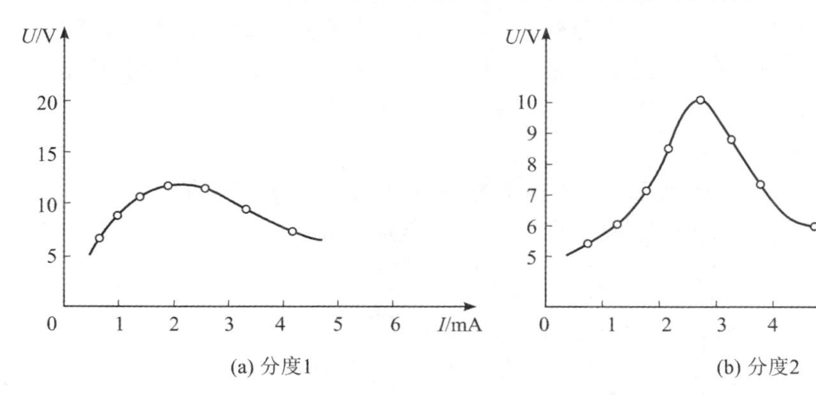

图 3-20　坐标轴分度示例

⑤ 必要时可分别绘制全局图和局部图。

⑥ 可用不同形状和颜色的线条来绘制曲线，例如可使用实线、虚线、点画线等。

⑦ 根据数据描点时，可使用实心圆、空心圆、叉、三角形等符号。同一曲线上的数据点用同一符号，不同曲线上的数据点则用不同的符号。

⑧ 由图上的数据点作曲线时，不可将各点连成如图 3-21(a)所示的折线，而应视情况作出拟合曲线。所作的曲线要尽可能地靠近各数据点，并且曲线要光滑。当数据点分散程

度较小时，可直接绘制出曲线，如图 3－21(b)所示。当数据点分散程度大时，则应将相应的点取平均值后再绘制出曲线，如图 3－21(c)所示。

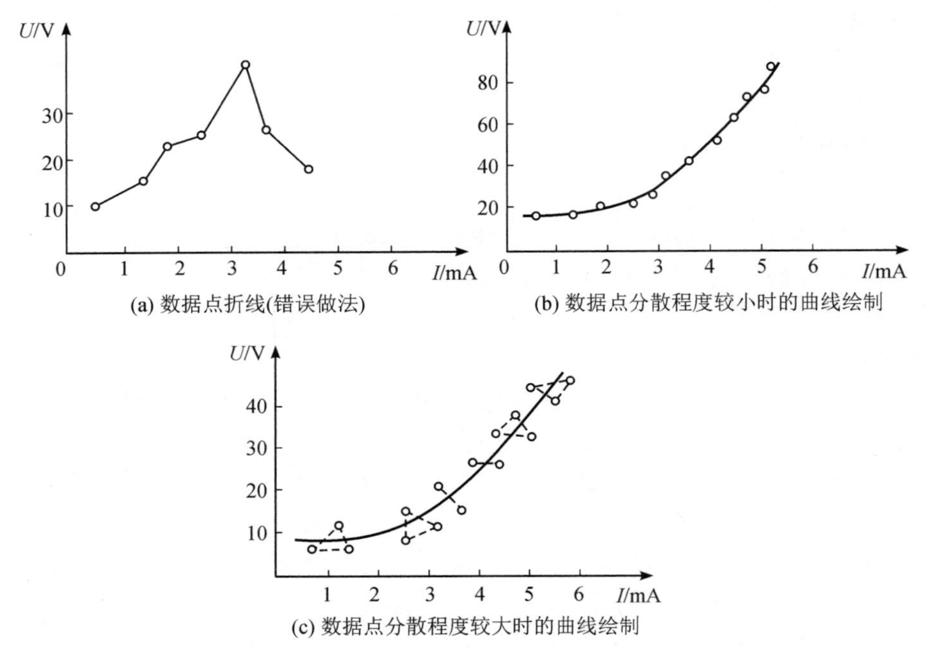

图 3－21　实验数据曲线绘制方法

(2) 常用坐标纸。

绘制实验数据曲线过程中，需要使用坐标纸，下面介绍不同坐标纸的使用方法。

① 算术坐标纸。

算术坐标纸所采用的坐标是算术坐标。算数坐标是大家熟悉的坐标形式，又被称为笛卡尔坐标，其横纵坐标的刻度都是等距的。举例来说：如果每 1 cm 的长度都代表 1，则刻度按照顺序表示为 0，1，…。

② 单对数坐标纸。

单对数坐标纸如图 3－22 所示，单对数坐标系中纵轴按照等距增加(均匀刻度)，使用方法与算术坐标系相同，横轴则是按照相等的指数增加变化表示的。举例来说：每格按照

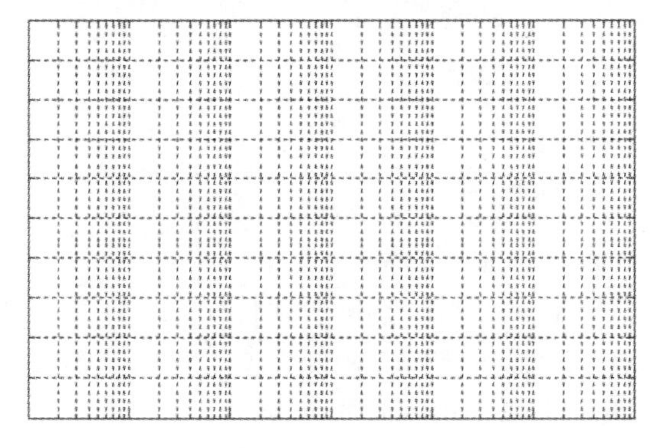

图 3－22　单对数坐标纸

10 的 1 次方增加，则坐标轴刻度大格的表示依次为…10^0，10^1，10^2，…，其小刻度为两个大刻度中间的小刻度值，例如 10^2 和 10^3 之间插入的小刻度依次为 2×10^2，3×10^2，…，显然利用对数坐标可以更好地表现数据点的细节，同时又能覆盖较大变化范围。

算术坐标和对数坐标的主要区别在于等刻度值增长方式的不同，算术坐标均匀变化，对数坐标呈现对数增长，因此在对数坐标纸中会出现刻度线的疏密变化。

③ 双对数坐标纸。

双对数坐标纸如图 3-23 所示，双对数坐标系中两个坐标轴都是对数坐标，假如对应于 x、y 轴，则两轴等刻度情况下，其值以相应底数呈次方增长。

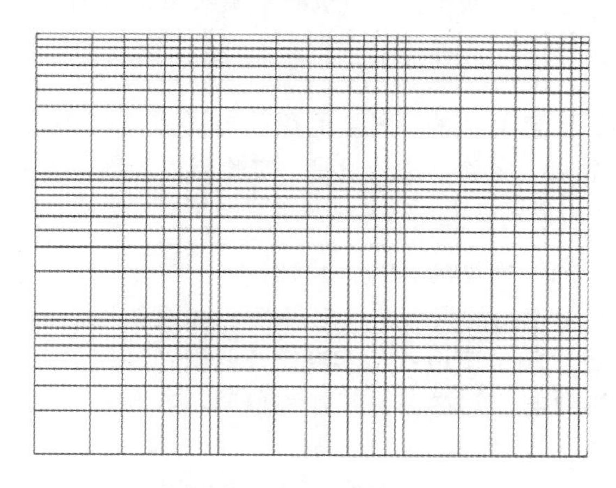

图 3-23　双对数坐标纸

在下列情况下应用对数坐标纸。

① 如果研究的函数 y 和自变量 x 在数值上均变化了几个数量级。例如，已知 x 和 y 的数据为 $x=10$，20，40，80，100，1000，3000，4000，$y=2$，14，40，60，80，100，177，181，对于如此大的变化范围，在算术坐标纸上作图几乎不可能较为准确地描出 $x=10$，20，40，80 时的位置，曲线开始部分的点会堆叠在一起，但采用双对数坐标纸则可以得到比较清楚的曲线。

② 如果研究的函数 y 和自变量 x 在数值变化过程中只有自变量有较大的变化范围，而函数 y 的变化在较小范围时，通常使用单对数坐标纸。例如在测量电路频率响应曲线时，其频率在很大范围变化，而响应值的变化则相对较小，此时需要使用单对数坐标纸完成数据曲线的绘制。

3. 实验数据的误差分析

在一般的实验测量中，由于各种原因，实验测量结果与其真实值之间总会存在一定差异，即测量误差。常用的误差表示方法分为绝对误差和相对误差两种。

1) 绝对误差

若用 x_0 表示被测量的真实值，x 表示测量值，则绝对误差可表示为

$$\Delta x = x - x_0 \tag{3-8}$$

测量值 x 会包含误差，所以测量结果可能比真实值 x_0 大，也可能比 x_0 小，因此绝对误差 Δx 可能为正也可能为负。

绝对误差可以反映测量结果中误差的大小和符号，但不能说明其准确程度。例如对于真实值为 10 V 的直流电压，测量结果的 Δx 为 1 V，以及真实值为 5 V 的直流电压，测量结果的 Δx 为 1 V，二者的偏差值虽然相等，但显然后者对测量结果的影响相对大得多。因此，通常采用相对误差来衡量测量结果的准确程度。相对误差的绝对值越小，说明测量准确度越高。

2）*相对误差*

相对误差是指测量值与真实值之间的相对偏差，通常用百分比表示。它反映了实验结果的精确程度。相对误差为绝对误差 Δx 与被测量真实值 x_0 的百分比值，可表示为

$$\gamma=\frac{\Delta x}{x_0}\times 100\% \tag{3-9}$$

在实验中，由于各种因素的影响，测量值往往与真实值存在一定的偏差。相对误差的大小取决于测量仪器的精度、实验方法的设计、实验环境等因素。

3）*误差原因*

误差原因包括多个方面，常见的有如下几种：

（1）仪器误差：测量中使用的仪器存在电路性能和机械性能的不完善或非线性以及仪器老化等导致的误差，也可能是使用者未能将设备调制到最佳状态导致的测量误差。

（2）器件误差：使用的电子元器件与其标称值间存在偏差，因此会偏离预设结果造成误差，在许多电路参数测量中都会出现这种误差。

（3）方法误差：由于选择的测量方法不同而导致的误差。

4）*减小误差的方法*

为了减小误差，可以采取以下措施：

（1）改进实验方法，提高实验结果的可靠性。

（2）设计更精巧的实验方法，减少误差的产生。

（3）进行多次重复实验，求其平均值，以减小随机误差。

（4）以图像法代替公式法处理实验数据，提高数据的处理精度。

第二篇　EDA软件的介绍与实验

EDA是电子设计自动化(Electronic Design Automation)的缩写。电子电路及集成电路技术的快速发展，离不开EDA仿真软件的支持。常用的电路仿真软件包括Multisim、Quartus Prime、Proteus、TINA-TI、PSPICE和MATLAB电路仿真软件包Simulink等。本篇主要介绍Multisim 14.0和Quartus Prime软件，同时还设置了基于Quartus Prime的FPGA基础实验项目辅助练习。

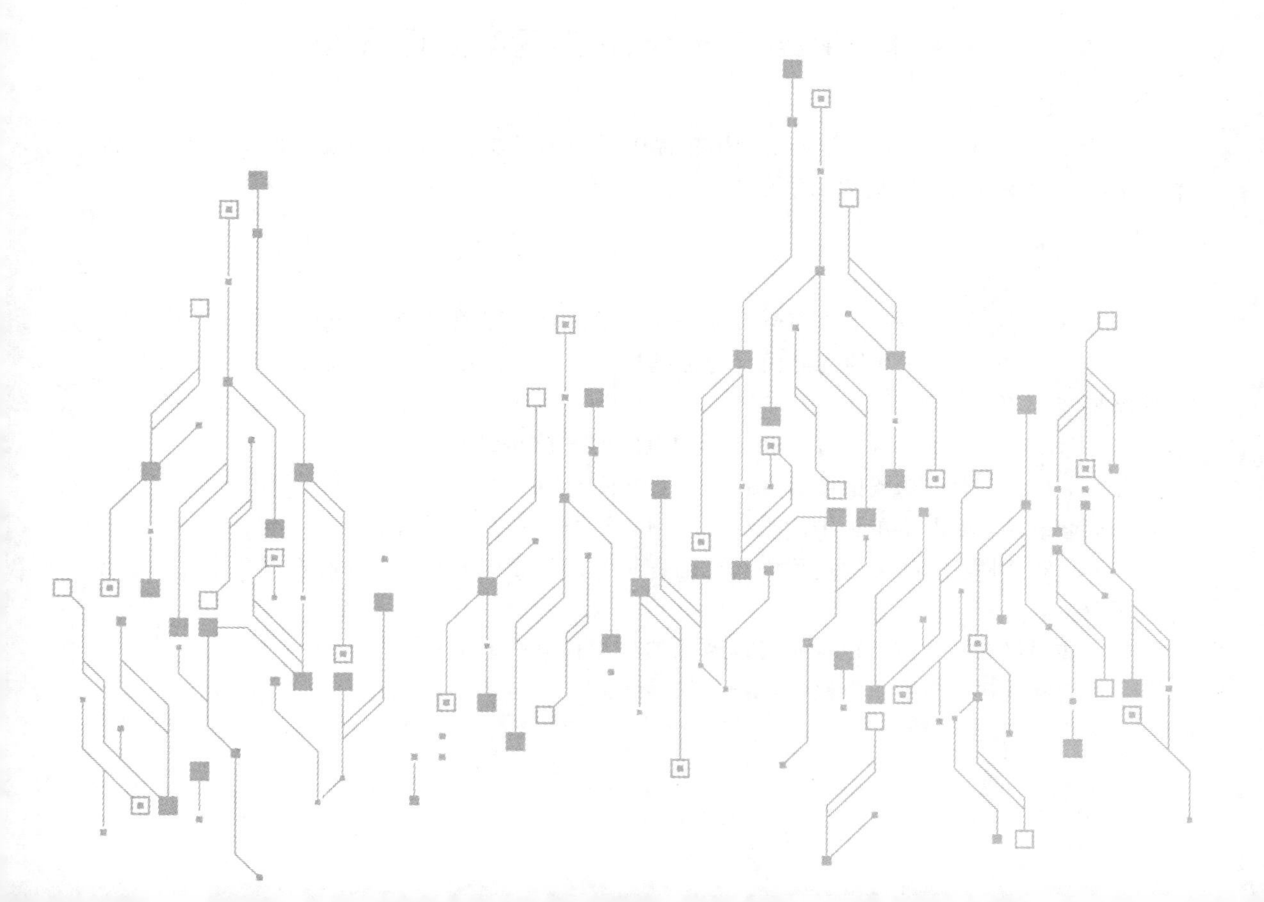

第 4 章

Multisim 14.0 仿真软件介绍

Multisim 14.0 是 NI 公司下属的 EWB (Electronics Workbench)推出的在 Windows 操作系统中应用的仿真工具，也是目前较为流行的 EDA 软件之一。Multisim 14.0 软件基于 PC 平台，采用图形操作界面虚拟仿真了一个与实际情况非常相似的电子电路实验工作台，几乎可以完成在实验室进行的所有电子电路实验，已被广泛地应用于电子电路分析、设计、仿真等工作中。Multisim 14.0 不仅支持一般电路和微程序控制器(MCU)的仿真，还支持用汇编语言和 C 语言为单片机注入程序，并有与之配套的制版软件 NI Ultiboard 14.0 可以实现从电路设计到制板的服务。本书主要面向基础模拟电路、数字电路完成电路设计，因此仅介绍 Multisim 14.0 的基础应用。

4.1 Multisim 14.0 的基本操作界面

Multisim 14.0 的基本操作界面为用户提供了一个直观、便捷的电路设计和仿真环境，本节主要介绍主界面、工具栏及菜单栏。

4.1.1 主界面

运行 Multisim 14.0 后，程序会自动建立一个仿真电路图文件 Design1，其主界面如图 4-1 所示。Multisim 14.0 的主界面分为标题栏、工具栏、菜单栏、元器件栏、常用仪器栏和电路搭建区等。

(1) 标题栏：给出了本软件正在运行的电路的名称和路径。

(2) 工具栏：常用功能的图标在此显示，方便调用。

(3) 菜单栏：单击菜单栏中的功能命令可以进行各项功能设置。

(4) 元器件栏：电路搭建过程中需要的各种元器件在此显示，为方便查找，对元器件还进行了分类。

(5) 常用仪器栏：仿真过程中可以调用的虚拟仪器在此显示。

(6) 电路搭建区：用于电路原理图绘制、编辑。

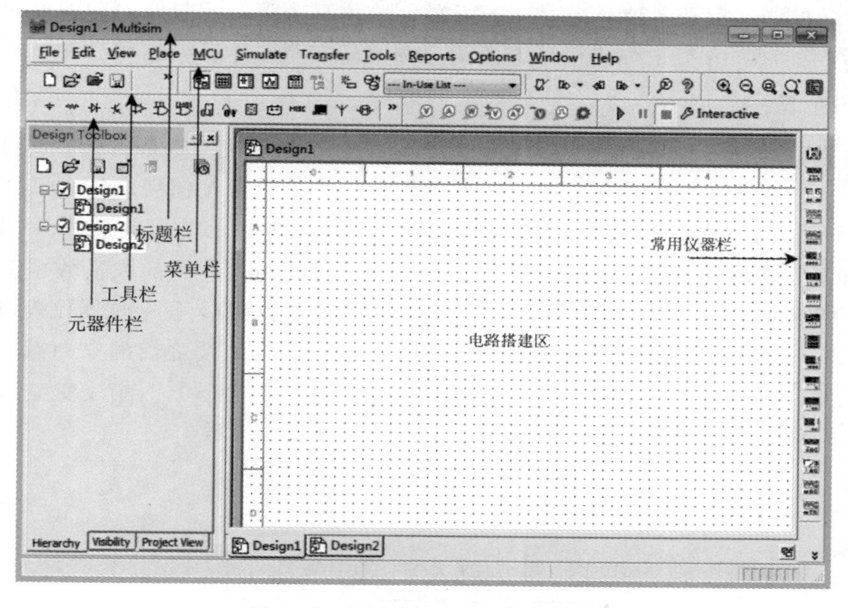

图 4-1　Multisim 14.0 的主界面

4.1.2　工具栏

Multisim 14.0 的工具栏提供了许多常用的电路设计工具，包括标准工具栏、主工具栏、运行工具栏、测试探针工具栏和显示工具栏等，这些工具栏提供了丰富的功能，方便用户进行电路设计和仿真。下面对这些工具栏的功能与使用方法进行说明。

1. 标准工具栏

标准工具栏如图 4-2 所示。标准工具栏为使用者提供了常用的文件操作快捷方式，主要包括新建文件、打开文件、打开设计实例等。

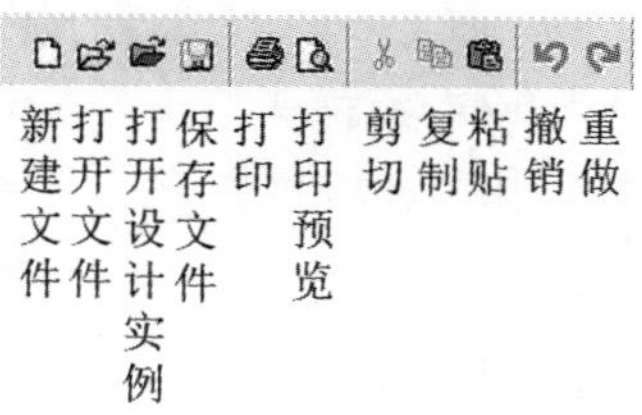

图 4-2　标准工具栏

2. 主工具栏

主工具栏如图 4-3 所示。

主工具栏中提供了利用 Multisim 14.0 进行电路设计与仿真的各种主要系统功能。其

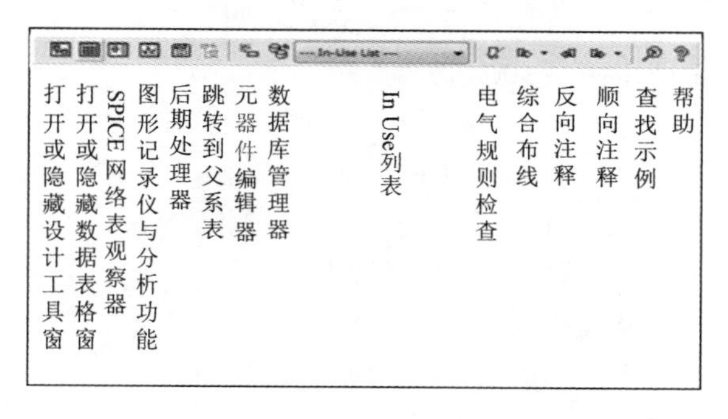

图 4-3　主工具栏

中，图形记录仪能够记录各种分析要求下所产生的仿真图形，后期处理器能够对各种仿真结果进行后期处理，In Use 列表栏可方便用户选用已有元器件。

3. 运行工具栏

运行工具栏如图 4－4 所示。运行按钮相当于实际操作中的总电源开关，它可以用来启动仿真或者停止正在进行的仿真。任何一个电路必须使用运行按钮启动仿真后才能输出结果或测量值。暂停按钮用于暂停或继续仿真过程，常用于观察示波器波形等。一般情况下，电路仿真一定时间后应及时暂停或停止仿真，避免长时间仿真产生的大量数据造成计算机内存紧张。搭建完成仿真电路后，单击运行按钮，开始进行仿真，各个仪器仪表可以完成测量与观察。按下暂停按钮后电路状态会暂停，继续运行后将延续之前的电路状态，按下停止按钮后电路停止运行。需要注意的是，在电路运行与暂停状态下不能改变电路连接和参数，只有在电路停止运行的情况下才可以改变电路的连接与参数。

图 4－4　运行工具栏

4. 测试探针工具栏

测试探针工具栏如图 4－5 所示。探针工具是一种方便的测试方式，且使用简单。Multisim 14.0 的测试探针工具栏中有电压探针、电流探针、功率探针、放置差压探头、放置电压或电流探头、放置参考电压探头、数字探测器及探针设置等，其中电压探针和电流探针使用较多，可以方便观测电路节点的电位或支路电流，且实时性好。

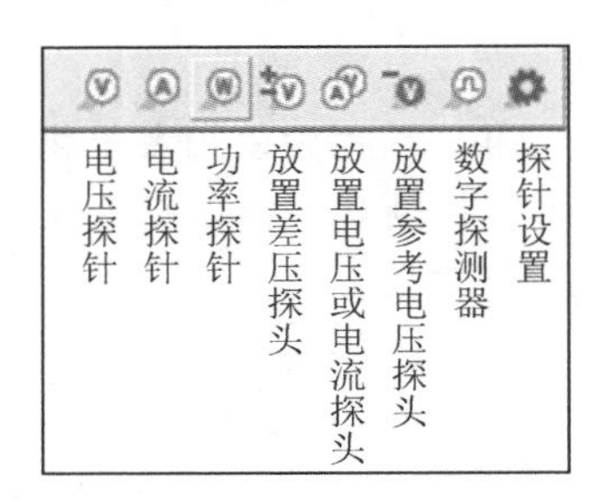

图 4－5　测试探针工具栏

探针工具应用实例图如图 4－6 所示。

电压探针显示参数中：

(1)“V：12.5 V”表示实时电压值为 12.5 V；

(2)“V(p-p)：1.99 V”表示电压峰峰值为 1.99 V；

(3)“V(rms)：12.0 V”表示电压有效值为 12.0 V；

(4)“V(dc)：12.0 V”表示直流电压值为 12.0 V；

(5)“V(freq)：1.00 kHz”表示电压频率为 1.00 kHz。

电流探针显示参数中：

(1)“I：6.24 mA”表示实时电流值为 6.24 mA，连接至电路时呈现的箭头方向为测量中电流参考方向；

(2) “I(p-p)：994 μA”表示电流峰峰值为 994 μA；

(3) “I(rms)：6.01 mA”表示电流有效值为 6.01 mA；

(4) “I(dc)：6.00 mA”表示直流电流值为 6.00 mA；

(5) “I(freq)：1.00 kHz”表示电流频率为 1.00 kHz。

功率探针显示参数中：

(1) “P：38.9 mW”表示瞬时功率为 38.9 mW；

(2) “P(avg)：36.1 mW”表示平均功率为 36.1 mW。

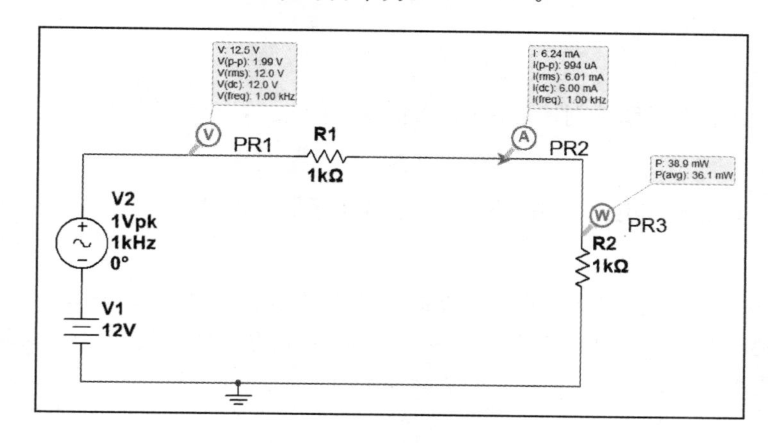

图 4-6　探针工具在仿真电路中的应用

5. 显示工具栏

显示工具栏如图 4-7 所示。显示工具栏包括放大显示、缩小显示、区域放大显示、适合页面放大显示和全屏显示。

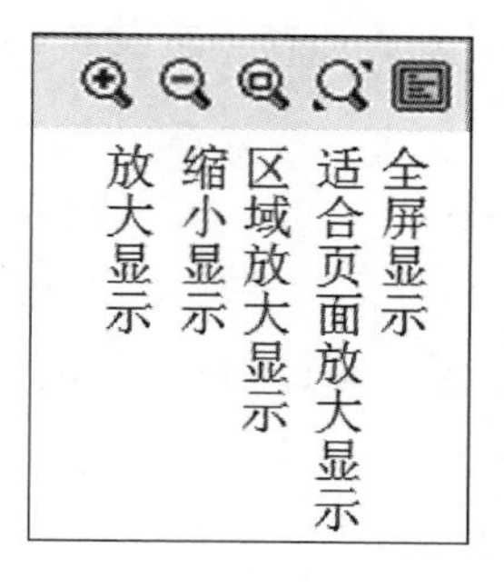

图 4-7　显示工具栏

4.1.3 菜单栏

Multisim 14.0 的菜单栏如图 4-8 所示。菜单栏提供了软件几乎所有的功能命令，分别为 File(文件)、Edit(编辑)、View(查看)、Place(放置)、MCU(微程序控制器)、Simulate(仿真)、Transfer(文件输出)、Tools(工具)、Reports(报告)、Options(选项)、Window(窗口)和 Help(帮助)等。

File	Edit	View	Place	MCU	Simulate	Transfer	Tools	Reports	Options	Window	Help
文件	编辑	查看	放置	微程序控制器	仿真	文件输出	工具	报告	选项	窗口	帮助

图 4-8　Multisim 14.0 的菜单栏

常用以下几个菜单：

1. File

File 菜单主要用于管理所创建的电路文件，如打开、保存和打印等。

2. Edit

Edit 菜单主要用于在电路绘制过程中对电路和元器件的位置、方向等进行调整。

3. View

View 菜单除提供对电路窗口的显示控制外，还提供了对整个 Multisim 14.0 界面各工具栏的显示控制。用户可以通过“ToolBars”对主界面中的各种工具栏进行定制，使之符合自己的使用习惯。

4. Place

Place 菜单主要实现向软件的绘图区域放置各种元器件模型，并通过电路连线使其成为所需的电路结构。

5. Simulate

Simulate 菜单除提供对仿真过程的控制命令外，还提供了进行电路仿真所必需的仿真参数设置、仪器仪表选择、仿真分析方法选择等重要功能。

6. Tools

Tools 菜单提供了多种辅助工具。

7. Options

Options 菜单提供了对系统环境的各项设置功能，可以为仿真电路提供合适的环境设置。

4.2　Multisim 14.0 常用元器件栏介绍

Multisim 14.0 常用元器件栏中的元器件模型分门别类放置，元器件栏中有 19 种元器件类型，包括电源库、基本元器件库、二极管库、晶体管库、模拟元器件库、TTL 器件库、CMOS 器件库、其他数字元器件库、模数混合元器件库、指示器库、电源控制器库、杂项元器件库、高级外设模块库、射频元器件库、机电元器件库、NI 元器件库、接口器件库和 MCU 模块库等，对应图标如图 4-9 所示。

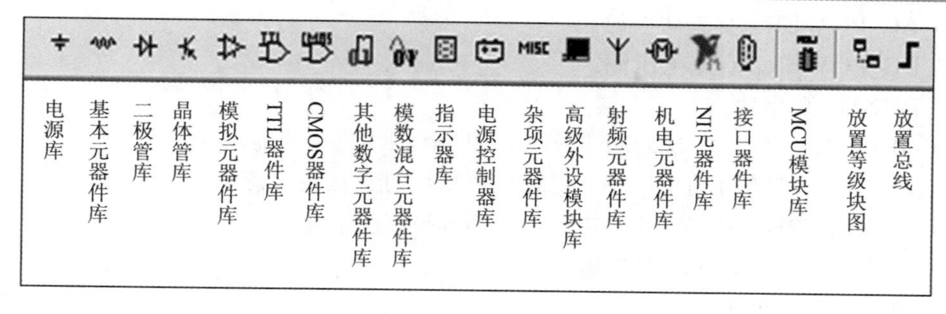

图 4-9　常用元器件栏中图标的名称

4.2.1　电源库

按下元器件栏中的电源库按钮，弹出的电源库列表如图 4-10 所示。Multisim 14.0 电源库分 7 大类，共有 40 多个电源器件，有为电路提供电能的功率电源，有作为输入信号的各式各样的信号源及产生电信号转变的控制电源，还有接地端符号。下面对常用的功率电源库、信号电压源库和信号电流源库进行介绍。

POWER_SOURCES	功率电源库
SIGNAL_VOLTAGE_SOURCES	信号电压源库
SIGNAL_CURRENT_SOURCES	信号电流源库
CONTROLLED_VOLTAGE_SOURCES	受控电压源库
CONTROLLED_CURRENT_SOURCES	受控电流源库
CONTROL_FUNCTION_BLOCKS	控制函数功能模块库
DIGITAL_SOURCES	数字电源库

图 4-10　电源库的列表

1. POWER_SOURCES(功率电源库)

POWER_SOURCES(功率电源库)的列表如图 4-11 所示，常用以下几种电源和接地。

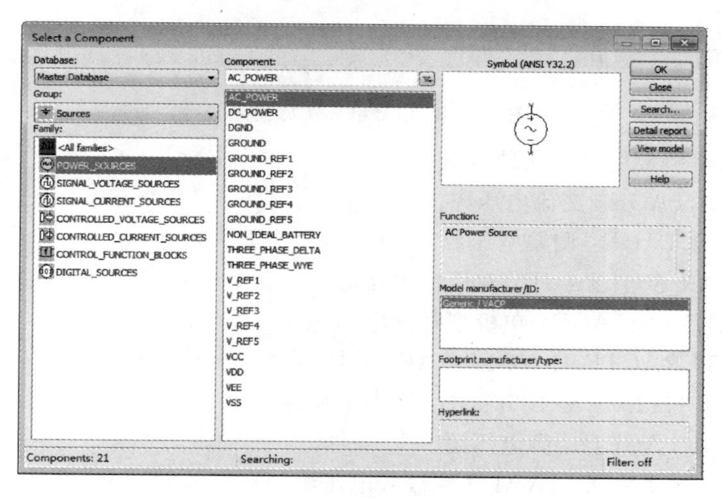

图 4-11　功率电源库的列表

(1) AC_POWER：交流功率源。
(2) DC_POWER：直流电压源。
(3) DGND：数字地。
(4) GROUND、GROUND_REF1～GROUND_REF5：接地。
(5) THREE_PHASE_DELTA：三相三角形(△形)接法电源。
(6) THREE_PHASE_WYE：三相星形(Y 形)接法电源。
(7) V_REF1～V_REF5：基准电压。
(8) VCC：TTL 电源。
(9) VDD：CMOS 电源。
(10) VEE：负电源。
(11) VSS：CMOS 地。

2. SIGNAL_VOLTAGE_SOURCES(信号电压源库)

SIGNAL_VOLTAGE_SOURCES(信号电压源库)的列表如图 4-12 所示。

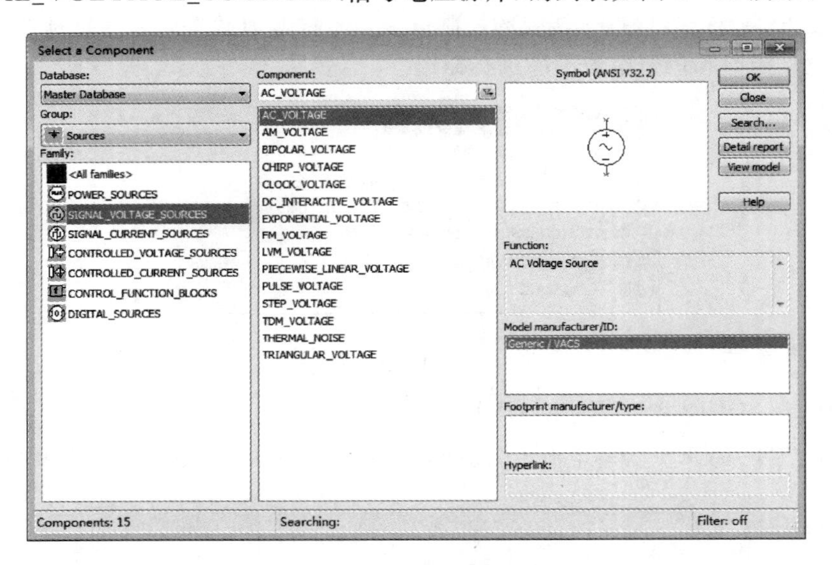

图 4-12 信号电压源库的列表

信号电压源库中常用以下几种电压源。

(1) AC_VOLTAGE：交流电压源。
(2) AM_VOLTAGE：调幅电压源。
(3) BIPOLAR_VOLTAGE：双极型电压源。
(4) CLOCK_VOLTAGE：单极型时钟电压源。
(5) DC_INTERACTIVE_VOLTAGE：连续可调直流电压源。
(6) EXPONENTIAL_VOLTAGE：指数电压源。
(7) FM_VOLTAGE：调频电压源。
(8) LVM_VOLTAGE：LVM 文件输入电压源。
(9) PIECEWISE_LINEAR_VOLTAGE：分段线性电压源。
(10) PULSE_VOLTAGE：双极型脉冲电压源。

(11) STEP_VOLTAGE：级电压源。

(12) TDM_VOLTAGE：TDM 电压源。

(13) THERMAL_NOISE：热噪声模拟电压源。

(14) TRIANGULAR_VOLTAGE：三角电压源。

注意事项：AC_VOLTAGE(交流电压源)是一个正弦交流电压源，显示的数值是有效值。例如设置参数为 220 V、50 Hz，则指的是电压有效值为 220 V，正弦电压频率为 50 Hz。

3. SIGNAL_CURRENT_SOURCES(信号电流源库)

SIGNAL_CURRENT_SOURCES(信号电流源库)的列表如图 4-13 所示。

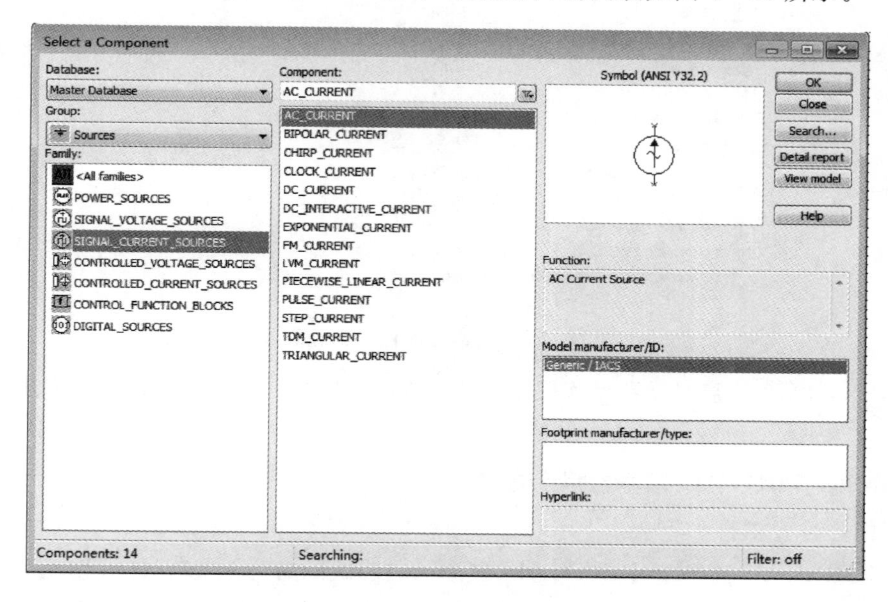

图 4-13　信号电流源库的列表

信号电流源库中常用以下几种电流源。

(1) AC_CURRENT：交流电流源。

(2) BIPOLAR_CURRENT：双极型电流源。

(3) CLOCK_CURRENT：时钟电流源。

(4) DC_CURRENT：直流电流源。

(5) DC_INTERACTIVE_CURRENT：连续可调直流电流源。

(6) EXPONENTIAL_CURRENT：指数电流源。

(7) FM_CURRENT：调频电流源。

(8) PIECEWISE_LINEAR_CURRENT：分段线性电流源。

(9) PULSE_CURRENT：脉冲电流源。

4.2.2　基本元器件库

按下元器件栏中的基本元器件库按钮，弹出的基本元器件库的列表如图 4-14 所示。

图 4-14　基本元器件库的列表

Multisim 14.0 的基本元器件库提供了 18 类基本电子元器件，下面将对常用元器件进行说明。

1. BASIC_VIRTUAL(基本虚拟元器件)

常用的几种元器件如下。

(1) CORELESS_COIL_VIRTUAL(虚拟无磁芯线圈)：利用该元件可创建一个理想的宽变化范围的电磁感应电路模型，如将无芯线圈与磁芯结合在一起组成一个系统来构造线性和非线性电磁元件的特性。

(2) INDUCTOR_ADVAVCED(虚拟电感)。

(3) MAGNETIC_CORE_VIRTUAL(虚拟磁芯)。

(4) NLT_VIRTUAL(非线性变压器)。

(5) RELAY1A_VIRTUAL(虚拟继电器 A)：继电器的开关动作由通过线圈的电流大小来决定。例如，当通过线圈的电流超过 50 mA 时，开关接通；当通过线圈的电流小于 25 mA 时，开关断开。由于 Multisim 14.0 把继电器当作虚拟元件，故继电器开关的电流大小可以进行改变。

RELAY1B_VIRTUAL(虚拟继电器 B)。

RELAY1C_VIRTUAL(虚拟继电器 C)。

(6) RESISTOR_VIRTUAL(虚拟电阻)：电阻的阻值和温度特性可以任意设置。

(7) SEMICONDUCTOR_CAPCITOR(半导体电容)。

(8) SEMICONDUCTOR_RESISTOR(半导体电阻)。

(9) VARIABLE_PULLUP_VIRTUAL(上拉虚拟可变电阻)：上拉电阻一端接 VCC，

另一端接逻辑电路上的一点。

方法技巧：虚拟元器件可以通过其属性对话框设置相关参数值，不过在选择元器件时，还是应该尽量选择现实元器件，使仿真更接近于现实情况，且现实的元器件都有元器件封装标准，可将仿真后的电路原理图直接转换成PCB文件。但在选取不到某些参数，要进行温度扫描或参数扫描等分析时，可选用虚拟元器件。另外，虚拟元器件在绘图区显示为黑色，而现实元器件则显示为蓝色。

2. RESISTOR(电阻)

电阻是电路中使用最多的元件，在现实电阻库中，含有阻值为0～220 MΩ的电阻，这些电阻一般在市面上都能买到。在仿真软件中，阻值可以任意设置，但是在实际元件中，电阻的阻值受到严格限制，不能任意指定。

3. RPACK(排阻)

排阻库内有17个排阻可以选择，主要根据排阻内的电阻个数及连接方法的不同进行区分，有些排阻是彼此分立的，有些排阻是具有公共接线端的。

4. POTENTIOMETER(电位器)

电位器库内有19个现实电位器可供选择，电位器由两个固定端和一个滑动端组成，其调节方法与虚拟电位器一致。

5. CAPACITOR(电容)

电容库内有多种规格的现实无极性电容器，其电容值可以直接选择，也可以根据需要在器件属性中直接设置。

6. CAP_ELECTROLIT(电解电容)

电解电容库内有多种规格的极性电容。使用时标有“＋”的端子为接直流高电位的端子。

7. VARIABLE_CAPACITOR(可变电容)

可变电容调节方法与可变电阻相同，其容值可以利用鼠标拖动滑块调节，也可以利用快捷键进行调节。

8. INDUCTOR(电感)

电感库内有多种规格的电感可选用。

9. SWITCH(开关)

开关库中常用的有四种类型的开关。

(1) CURRENT_CONTROLIED_SWITCH(电流控制开关)。

电流控制开关用流过开关线圈的电流大小来控制开关动作。当电流大于门限电流(IT)时，开关闭合；当电流小于滞后电流(IH)时，开关断开。打开其属性对话框，可对这两个电流进行设置。注意IH应小于IT，否则开关不能闭合；IH最好也不为0，否则开关一经闭合后不易断开。

另外，在属性对话框中还可设置开关接通和断开的电阻值。

(2) SPDT(单刀双掷开关)。

单刀双掷开关通过计算机键盘可以控制其通断状态。使用时，首先用鼠标从开关库中将该元件拖动至电子工作台，在其属性对话框中的 key 栏内选 Space 空格键、A 到 Z，作为该元件的代号。默认设置为空格键，当改变开关的通断状态时，按该元件的代号字母键即可。

(3) SPST(单刀单掷开关)。

单刀单掷开关的设置方法与 SPDT 相同。

(4) TD SW1(时间延迟开关)。

时间延迟开关有两个控制时间，即闭合时间 TON 和断开时间 TOFF，TON 不能等于 TOFF，且都需要大于 0。若 $\mathrm{TON}<\mathrm{TOFF}$，启动仿真开关：在 $0<t<\mathrm{TON}$ 时间内，开关闭合；在 $\mathrm{TON}<t<\mathrm{TOFF}$ 时间内，开关断开；当 $t>\mathrm{TOFF}$ 时，开关闭合。若 $\mathrm{TON}>\mathrm{TOFF}$，启动仿真开关：在 $0<t<\mathrm{TOFF}$ 时间内，开关断开；在 $\mathrm{TOFF}<t<\mathrm{TON}$ 时间内，开关闭合；当 $t>\mathrm{TON}$ 时，开关断开。在开关断开状态下，时间延迟开关的电阻为无限大；在开关闭合状态下，时间延迟开关的电阻为无穷小。TON/TOFF 的值在元件属性对话框中设置。

4.2.3　二极管库

按下元器件栏中的二极管库按钮，显示的对话框如图 4-15 所示。

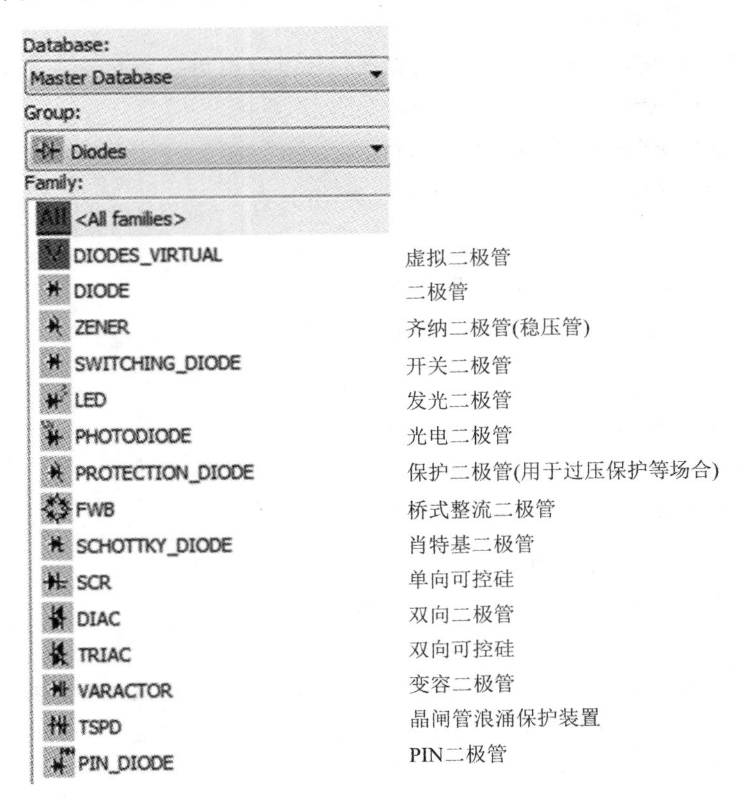

图 4-15　二极管库的列表

Multisim 14.0 的二极管库中一共有 15 类二极管，电子线路实验课程中常用的二极管主要有以下几类。

(1) DIODES_VIRTUAL(虚拟二极管)：包括理想二极管和稳压二极管，其稳压值可以通过属性对话框设置。

(2) DIODE(二极管)：内部存放多种型号的二极管，其参数特性与真实二极管接近。

(3) LED(发光二极管)：内部含有 6 种颜色的发光二极管。使用时要注意，发光二极管有正向导通电流流过的时候才能产生可见光，正向导通电压比普通二极管的正向导通电压要大。

(4) FWB(桥式整流二极管)：内部含有 4 个二极管，是对输入的交流电压进行全波整流任务的基本元件。

4.2.4　晶体管库

按下元器件栏中的晶体管库按钮，显示的对话框如图 4－16 所示。

图 4－16　晶体管库的列表

晶体管库中常用的晶体管如下。

TRANSISTORS_VIRTUAL(虚拟晶体管)：包括 BJT、MOSFET、JFET 等虚拟元器件。

IGBT(绝缘栅双极型晶体管)：一种 MOS 门控制的功率开关，具有较小的导通阻抗，其 C、E 极间能承受较高的电压和电流，是现代电路应用中的重要器件。

4.2.5 模拟元器件库

按下元器件栏中的模拟元器件库按钮，显示的对话框如图 4-17 所示。

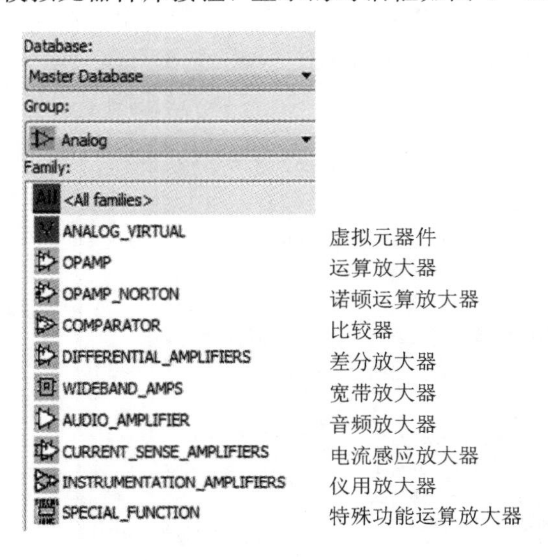

图 4-17　模拟元器件库的列表

模拟元器件库中常用的有以下几种。

(1) ANALOG_VIRTUAL(虚拟元器件)：包括虚拟比较器、三端虚拟运放和五端虚拟运放等。五端虚拟运放比三端虚拟运放多了正、负电源两个端子。

(2) OPAMP(运算放大器)：包括五端、七端和八端运放。

(3) OPAMP_NORTON(诺顿运算放大器)。

(4) 电流感应放大器(CURRENT_SENSE_AMPLIFIERS)：是一种基于电流的器件，其输出电压与输入电流呈比例关系。

(5) COMPARATOR(比较器)：比较两个输入电压的大小和极性，并输出对应状态。

(6) WIDEBAND_AMPS(宽带放大器)：单位增益带宽可超过 10 MHz，典型值为 100 MHz，主要用于要求带宽较宽的场合，如视频放大电路等。

(7) SPECIAL_FUNCTION(特殊功能运算放大器)：主要包括测试运放、视频运放、乘法器/除法器、前置放大器和有源滤波器。

4.2.6 TTL 器件库

TTL 器件库含有 74 系列的 TTL 数字集成逻辑器件，单击 TTL 器件库按钮，显示的对话框如图 4-18 所示。

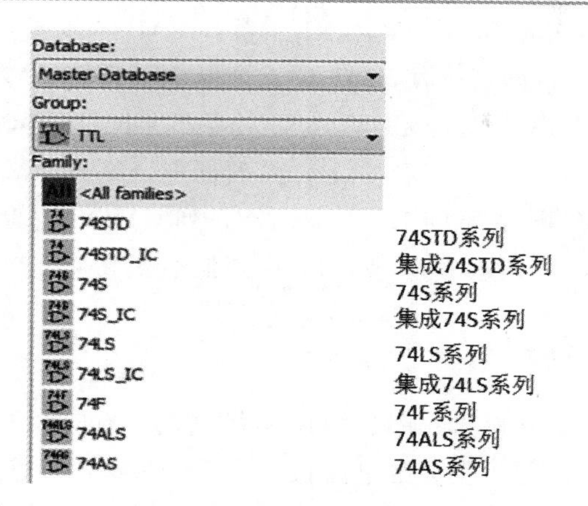

图 4-18　TTL 器件库的列表

TTL 器件库中常用的系列栏包含以下两种。

(1) 74STD 系列(74STD)：标准型集成电路，型号范围为 7400～7493。

(2) 74LS 系列(74LS)：低功耗肖特基型集成电路，型号范围为 74LS00N～74LS93N。

注意： 当使用 TTL 或 CMOS 器件进行仿真时，电路中应含有数字电源和接地端，它们可以象征性地放在电路中，不进行任何电气连接，否则，启动仿真时 Multisim 14.0 会提示出错。

4.2.7　CMOS 器件库

CMOS 器件库含有 74HC 系列和 4XXX 系列的 CMOS 数字集成逻辑器件，单击元器件栏中的 CMOS 器件库按钮，显示的对话框如图 4-19 所示。

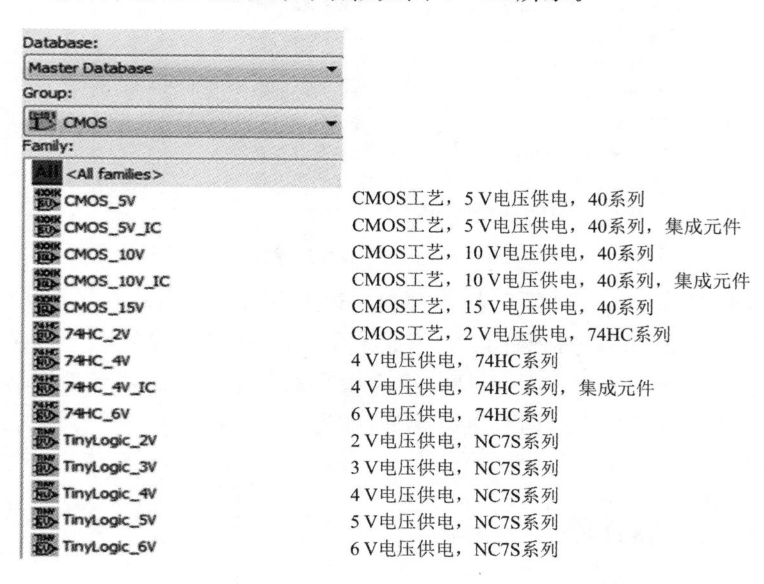

图 4-19　CMOS 器件库的列表

CMOS 器件库中常用的系列栏包含以下几种。

(1) CMOS_5V(CMOS 系列)：5 V，4XXX 系列 CMOS 逻辑器件。

(2) 74HC_2V(74HC 系列)：2 V，74HC 系列低电压高速 CMOS 逻辑器件。

(3) CMOS_10V(CMOS 系列)：10 V，4XXX 系列 CMOS 逻辑器件。

(4) 74HC_4V(74HC 系列)：4 V，74HC 系列低电压高速 CMOS 逻辑器件。

(5) CMOS_15V(CMOS 系列)：15 V,4XXX 系列 CMOS 逻辑器件。

(6) 74HC_6V(74HC 系列)：6 V，74HC 系列低电压高速 CMOS 逻辑器件。

4.2.8 其他数字元器件库

TTL 和 CMOS 器件库中的器件都是按序号排列的，有时用户仅知道器件的功能，而不知道具有该功能的器件型号，就会给电路设计带来许多不便。其他数字元器件库中的元器件则是按元器件功能进行分类排列的。单击元器件栏中的其他数字元器件库按钮，显示的对话框如图 4－20 所示。

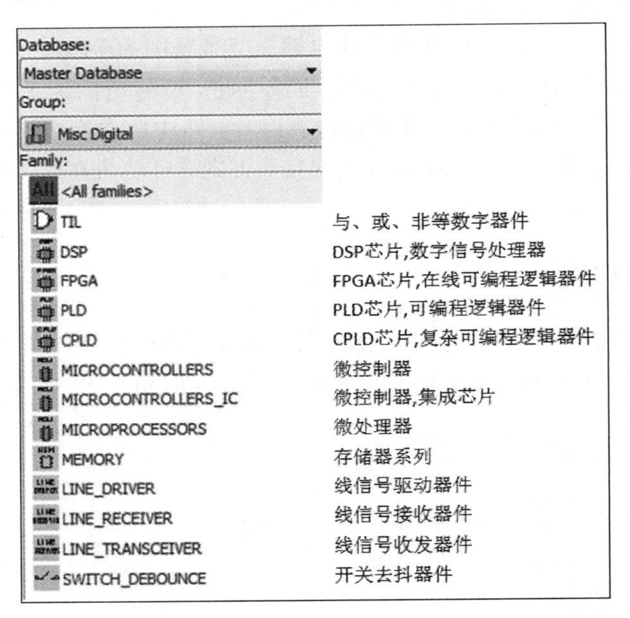

图 4－20 其他数字元器件库的列表

其他数字元器件库中常用的系列栏包含包括以下几种。

(1) TTL(TTL 系列)：包括与门、非门、异或门、同或门、RAM、三态门等。

(2) VHDL(VHDL 系列)：用 VHDL 语言编写的若干常用的数字逻辑器件。

(3) VERTLOG_HDL(VERTLOG_HDL 系列)：用 Verilog HDL 语言编写的若干常用的数字逻辑器件。

4.2.9 模数混合元器件库

单击元器件栏中的模数混合元器件库按钮，显示的对话框如图 4－21 所示。

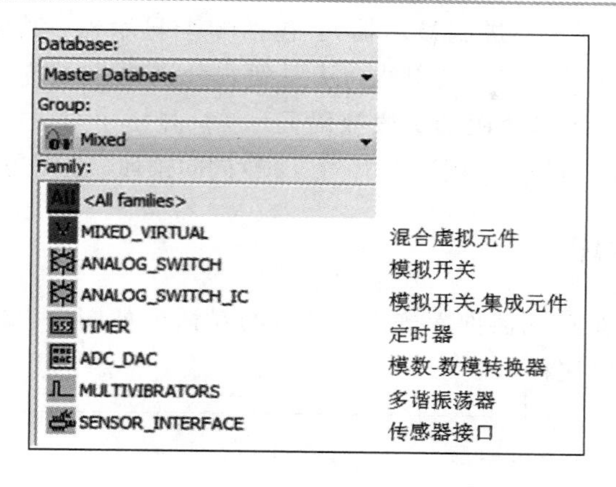

图 4-21 模数混合元器件库的列表

4.2.10 指示器库

指示器库包含可用来显示仿真结果的显示器件。对于指示器库中的元器件，软件不允许从模型上进行修改，只能在其属性对话框中对某些参数进行设置。单击元器件栏中的指示器库按钮，显示的对话框如图 4-22 所示。

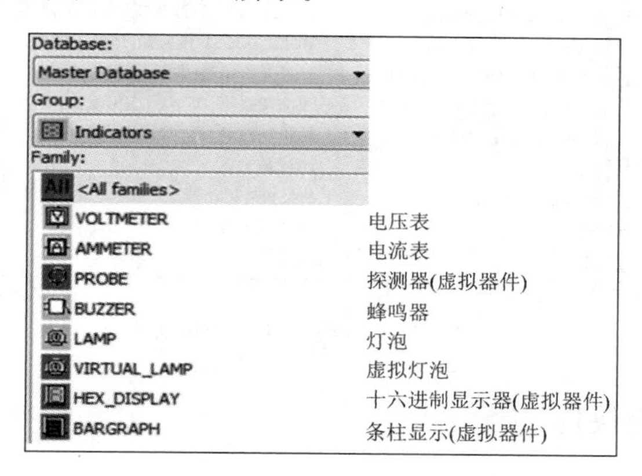

图 4-22 指示器库的列表

指示器库中常用的系列栏包含以下几种。

(1) VOLTMETER(电压表)：可测量交、直流电压。

(2) AMMETER(电流表)：可测量交、直流电流。

(3) PROBE(探测器)：相当于一个 LED，仅有一个端子，使用时将其与电路中某点连接，当该点达到高电平时探测器就会发光。

(4) BUZZER(蜂鸣器)：用计算机自带的扬声器模拟的理想压电蜂鸣器，当加在端口上的电压超过设定电压值时，该蜂鸣器将按设定的频率响应。

(5) LAMP(灯泡)：工作电压和功率不可设置，对直流电压该灯泡将发出稳定的光，对交流电压该灯泡将闪烁发光。

(6) VIRTUAL_LAMP(虚拟灯泡)：相当于一个电阻元件，其工作电压和功率可调节，原理与现实灯泡原理相同。

(7) HEX_DISPLAY(十六进制显示器)：包括3个显示器，其中，显示器DCD_HEX是带译码的7段数码显示器，有4条引线，从左到右分别对应4位二进制的最高位和最低位。其余两个显示器则是不带译码的7段数码显示器，显示十六进制时需要加译码电路。

(8) BARGRAPH(条柱显示)：相当于10个LED同向排列，左侧是阳极，右侧是阴极。

4.2.11 杂项元器件库

单击元器件栏中的杂项元器件库按钮，显示的对话框如图4-23所示，其中包括的元器件类型较多，详见图中注释。

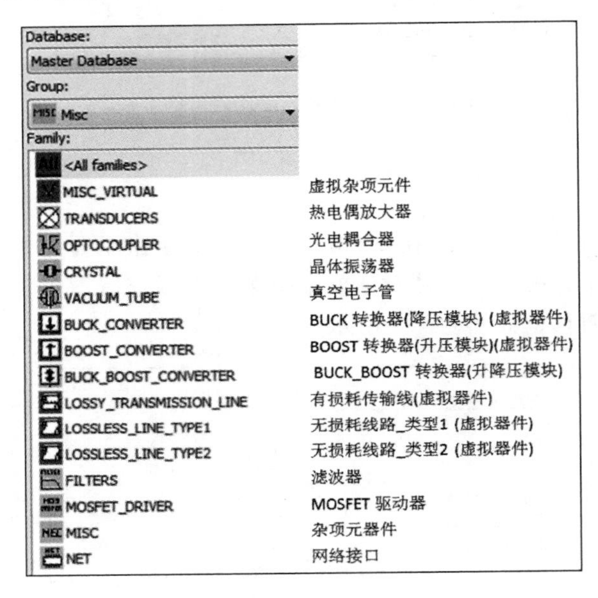

图4-23　杂项元件库的列表

4.2.12 高级外设模块库

高级外设模块库主要包括键盘组件、LCD显示屏模块和其他杂项等。单击元器件栏中的高级外设模块库按钮，显示的对话框如图4-24所示。

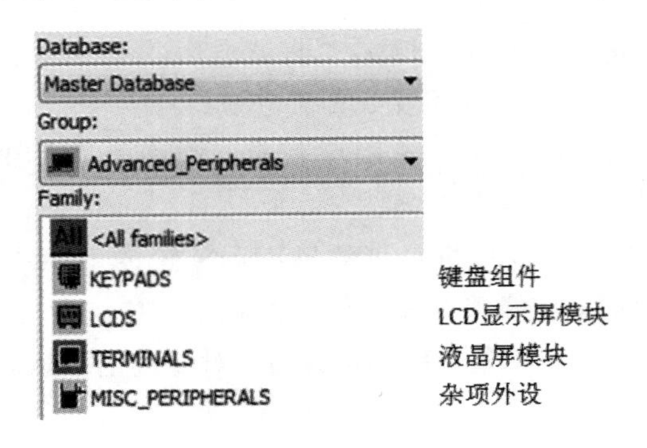

图4-24　高级外设模块库的列表

4.2.13　机电元器件库

单击元器件栏中的机电元器件库按钮，显示的对话框如图 4－25 所示。

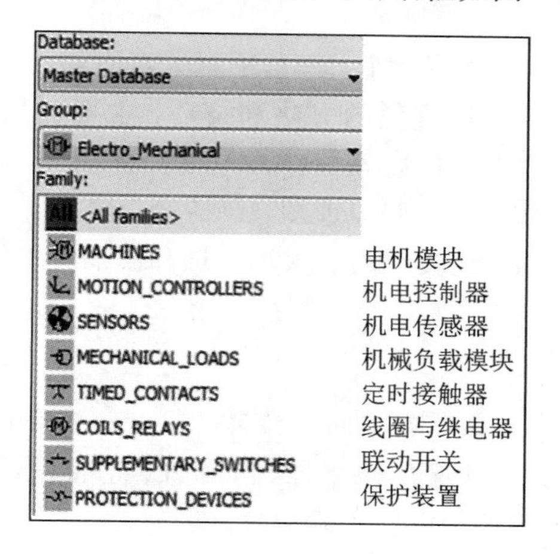

图 4－25　机电元器件库的列表

常用的机电元器件有以下几种。

(1) SUPPLEMENTARY_SWITCHES(联动开关)：联动开关的触点有几个，分别控制不同路径电信号的开启或断开。

(2) TIMED_CONTACTS(定时接触器)：内含有 4 个定时接触器，分别是断电延时闭合、通电延时闭合、通电延时断开和断电延时断开接触器。

(3) COILS_RELAYS(线圈与继电器)：内有多种线圈和继电器可供选择。连接继电器时要注意，若继电器的线圈和电源的正负极接反了，则继电器不工作。

4.2.14　MCU 模块库

MCU 即单片机，MCU 模块库包括 805×系列和 PIC 系列单片机、RAM、ROM 模块。单击元器件栏中的 MCU 模块库按钮，显示的对话框如图 4－26 所示。

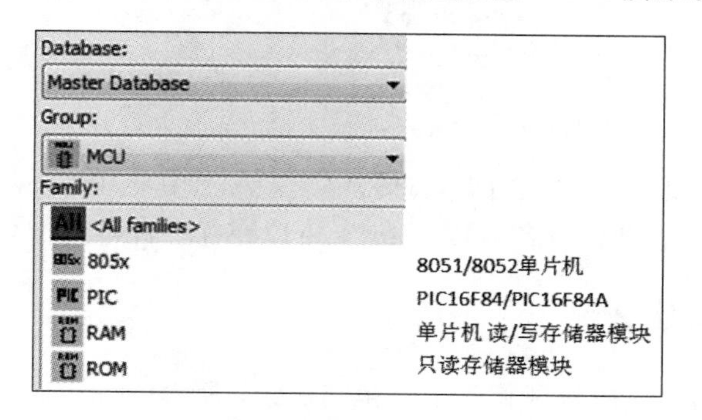

图 4－26　MCU 模块库的列表

4.3 Multisim 14.0 的基本操作

Multisim 14.0 最主要的功能有两个，一是绘制电路原理图，二是进行电路仿真。本节主要介绍用 Multisim 14.0 绘制原理图的方法和技巧，主要包括元器件的选取、放置、调整、连接和创建子电路，放置文字描述等内容。

利用 Multisim 14.0 创建一个电路原理图，包括建立电路文件、设置电路搭建区、选取与放置元器件、设置模型参数、连接线路及编辑处理和添加文本等步骤。

4.3.1 建立电路文件

启动 Multisim 14.0，在软件基本界面上会自动打开一个空白的电路文件，如图 4-27 所示。该界面主要由标题栏、工具栏、菜单栏、元器件栏、常用仪器栏、运行工具栏和电路搭建区等组成，相当于一个虚拟的电子实验平台。

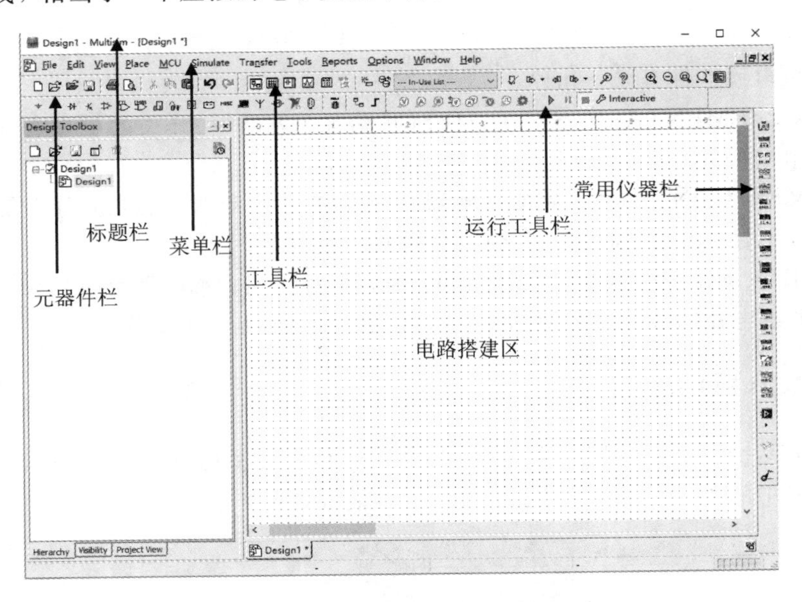

图 4-27 Multisim 14.0 的基本操作界面

在 Multisim 14.0 程序正常运行时，只需单击系统工具栏中“New”按钮，同样会出现一个空白的电路文件，系统自动命名为 Design1，可以在保存此电路文件时重新命名。

4.3.2 设置电路搭建区

Multisim 14.0 的电路搭建区相当于一张制图纸，所以 Multisim 14.0 又形象地把电路搭建区上的原理图编辑区称为“Workspace”，打开 Multisim 14.0 后会出现默认编辑界面(如果需要进行界面设置也可以参考相关设置方式)。在进行某个实际电路实验之前，通常要定义一下制图纸的大小、边界、电路的名称、电路的实验者及实验时间、电路中元器件的符号标准、连线的粗细、电路搭建区的背景及电路元件的颜色等。在 Multisim 14.0 中，可以通过“Options”菜单中的“Sheet Properties”对话框中的若干个选项来实现。具体操作如下。

（1）选取“Options”菜单中的“Sheet Properties”，打开“Sheet Properties”对话框，如图 4-28 所示。

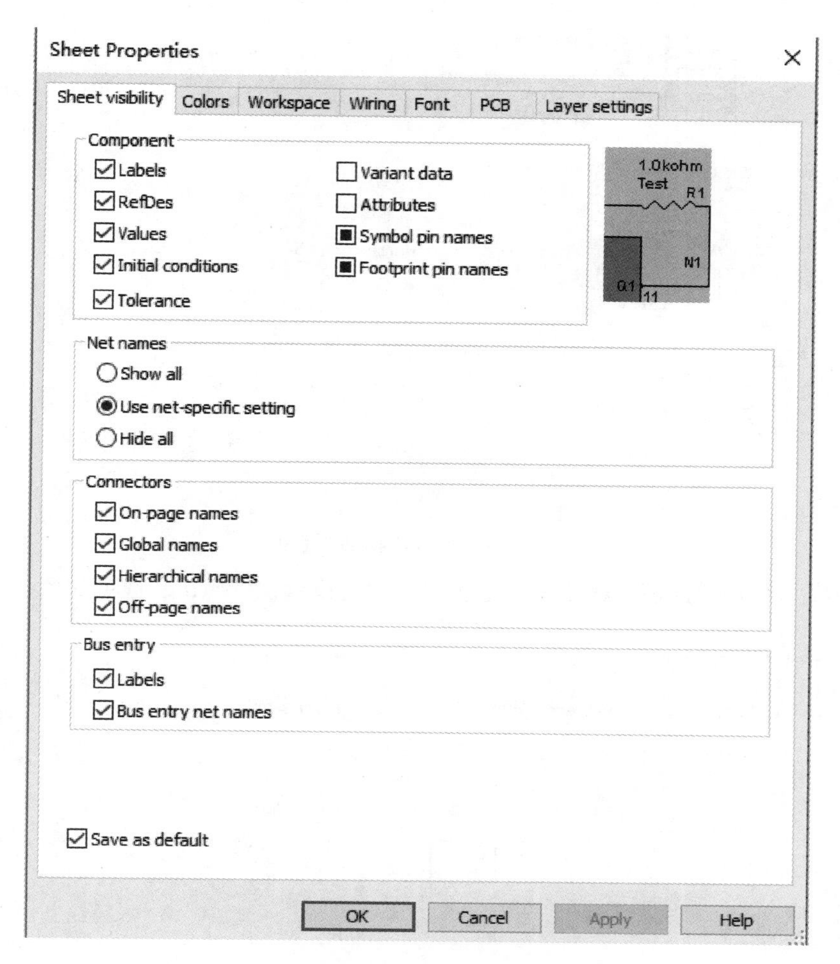

图 4-28　“Sheet Properties”对话框

该对话框中共有 7 个选项，每个选项为单独的一个页面，包含若干个功能选项。用户通过对这 7 个选项的不同功能项的设置就可以定义一个电路界面。

（2）选择“Workspace”选项，对电路图纸进行设置。“Workspace”选项如图 4-29 所示，其页面上有两个功能区，分别是 Show 和 Sheet size。功能区各选项的功能如下。

① Show grid：选择电路搭建区中是否显示网格，使用网格可方便电路元器件之间的连接，使创建出的电路图整齐美观。

② Show page bounds：选择电路搭建区是否显示页面分隔线。

③ Show border：选择电路搭建区是否显示边界。

④ Sheet size 区域的功能是设置图纸大小，与 Word 中的页面设置类似，这是在电路仿真设计中最常使用到的一个功能。可以通过设置仿真图纸的长宽直接调整大小，也可以通

过单击下拉菜单"Sheet size"→"Custom"选择仿真图纸大小，常用大小有A4、A3等。

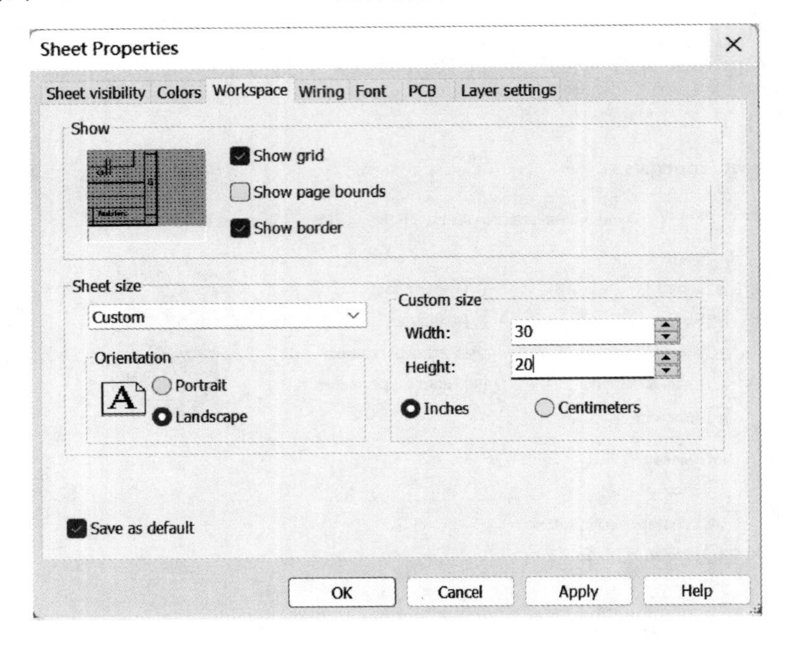

图 4-29 "Workspace"选项

(3) 选择"Wiring"选项，对导线和总线宽度进行设置。"Wiring"选项如图4-30所示。

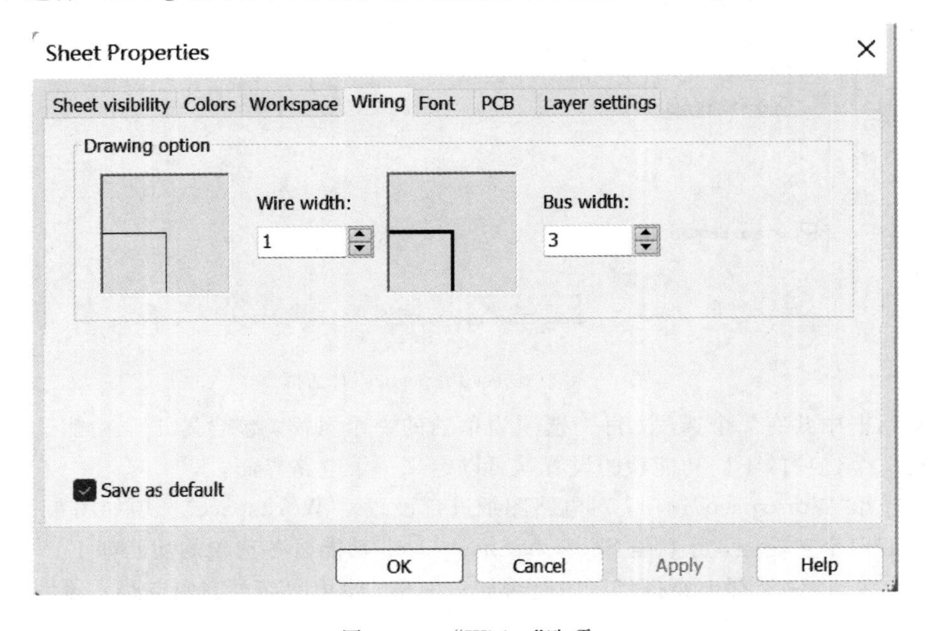

图 4-30 "Wiring"选项

(4) 选择"Sheet visibility"选项，对电路各种参数进行设置。"Sheet visibility"选项如图4-31所示，常用选项的功能如下。

① Labels：显示元器件的标识。

② RefDes：显示元器件的编号。

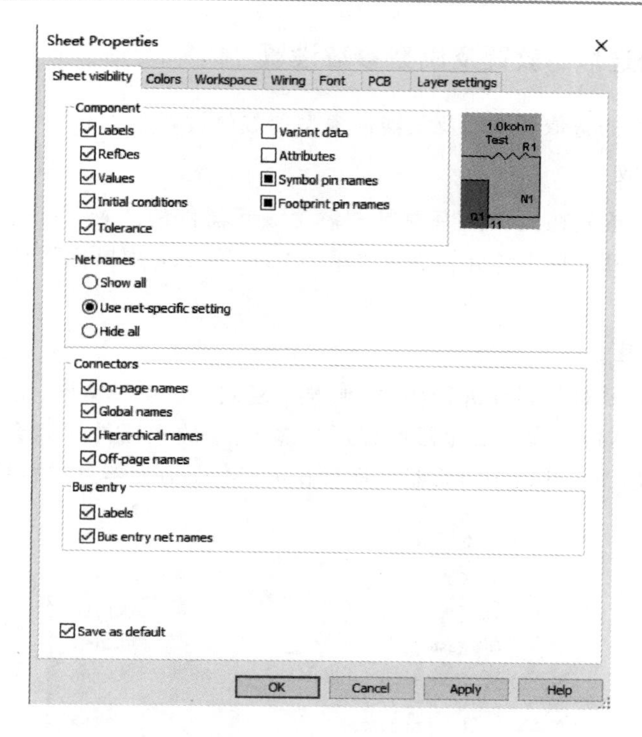

图 4-31　“Sheet visibility”选项

③ Values：显示元器件数值。

④ Initial conditions：选择初始化条件。

经过以上简单的设置后，基本操作界面如图 4-32 所示(为展示图片，对窗口的尺寸进行了调整)。

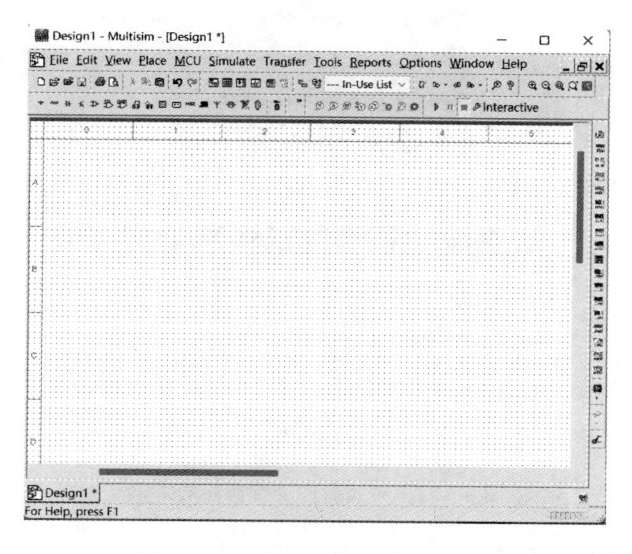

图 4-32　设置后的基本操作界面

4.3.3 元器件的选取、放置及模型参数设置

下面介绍元器件的选取、放置及元器件模型参数的设置。

1. 元器件的选取

选取元器件时，首先在元器件库中单击包含该元器件的图标，打开该元器件库。然后从选中的元器件窗口中，单击该元器件，再单击“OK”按钮，用鼠标将该元器件放置在电路搭建区的合适位置。

2. 元器件的放置

在连接电路时，要对元器件进行移动、旋转、复制、删除等操作，这就需要先选中该元器件(要选中某个元器件，单击该元器件即可)，被选中的元器件四周会出现虚线方框。可以通过鼠标右键的选项，对选中的元器件进行相关操作。对元器件进行操作的菜单如图 4-33 所示。

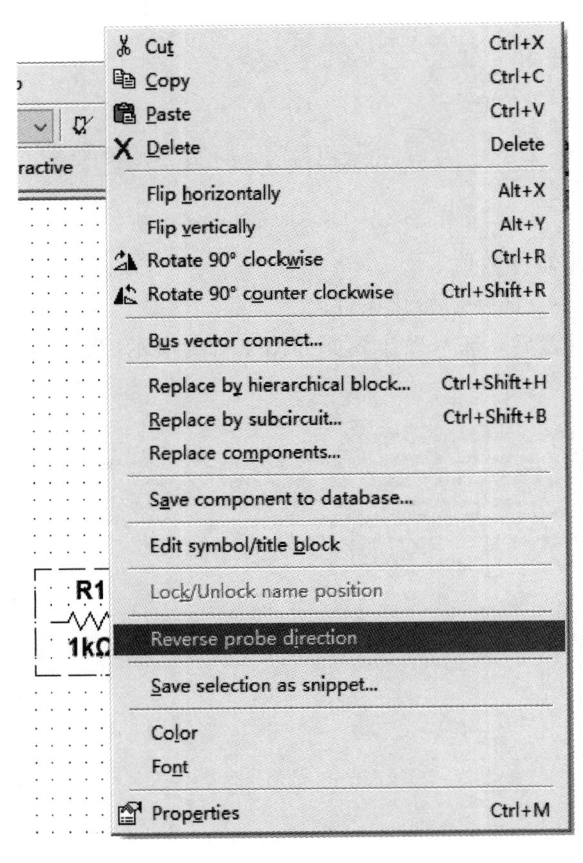

图 4-33 对元器件进行操作的菜单

3. 元器件模型参数的设置

在选中元器件后，双击元器件或者选择主菜单命令“Edit”→“Properties”，会弹出元器件特性对话框，此时就可以进行元器件模型参数的设置，如图 4-34 所示。该对话框有多种

选项可供设置，包括 Lable(标签)、Display(显示)、Value(数值)、Fault(故障)、Pins(引脚端)、Variant(变量)等内容，若在方框中打“√”，则器件参数会显示相应内容。

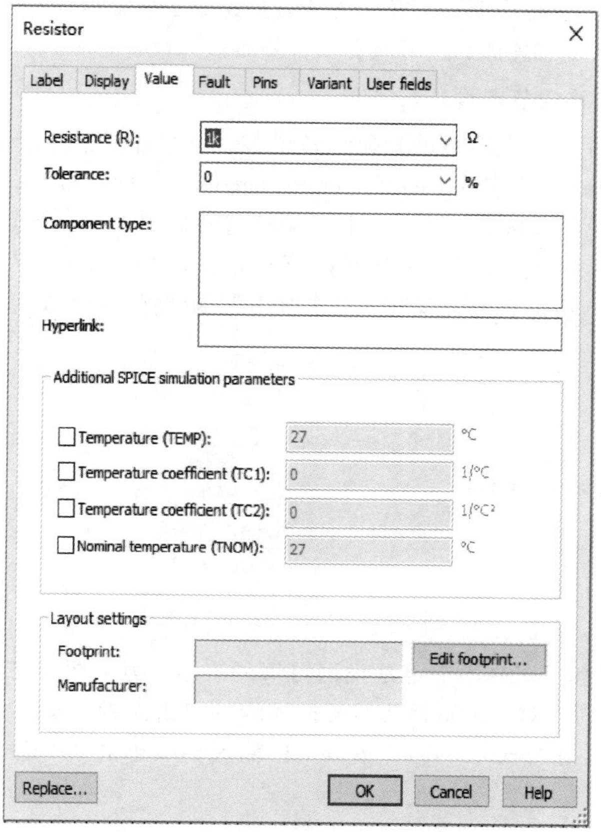

图 4 - 34　元器件模型参数的设置

Label：用于设置元器件的 RefDes(编号)和 Label(标识)。RefDes(编号)由系统自动分配，必要时可以修改，但必须保证编号的唯一性。

Display：用于设置 RefDes 和 Label 的显示方式；该对话框的设置与 Options 菜单中的元器件的编号设置一致。

Value：用于设置元器件的数值。

Fault：用于人为设置元器件的隐含故障。

放置完电路中的全部元器件后，就会在 Multisim 界面上的“In Use List”栏内列出电路中使用的所有元器件，使用它可以检查所调用的元器件是否正确。

4.3.4　线路连接及编辑处理

下面主要介绍电路连接的基本方法及对连接节点、连接线的基本设置方法。

1. 线路连接

放置完所有元器件，并对元器件模型参数等进行设置后需要进行线路连接。Multisim 的线路连接非常简单，将鼠标移到元器件引脚处，鼠标指针就会变成小黑点，单击鼠标左键，即可拉出一条虚线；如要从某点转弯，则先点击转弯处，固定该点，然后再移动鼠标，将鼠标移到要连接的另一元器件引脚处后单击左键，就完成了一根连线的连接。重复以上过程，画完所有连线(必须是端点连线，且不能有重合的线段)。

2. 显示并修改电路的节点号

电路元器件连接后，系统会自动分配给各个节点一个序号。通常这些节点号不会出现在电路上，可通过"Options"菜单中的"Sheet Properties"，打开"Sheet visibility"对话框，然后选中"Net names"中的"Show all"，"Net names"选项如图 4-35 所示；或者在原理图编辑区的空白处单击鼠标右键，出现一个下拉菜单，单击"Properties"，也会弹出"Sheet Properties"对话框，然后进行上述操作，单击"OK"，电路的各个节点上就会显示出系统自动分配的节点号。

Net names
Show all
Use net-specific setting
Hide all

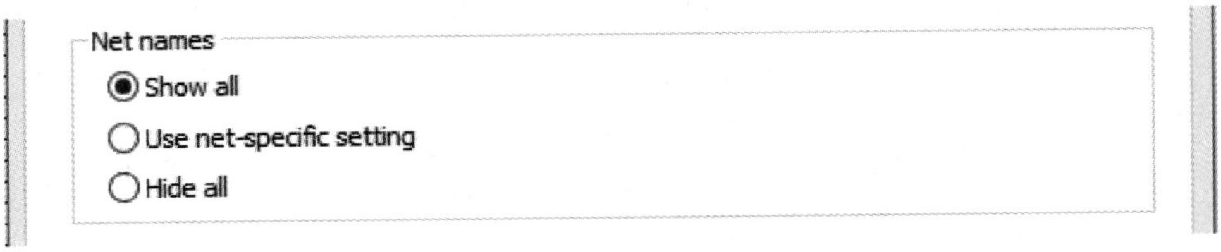

图 4-35 "Net names"选项

出现在电路中的各节点号不一定是我们习惯的表示，为了便于仿真分析，可以对节点号进行修改。将鼠标箭头对准准备修改编号的连线并双击左键，弹出"Net Properties"对话框，如图 4-36 所示。在"preferred net name"中输入 vo，单击"OK"，即可以将电路中的 1 号节点改为 vo。

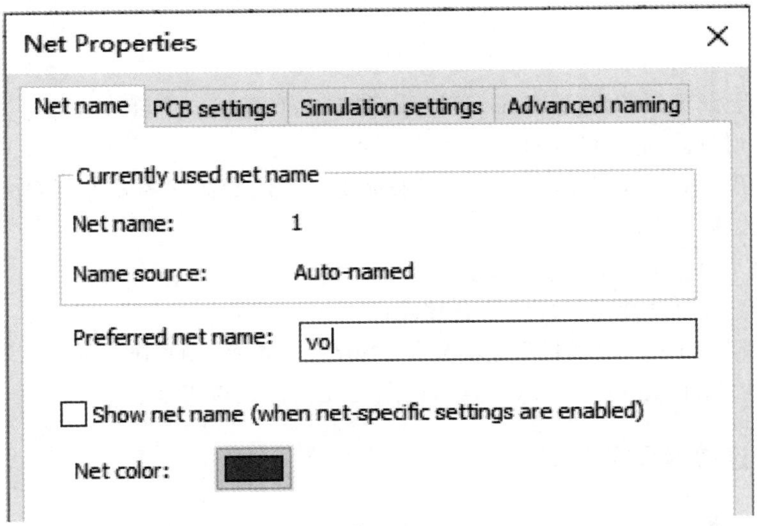

Net Properties
Net name
PCB settings
Simulation settings
Advanced naming
Currently used net name
Net name: 1
Name source: Auto-named
Preferred net name: vo
Show net name (when net-specific settings are enabled)
Net color:

图 4-36 "Net Properties"对话框

3. 改变元器件和连线的颜色

在复杂的电路中，为了方便电路的连接和测试，可以将连线设置为不同颜色。用鼠标指向该导线，单击鼠标右键可出现菜单，选择“Segment Color”，从弹出的调色板中选择合适的颜色即可。

4. 删除元器件或连线

如果想删除不需要的元器件或连线，可用鼠标选中该元器件或连线(元器件符号四周会出现虚线框或连线上出现多个小黑方块)，然后单击鼠标右键可显示菜单，选择“Delete”即可。万一错删，可通过“Edit”菜单中的“Undo”命令进行恢复。另外，当删除一个元器件时，与该元器件连接的连线也将一并消失，但不会影响到与该元器件相连的其他元器件。

5. “连接点”的使用

“连接点”是一个小圆点，单击“Place Junction”可以放置“连接点”，也可以双击空白处插入“连接点”。一个“连接点”最多可以连接来自 4 个方向的导线。

4.3.5　添加文本

电路图建立后，有时要为电路添加各种文本。例如，放置文字、放置电路图的标题栏以及电路描述窗等。下面简单介绍各种文本的添加方法。

1. 添加文字

为了便于对电路的理解，常常给局部电路添加适当的文字。允许在电路图中放置英文或中文，基本步骤如下：

(1) 单击“Place”菜单中的“Text”选项，然后单击所要放置文字的位置，文字描述框如图 4-37 所示。

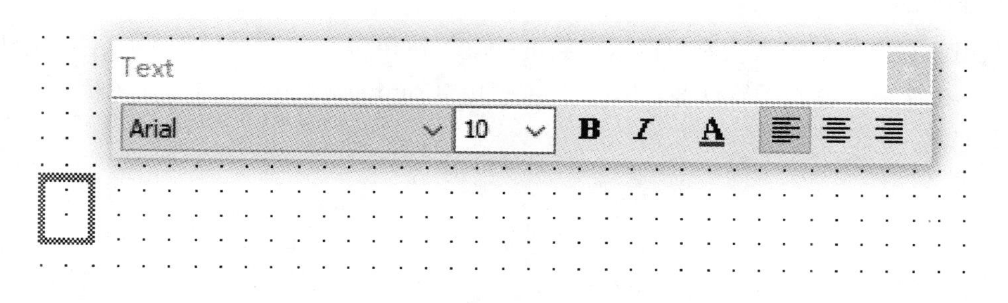

图 4-37　文字描述框

(2) 在文字描述框中输入要放置的文字(文字的字体、大小和颜色的设置如同 Word 文档中的操作)，文字描述框会随着文字的多少进行缩放。

(3) 文字输入完毕后，单击文字描述框以外的界面，文字描述框就会消失，输入文字描述框的内容就显示在电路图中。

2. 添加电路描述框

利用电路描述框对电路的功能和使用说明进行详细的描述。在需要查看时打开，否则关闭，不会占用电路窗口有限的空间。

单击“Tool”菜单中的“Description Box Editor”选项，打开电路描述窗口，如图 4－38 所示。在电路描述窗口中可输入说明文字，还可插入图片、声音和视频。在原理图编辑区单击“View”菜单中的“Description Box”选项，可查看电路描述窗口的内容，但不可修改。

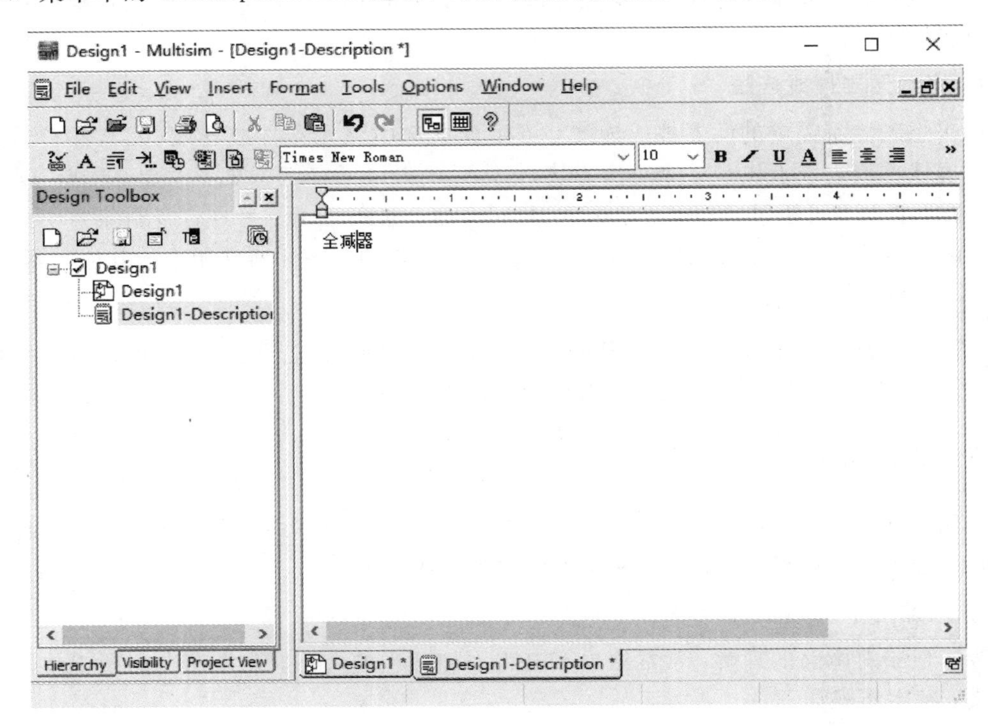

图 4－38 电路描述窗口

3. 添加注释

利用注释描述框输入文本可以对电路的功能、使用进行简要说明。添加注释描述框的方法是：在需要注释的元器件旁，单击“Place”中“Comment”选项，弹出图标，元器件注释界面如图 4－39 所示。

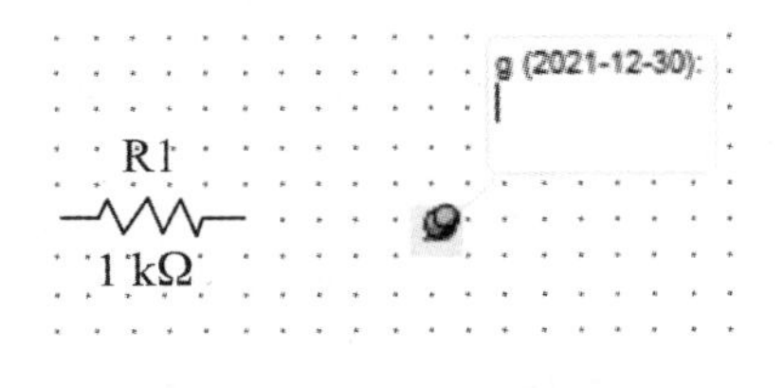

图 4－39 元器件注释界面

双击图标后出现“Comment Properties”对话框，如图 4－40 所示。在“Comment text”区中输入文本。注释文本的字体选项可以在“Comment Properties”对话框的“Font”选项卡中设置，注释文本的放置位置及背景颜色、文本框的尺寸可以在“Comment Properties”对话框的“Display”选项卡中设置。在电路图中，查看注释内容时需要将鼠标移至注释图标处，否则只显示注释图标。

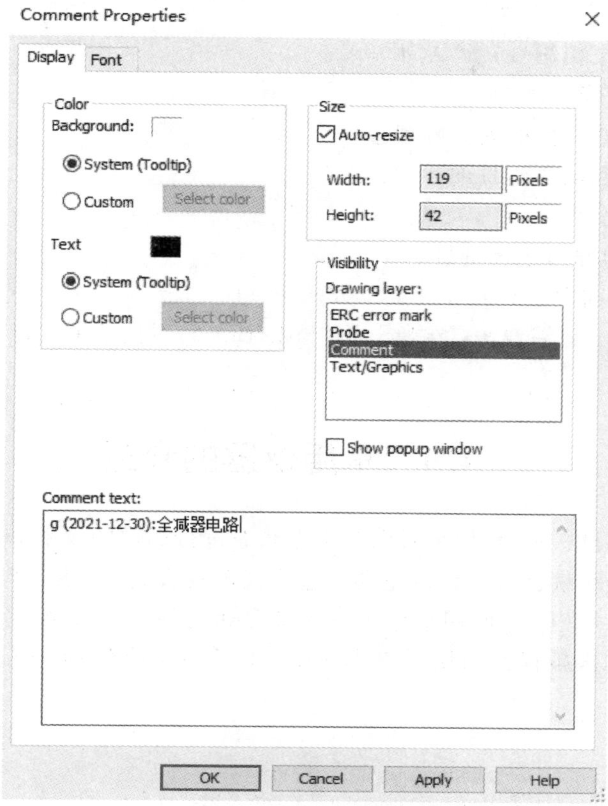
Comment Properties
Display
Font
Color
Background:
System (Tooltip)
Custom
Select color
Text
System (Tooltip)
Custom
Select color
Size
Auto-resize
Width:
119
Pixels
Height:
42
Pixels
Visibility
Drawing layer:
ERC error mark
Probe
Comment
Text/Graphics
Show popup window
Comment text:
g (2021-12-30):全减器电路
OK
Cancel
Apply
Help

图 4－40　添加注释对话框

4. 添加标题栏

在电路图纸的右下角常常放置一个标题栏，对电路的创建日期、创建人、校对人、使用人、图纸编号等信息进行说明。放置标题栏的方法是：单击“Place”菜单中的“Title Block”选项，弹出 Multisim 14.0 的“TitleBlock”子目录，在该文件夹中存放了 NI Multisim 14.0 为用户设计的 6 个标题栏文件和 4 个标题栏实例。选择一款默认标题 default.tb7，单击“打开”按钮，可弹出 Multisim 14.0 默认的标题栏如图 4－41 所示。

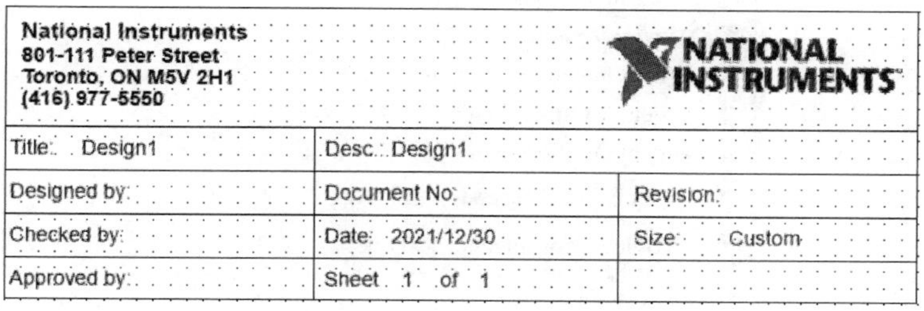
National Instruments
801-111 Peter Street
Toronto, ON M5V 2H1
(416) 977-5550
NATIONAL INSTRUMENTS
Title: Design1
Desc.: Design1
Designed by:
Document No:
Revision:
Checked by:
Date: 2021/12/30
Size: Custom
Approved by:
Sheet 1 of 1

图 4－41　Multisim 14.0 默认的标题栏

标题栏中主要包含以下信息。

Title：电路图的标题，默认为电路的文件名。

Desc：对工程的简要描述。

Designed by：设计者的姓名。

Document No：文档编号，默认为0001。

Revision：电路的修订次数。

Checked by：检查电路的人员姓名。

Date：默认为电路的创建日期。

Size：图纸的尺寸。

Approved by：电路审批者的姓名。

Sheet 1 of 1：当前图纸编号和图纸总数。

若要修改标题栏，只需双击，在弹出的"Title Block"对话框中进行修改即可。

4.4 常用仪器的介绍

Multisim 14.0提供了多种用来对电路工作状态进行测试的仪器和一个动态测量探头，用户可以用这些仪器测量自己设计的电路。这些仪器的设置、使用、结果的读数都与在实验室中见到的仪器非常相似，使用这些虚拟仪器是进行设计电路测试最方便的仿真方法。下面介绍几种常用的虚拟仪器的使用方法和技巧。常用仪器在Multisim 14.0中的图标及位置如图4-42所示。

图4-42 仿真中的常用仪器

4.4.1　数字万用表

数字万用表是最常用的电子仪器设备。将数字万用表放入工作窗口的方法是先单击仿真仪器中的数字万用表图标，然后在绘图窗口中的任意位置单击。双击图标，可打开数字万用表的工作面板，将数字万用表和电路连好以后，单击工具栏上的“运行”按钮，就可进行电路的仿真。数字万用表的图标和显示面板如图 4－43 所示。

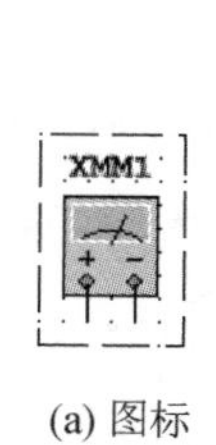

(a) 图标

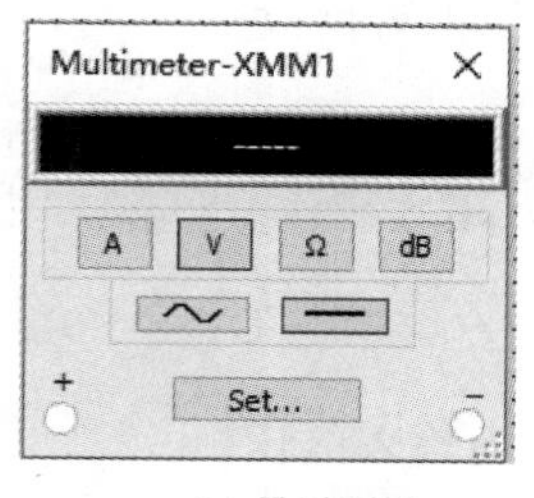

(b) 显示面板

图 4－43　数字万用表的图标与显示面板

数字万用表是一种多用途的数字显示仪表，可以用于测量交直流电压、交直流电流、电阻值以及电路中两点之间的分贝衰减值，可以自动调整量程(即用户无须调整其量程，其内阻等参数都按理想状态设定好了)。

双击图 4－43(a)所示的数字万用表图标，可以得到图 4－43(b)所示的数字万用表显示面板。该面板上各个按钮的含义如下。

1. “～”按钮

单击“～”按钮，数字万用表用作交流仪表，常用于下列情况：

(1) 在正弦稳态电路中测量交流电压或交流电流信号的有效值。

(2) 在非正弦电流电路中测量所有非直流信号所产生的非正弦电压或电流信号的均方根(RMS)值。

2. “—”按钮

单击“—”按钮，数字万用表用作直流仪表，常用于下列情况：

(1) 在直流电路中测量直流电压或直流电流信号的大小，在接入电路时应尽量注意参考极性。

(2) 在非正弦电流电路中测量非正弦电压或电流信号的直流分量。

3. “A”按钮

单击“A”按钮，数字万用表用作电流表：若同时单击按钮“～”，表示将数字万用表用作交流电流表；若同时单击按钮“—”，表示将数字万用表用作直流电流表。当数字万用表用作电流表时，应当与被测支路串联连接。

4. “V”按钮

单击“V”按钮时，数字万用表用作电压表：若同时单击按钮“～” 表示将数字万用表用作交流电压表；若同时单击按钮“—”，表示将数字万用表用作直流电压表。当数字万用表用作电压表时，应当将两个连接端子分别连接到对应的节点上，或与被测支路并联。Multisim 14.0 中，数字万用表的默认设置为直流电压表。

5. "Ω"按钮

单击"Ω"按钮，数字万用表用作欧姆表，用于测量待测电阻元件的阻值，或某纯电阻电路任意两点之间的等效电阻值。在测量单个电阻元件的电阻值时，需将数字万用表连接到待测电阻元件的两端，此时应保证待测电阻元件所在电路中没有电源连接，也没有其他元器件或电路并联到待测电阻元件中。欧姆表可以产生一个默认为 10 nA 的电流，该值可以通过单击面板上的"Set"按钮进行修改。

6. "dB"按钮

单击"dB"按钮，数字万用表用作分贝仪，用于测量待测负载的分贝衰减值，可表示为

$$U_{\mathrm{dB}}=20\lg\left|\frac{U_{\mathrm{O}}}{U_{\mathrm{I}}}\right| \tag{4-1}$$

式中，U_{O} 为输出电压；U_{I} 为输入电压。

7. "Set"按钮

单击"Set"按钮时，弹出数字万用表内部参数设置对话框。

综上所述，数字万用表显示窗口的下方是 4 个转换功能的按钮，从左到右分别为电流挡、电压挡、电阻挡和分贝挡。再往下还有两个按钮，用于交流直流转换。

在使用中注意：测量电流时，要将数字万用表串联在被测电流的支路中测量；测量其他物理量时，则采用并联方式；所测量电压或电流为直流时要注意正负极。

4.4.2 函数发生器

函数发生器又叫信号发生器，是一种常用的电子仪器。它的图标与工作面板如图 4-44 所示。

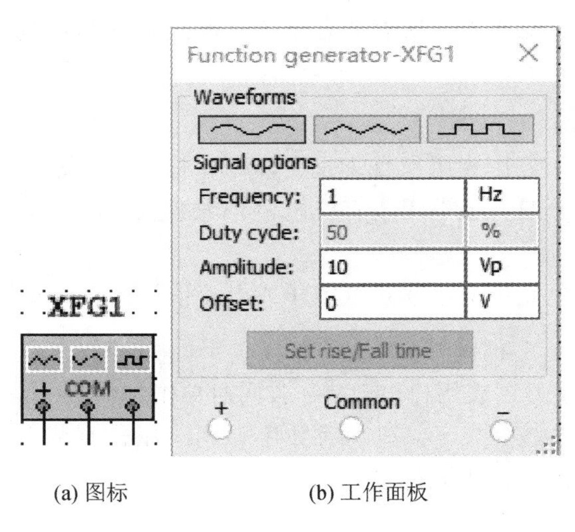

(a) 图标　　(b) 工作面板

图 4-44　函数发生器的图标与工作面板

函数发生器可产生三种信号，分别是正弦波、三角波和矩形波。控制面板上的波形按钮可对这三种输出波形进行切换。

输出信号的频率(Frequency)、占空比(Duty cycle)、幅度(Amplitude)及直流分量(Offset)均可调整。其中，占空比是对正极性输出信号而言的，正负半轴对称的正弦波信号无这个指标。幅度是指幅值，而不是有效值。

该仪器面板的最下方有三个接线端子，中间一个为公共端子，在仿真时应接地(如果电路中已有接地端，此端子也可悬空)。左边的接线端子用于输出正极性信号，右边的接线端子用于输出负极性信号(与正极性信号的相位相反)。

接线方法：左边端子接输出信号；中间端子连接接地端，即应与电路中接地端连在一起，实现“共地”。

4.4.3 双踪示波器

双踪示波器是一种观察和测量波形的电子仪器，下面对其使用方法进行介绍。

1. 连接与显示

双踪示波器的图标及显示面板如图 4-45 所示。

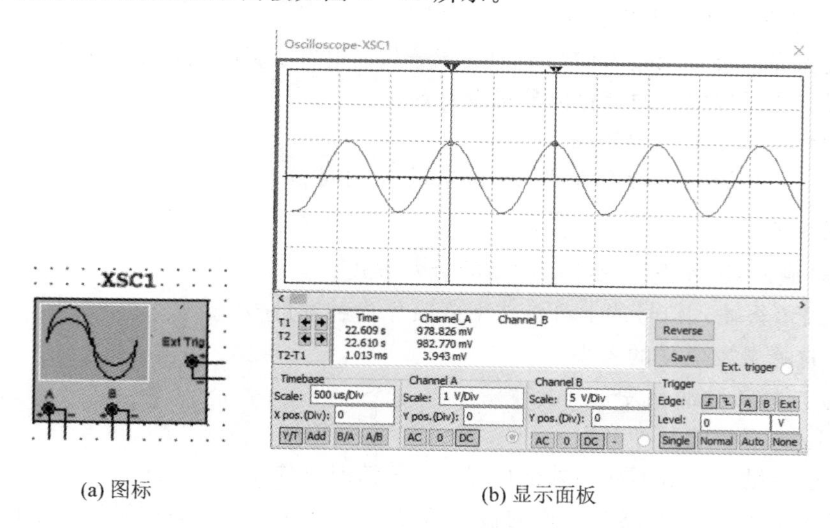

(a) 图标　　(b) 显示面板

图 4-45 双踪示波器的图标与显示面板

双踪示波器有两个完全相同的测量通道，一个是通道 A(Channel A)，另一个是通道 B(Channel B)。图标符号上有 6 个接线端子。A、B 通道信号均有两个接线端子，其中“+”为信号输入端，“-”为信号接地端。“Ext Trig”为外触发输入通道，在有信号输入时触发采集，比如被测信号特征不明显，但电路上有开关信号时，可以用来作为独立的触发信号。

2. 面板说明

双踪示波器面板及其操作说明如下。

1) 时基区设置

Timebase(时基区)用来设置 X 方向的时间基线。

Scale(刻度)：用于选择 X 方向每个刻度代表的时间，单击该栏后，将出现刻度翻转列表，根据所测信号频率的高低上下翻转以选择适当的值。

X pos. (Div)(X 方向的位移)：表示 X 方向时间基线的起始位置。修改其设置，时间基线左右移动。

Y/T：表示 Y 方向显示 A 通道、B 通道的输入信号，T 方向显示时间基线，并按设置时间进行扫描。当显示随时间变化的信号波形(如三角波、正弦波等)时，常采用此种方法。

B/A：表示将 A 通道信号作为 X 方向扫描信号，将 B 通道信号施加在 Y 方向上，可用于观察电压传输特性曲线。

A/B：与 B/A 相反，可用于观察电压传输特性曲线。

Add：表示 X 方向按设置时间进行扫描，而 Y 方向显示 A 通道、B 通道的输入信号之和。

2）通道选择

Channel A(通道 A)用来设置 Y 方向 A 通道输入信号的情况。

Scale(刻度)：表示 Y 方向相对于 A 通道输入信号，每格所表示的电压数值。单击该栏后，将出现刻度翻转列表，根据所测的信号电压大小，上下翻转，选择适当的挡位。

Y pos.(Div)(Y 方向的位移)：表示时间基线在显示屏幕中的上下位置，当其值大于零时，时间基线在屏幕中线上侧；反之则在下侧。

AC：表示屏幕仅显示输入信号中的交流分量，相当于实际电路中加入隔直电容器。

DC：表示屏幕将信号的交直流分量全部显示。

0：表示将输入信号对地短路。

Channel B(通道 B)的设置方法与 Channel A 相同。

3）触发设置

Trigger(触发)用来设置双踪示波器的触发方式。

Edge：表示将输入信号的上升沿或下降沿作为触发信号。

Level：选择触发电平的大小。

Single：选择单脉冲触发。

Normal：选择一般脉冲触发。

Auto：表示触发信号不依赖外部信号，一般情况下使用 Auto 方式。

A、B：表示用 A 通道或 B 通道的输入信号作为同步 X 方向时间基线扫描的触发信号。

Ext：用示波器图标上触发端子 T 连接的信号作为触发信号来同步 X 方向的时间基线扫描。

3. 测量波形参数

在屏幕上有两条左右可以移动的读数指针 T1 和 T2，指针上边有三角标识。单击鼠标左键拖动 T1 或 T2 的三角标识可以使其左右移动。在屏幕下方的数据显示区，可以显示时间、幅值。T1 表示 1 号读数指针离开屏幕最左端时基线零点所对应的时间值，时间单位取决于时间基线设置的时间单位；T2 表示 2 号读数指针离开时基线零点的时间值。T2－T1 表示 2 号读数指针所在位置与 1 号读数指针所在位置的时间差值，可以用来测量信号的周期、脉冲信号的宽度、上升时间及下降时间等参数。为了测量时方便，可以单击暂停键或按 F6 将波形静止。

4.4.4 字信号发生器

字信号发生器(Word Generator)是驱动电路的数字激励源编译器。它能产生 32 位并行数字信号，可在指定的地址码以 ASCII 码、二进制、十进制或十六进制编辑数据，有单步、脉冲串和连续等运行方式。为了同步传输数据，可采用内部或外部触发时钟。因此，字信号发生器广泛应用于多种数字电路的实验仿真，其图标与工作面板如图 4-46 所示。

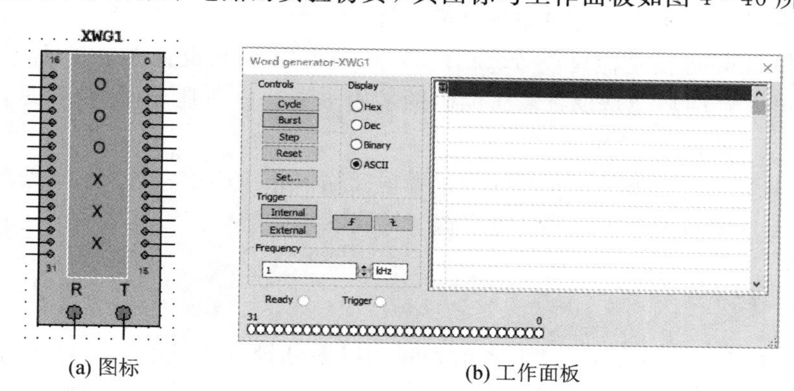

(a) 图标　　(b) 工作面板

图 4-46　字信号发生器的图标与工作面板

字信号发生器图标上共有 32 个接线柱，可以对外输出 32 位二进制编码的脉冲序列，0 号接线柱为最低位，31 号接线柱为最高位。实际使用中如果编码脉冲不需要 32 位，可以从最低位用起。

字信号发生器的工作面板可以实现编码脉冲序列的设置、控制、存储及显示等功能，分 Controls(控制)、Trigger(触发方式)、Frequency(频率)、Display(显示)及地址窗口等几个区域。

面板的 Controls 区用于设置编码脉冲的输出方式，包括以下几个按钮：Cycle 为循环输出；Burst 为脉冲串，所有地址中的数据只依次输出一遍，不循环；Step 为步进输出；Set 为设置按钮，按下后字信号发生器的面板设置如图 4-47 所示。

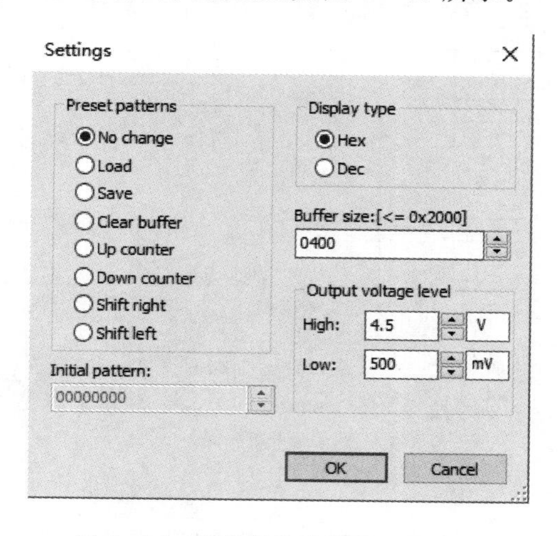

图 4-47　字信号发生器的面板设置

在设置对话框中，No change 为不变化；Load 为加载；Save 为保存编码类型，可将编码保存为文件；Clear buffer 为清除缓冲数据，可使各地址中的数据全部归零；Up counter 为加法计数，自动产生加法计数器的二进制编码；Down counter 为减法计数，自动产生减法计数器的二进制编码；Shift left、Shift right 分别产生左移位、右移位的编码数据。

面板 Trigger 区的功能是选择触发方式。当选择 Internal 内部触发方式时，字信号发生器的输出直接受输出方式按钮 Step、Burst 和 Cycle 的控制。当选择 External 外部触发方式时，字信号发生器必须接入外触发脉冲信号，只有外触发脉冲信号到来时才启动信号输出。另外，在该区还可设置上升沿触发或下降沿触发。

面板 Frequency 区的功能是设置输出的频率(速度)，一般设置在 100 Hz～10 kHz。

面板 Display 区的功能是设置输出编码的编辑方式，分别是 Hex(十六进制)、Dec(十进制)、Binary(二进制)和 ASCII 码。

面板的地址窗口可根据 Display 区的设置情况输入相应的十六进制、十进制、二进制和 ASCII 码。在地址窗口中单击鼠标，出现数字编辑状态。

4.4.5　逻辑分析仪

逻辑分析仪(Logic Analyzer)主要用来测试以微处理器为核心的数字系统，它有多种触发模式，可以把触发条件发生前后各信号的数据保存和显示出来。因此，逻辑分析仪在数字硬件电路、嵌入式系统和监控软件的研制和调试过程中，都是一个必备的工具。逻辑分析仪的图标和显示面板如图 4－48 所示。

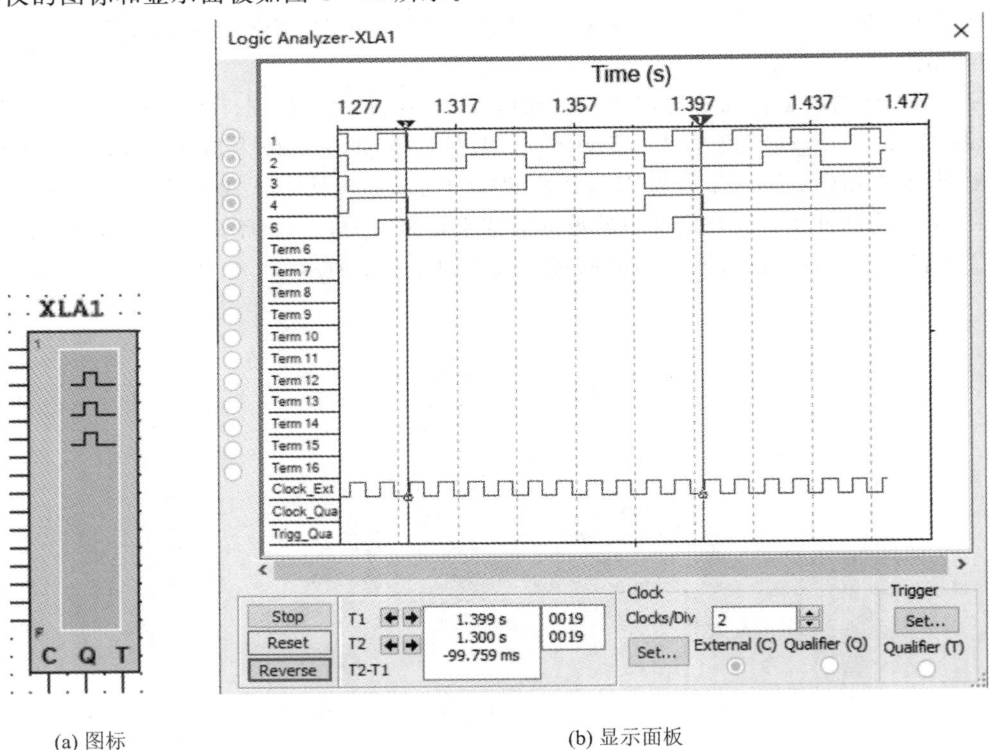

(a) 图标　　(b) 显示面板

图 4－48　逻辑分析仪的图标与显示面板

在逻辑分析仪的图标上，从上至下有 16 个端子，它们是逻辑分析仪的输入信号端，使用时连接到电路的测量点。图标下部也有 3 个端子，C 是外时钟输入端，Q 是时钟控制输入端，T 是触发控制输入端。

逻辑分析仪显示面板的操作说明如下。

面板最左侧 16 个小圆点表示 16 个输入端，如果某个连接端接有被测信号，则该小圆圈内出现一个黑圆点。被采集的 16 路输入信号以方波形式显示在屏幕上。

面板左下角的 Stop 为停止仿真按钮，Reset 为逻辑分析与复位(清除显示波形)按钮，Reverse 为反白按钮。

面板底部的 T1、T2 用于移动读数指针，当单击 T1 或 T2 左右移动按钮时，显示区的指针也会对应左右移动。另外，直接拖动显示区上部的三角形也可以使指针左右移动。T1 和 T2 显示的数据分别表示读数指针 1 和读数指针 2 离开时基线零点的时间，T2－T1 表示两读数指针之间的时间差。

面板上的 Clocks/Div 用来设置显示屏上每个水平刻度显示的时钟脉冲数。Clocks/Div 下面的 Set 按钮用来设置时钟脉冲，单击该按钮后逻辑分析仪弹出的时钟参数设置如图 4－49 所示。其中，Clock source(时钟源)的功能是选择时钟脉冲的来源。若选取 External(外部)项，则设置由外部获取时钟脉冲；若选取 Internal(内部)项，则设置由内部获取时钟脉冲。Clock rate(时钟频率)区的功能是选取时钟脉冲的频率。Samping setting(取样设置)区的功能是设置取样方式。其中，Pre-trigger samples 表示前沿触发取样；Post-trigger samples 表示后沿触发取样；Threshold volt. (V)则是门限电压。

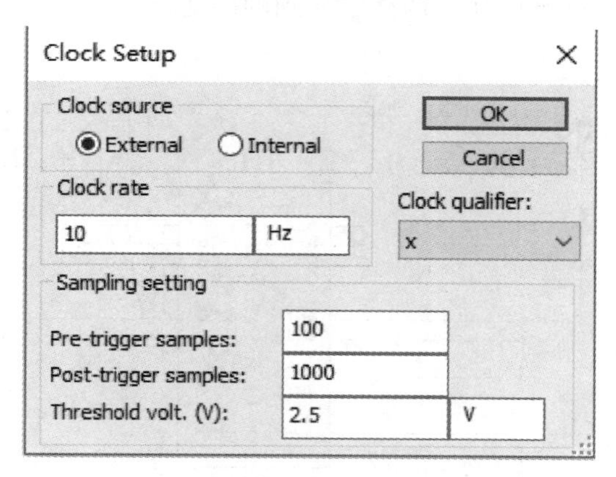

图 4－49　逻辑分析仪时钟参数的设置

Clock qualifier 是时钟触发限定。时钟限定是指用外部的另一个信号来过滤外部时钟信号，使用内部时钟时本选项无效。采用外部时钟触发时，在图标的 C 端接时钟信号，Q 端接触发限定信号，也就是说逻辑分析仪同时接一个外部时钟信号和一个控制信号。时钟限定是指对所有存入存储器进而在屏幕上显示的数据加以限定。时钟限定如果设置为“x”，则限定无效。只要确认触发信号，样本就被读入；如果时钟限定被设置“1”或“0”，则仅当时钟信号与选定的限定信号匹配时，样本才能被读入和存储。

逻辑分析仪从一串冗长的序列中获取数据，所以如何定位在需要观察的数据点附近成为一个重要的问题。逻辑分析仪用触发来定位数据的获取点，触发在触发器中的位置被称为“触发位置”。逻辑分析仪触发方式的设置如图 4－50 所示，包括触发边沿、触发模式设置。

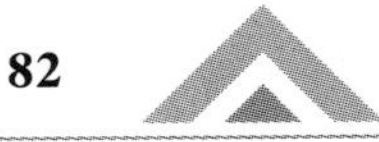

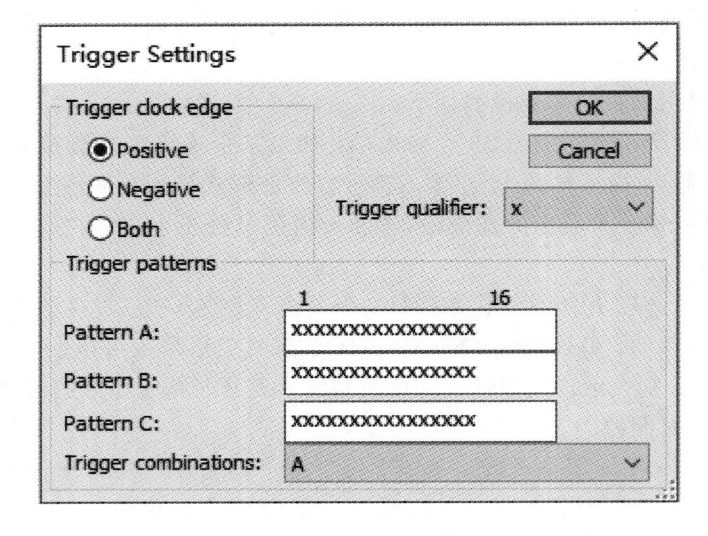

图 4-50　逻辑分析仪触发方式的设置

逻辑分析仪电路连接应用示例图如图 4-51 所示。其中，74LS160D 的输出 QA～QD 连接到逻辑分析仪上，可以同时观测 QA～QD 波形的关系。使用逻辑分析仪的测量标线，可以测量信号的脉冲宽度以及测量波形的频率、占空比等信息。通过数据分析，查找波形是否符合要求，从而帮助解决设计与调试中遇到的问题。

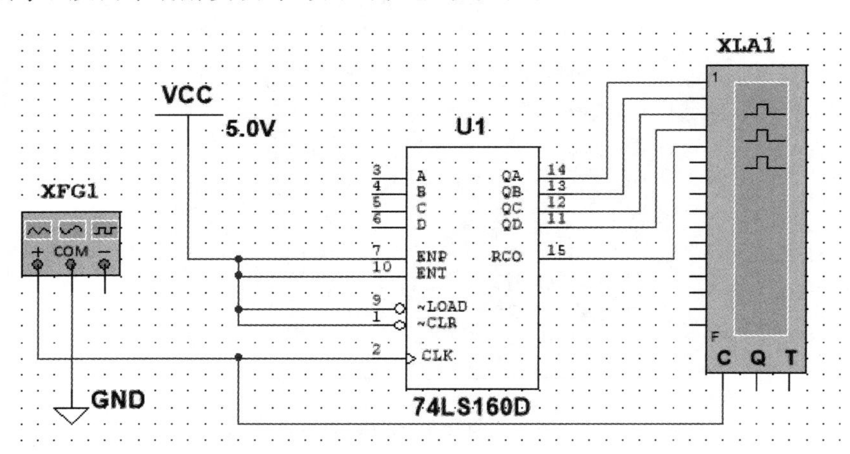

图 4-51　逻辑分析仪电路连接示例图

4.4.6　波特图仪

波特图仪(Bode Plotter)是用来测量和显示电路、系统或放大器的幅频特性、相频特性的一种仪器，类似于频率特性测试仪或扫频仪。波特图仪的图标与显示面板如图 4-52 所示。

波特图仪的图标与显示面板中，“IN”端口的“+”“-”两个端子分别接电路输入端的正、负端子，“OUT”端口的“+”“-”两个端子分别接电路输出端的正、负端子。

波特图仪本身没有信号源，因此在使用波特图仪时，电路中必须包含一个交流信号源

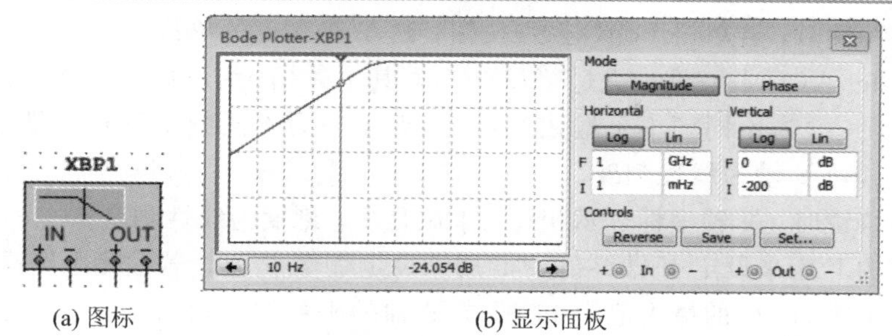

(a) 图标　　(b) 显示面板

图 4-52　波特图仪的图标与显示面板

或函数信号发生器，且无须对信号源或函数信号发生器的参数进行设置。波特图仪的使用示例电路如图 4-53 所示，波特图仪用于测量一个 RC 电路以电阻器电压为输出时的频率特性。在波特图仪面板上的 Horizontal(水平坐标)栏中可以设置波特图仪的频率终值 F(Final)和初值 I(Initial)。

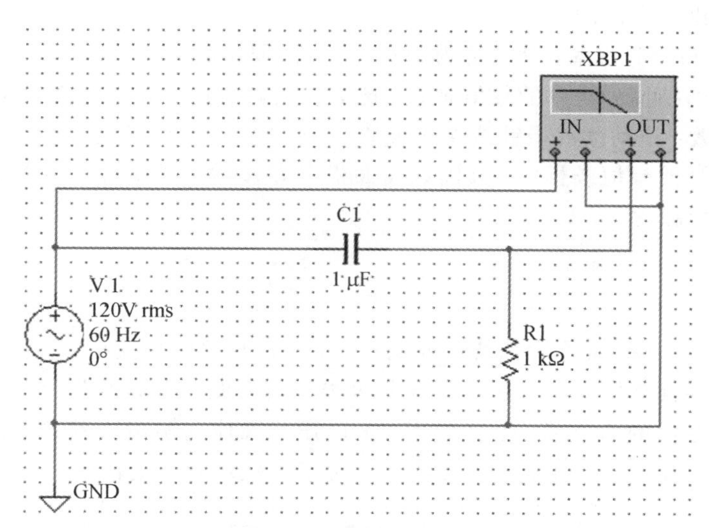

图 4-53　波特图仪的使用示例电路

下面介绍波特图仪的面板及其操作。

(1) Mode 栏：用于选择左侧图形显示区是显示幅频特性还是相频特性。

Magnitude：选择幅频特性。

Phase：选择相频特性。

(2) Horizontal 栏：用于确定波特图仪图形显示区中 X 轴的频率范围及刻度类型。

Log：X 轴采用对数坐标系。

Lin：X 轴采用线性坐标系。

F：频率范围的终值(Final)。

I：频率范围的初值(Initial)。

当测量信号的频率范围较宽时，用对数坐标系比较好。如果需要精确显示某一段频率范围的频率特性，则需要尽量将频率范围设小一点。

(3) Vertical 栏：设定波特图仪图形显示区中 Y 轴的刻度类型。

测量幅频特性时，若单击 Log(对数)按钮，则 Y 轴刻度的单位为 dB(分贝)，标尺刻度计算方法为 $20\lg[A(f)]=20\lg[U_o(f)/U_i(f)]$，其中 $A(f)$ 为不同频率下电路的传输系数或放大倍数，$U_o(f)$ 为不同频率下输出端电压，$U_i(f)$ 为不同频率下输入端电压。若单击 Lin(线性)按钮，则 Y 轴为线性刻度。

测量相频特性时，Y 轴坐标表示相位，单位是度，刻度为线性刻度。

该栏下方的 F 用来设定 Y 轴终值，“I”用来设定 Y 轴初值。若被测电路是无源网络(谐振电路除外)，由于 $A(f)$ 的最大值为 1，所以 Y 轴的坐标终值设置为 0 dB，初值设置为某分贝值；对于含有放大环节的电路，由于 $A(f)$ 的值可能大于 1，所以 Y 轴的坐标终值宜设为正值，需根据被测电路调整坐标范围。

(4) Controls 栏：包括背景色反转、数据存储、设置等操作。

Reverse：单击后显示区背景色反转，再次单击则恢复原有背景色。

Save：单击面板中的 Save 按钮即可将仿真波形数据存储为文件，Multisim 14.0 提供了两种存储格式供用户选用。

Set：设置扫描的分辨率，默认值为 100。单击该按钮后，弹出扫描分辨率设置对话框。该对话框中设置的扫描分辨率的数值越大，读数精度就越高，但同时会增加仿真运行时间。

(5) 测量读数：拖动读数指针或单击面板下方的左右箭头按钮来移动读数指针，可以测量某个频率点处的幅值或相位，其读数在面板下方显示。读数指针可以配合终值与初值的调整，以便于精确读数。

4.4.7 功率表

功率表(Wattmeter)又称为瓦特计或瓦特表，可以用来测量交流、直流电路的功率。功率表图标及显示界面如图 4-54 所示。与实际功率表类似，功率表图标中包括电压线圈的两个端子和电流线圈的两个端子。在使用时，电压线圈应与被测电路并联，电流线圈应与被测电路串联。一般电压线圈与电流线圈的参考正极性端应连接在一起。

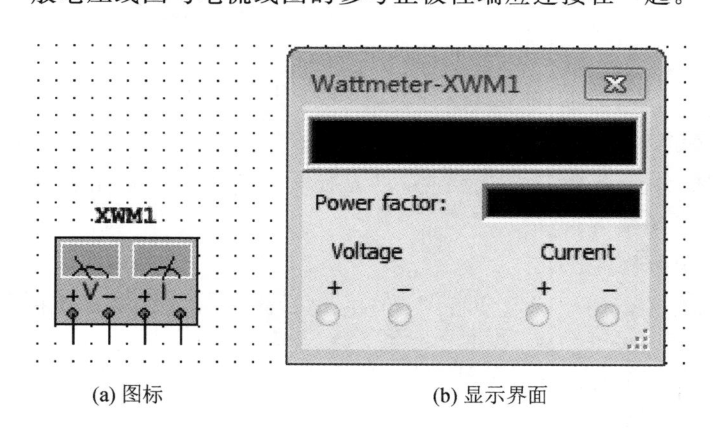

图 4-54 功率表的图标及显示界面

图 4-55 为功率表测量电路示例图与显示界面，该电路在连接完毕后执行仿真，在功率表面板上可以看见相应的读数。电路中功率表的读数含义是 RLC 串并联电路在交流电源作用下的有功功率及功率因数，有功功率为 99.854 W，功率因数为 0.47075。功率表使

用过程中会根据被测量的大小，自动调整平均功率的单位，Power factor 栏内显示的功率因数在 0～1 之间。

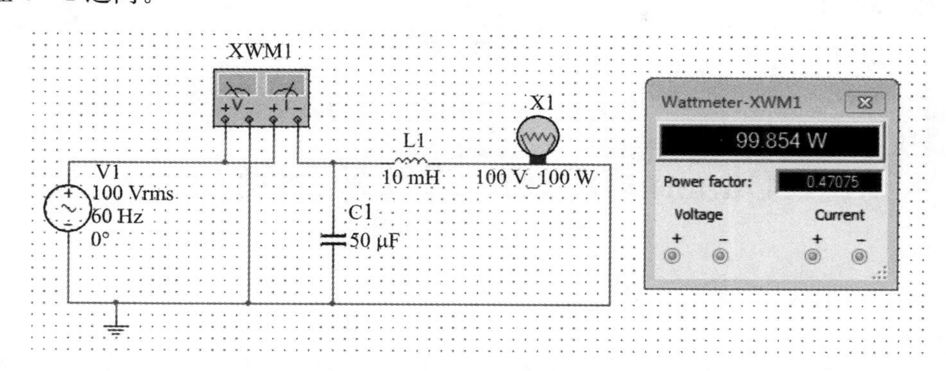

图 4-55　功率表测量电路示例图与显示界面

接线方式：功率表使用中需要检测被测量的电压和电流，因此功率表包括电压接线端和电流接线端。对于交流电路，火线需要连接正极，零线需要连接负极，电压接线端应与被测电路并联，电流接线端应与被测电路串联。

第 5 章

Quartus Prime 软件应用方法

Quartus Ⅱ软件是 Altera 公司提供的完整的多平台设计环境，能够直接满足特定设计需要，为可编程芯片系统（SOPC）提供全面的设计环境。FPGA 是 Field Programmable Gate Array 的简称，中文名称为现场可编程门阵列，是一种可重复编程器件。其重要的特点是可重复编程、低功耗、低时延、算力强。常用的 FPGA 编程语言主要有 VHDL、Verilog HDL、System Verilog。常见的 FPGA 开发软件包括 Quartus Prime、Vivado 等，不同的芯片公司使用不同的开发软件。

Quartus Prime 是 Altera 公司被英特尔（Intel）公司收购后，Intel 公司开发的 FPGA 设计软件，用于实现数字电路设计、仿真、综合和布局。它支持多种编程语言，包括 VHDL、Verilog HDL 等，并具有丰富的功能和工具库，可广泛应用于各种数字电路设计和实现。Vivado 设计套件，是 FPGA 厂商赛灵思公司发布的集成设计环境。本章主要为初学者介绍 Quartus Prime 的基本应用方法。

5.1 创建第一个工程

创建第一个工程的步骤如下：

(1) 启动 Quartus Prime 软件：双击 Quartus 系列软件图标，打开的界面如图 5-1 所

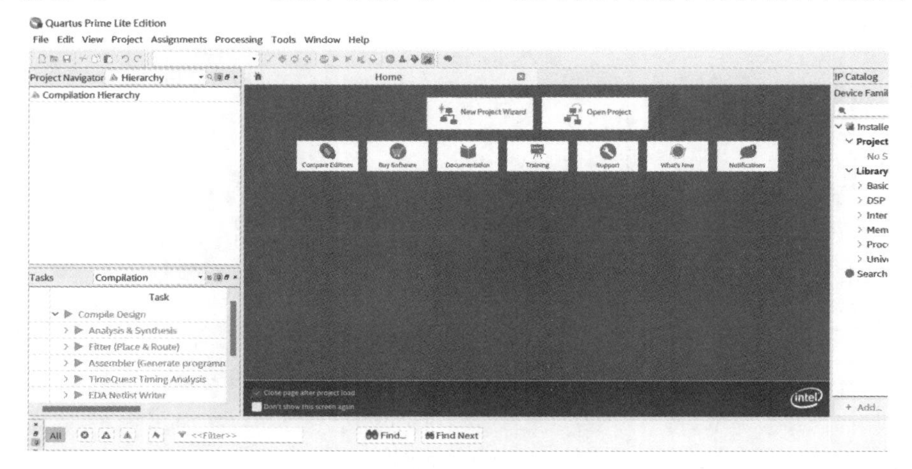

图 5-1　Quartus Prime 界面

示(以 Quartus Prime 16.1 为例)。

(2) 创建工程(见图 5-2)：单击“File”→“New Project Wizard”选项或单击 Home 页面中的“New Project Wizard”图标，新建工程。

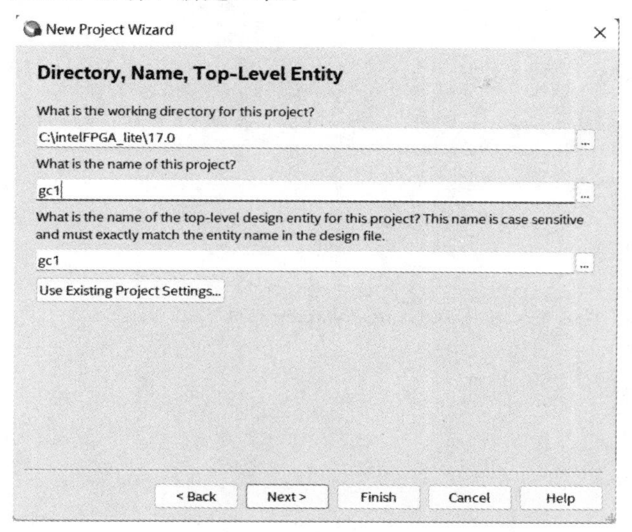

图 5-2　新建工程

(3) 工程目录、名称填写。

① 选择新建工程的目录，可以自定义路径，但不要使用中文、空格等字符。

② 填写工程名称。

③ 填写顶层模块名称：设计文件中 top module 的模块名称，软件会自动填写，默认跟工程名称相同。

输入完成后单击“Next”。

(4) 选择工程类型(见图 5-3)：选择“Empty project”，单击“Next”。

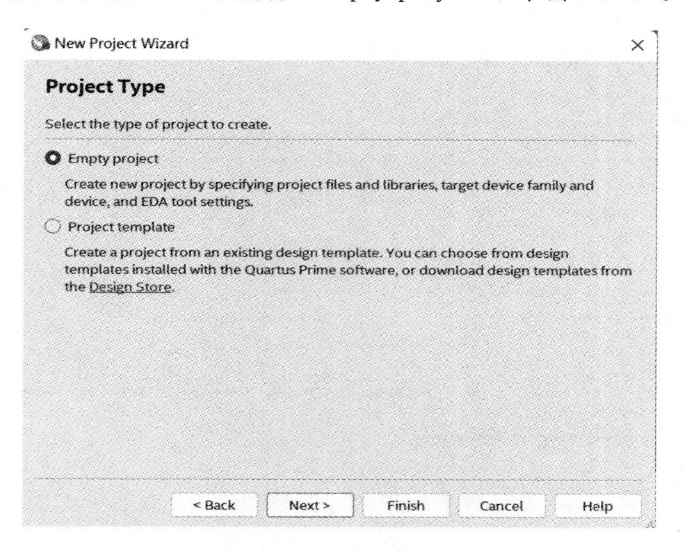

图 5-3　选择工程类型

(5) 添加文件(见图5-4)：如果已有设计文件，可以在当前页面选择并添加，然后单击"Next"。

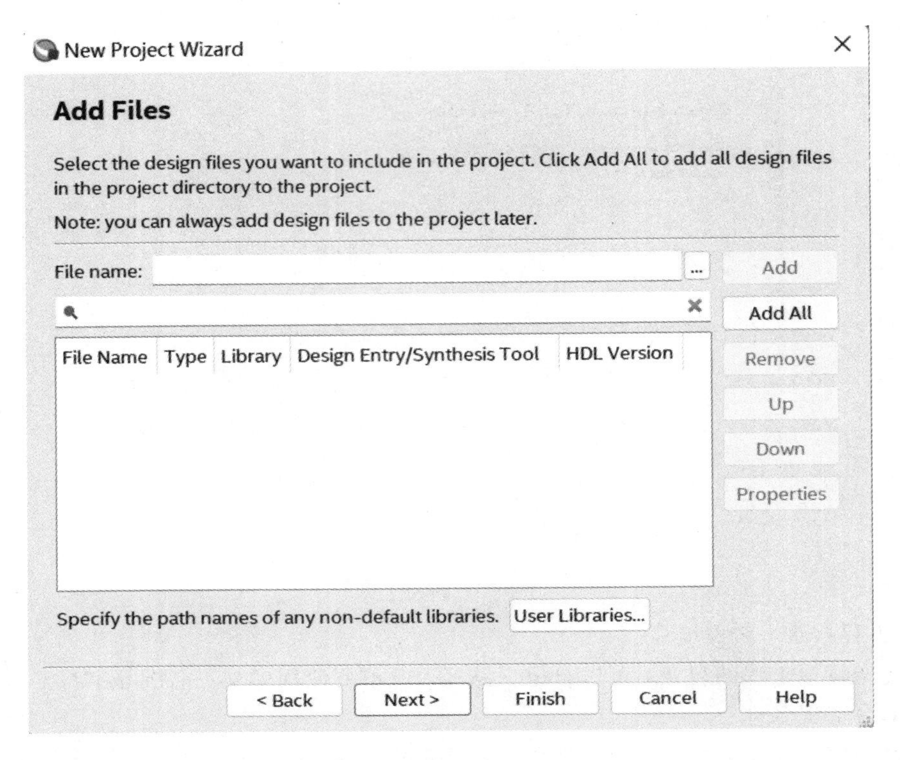

图5-4 增添设计文件

(6) 器件选择(见图5-5)：根据开发平台使用的FPGA选择对应器件(10M02SCM153I7G/10M08SCM153C8G)，然后单击"Next"。

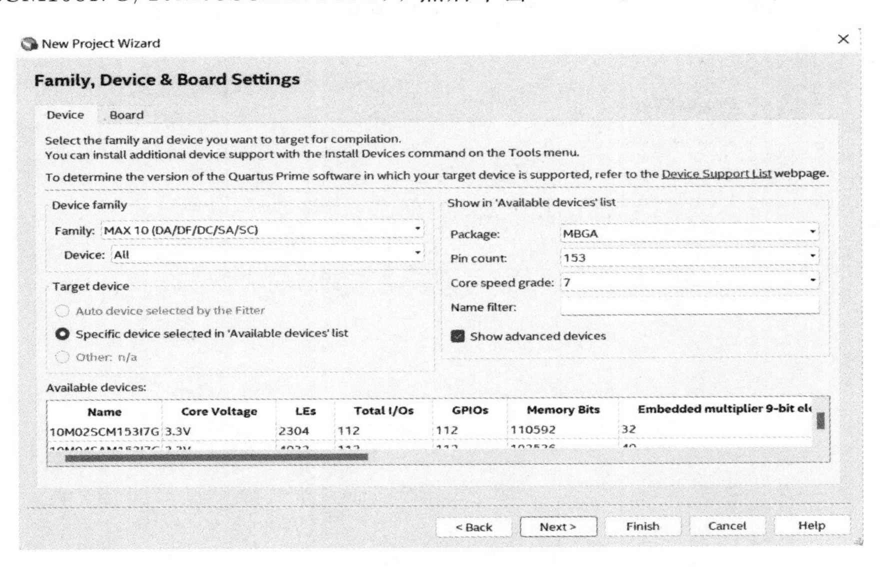

图5-5 器件型号设置界面

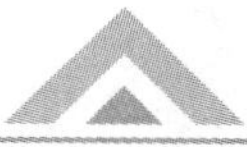

（7）EDA 工具选择（见图 5-6）：在“Simulation”处选择第三方 EDA 工具，如果有需要可以选择第三方的综合或仿真工具（第三方工具需要另外安装并设置启动路径），这里我们选择 ModelSim-Altera 工具仿真，然后单击“Next”。

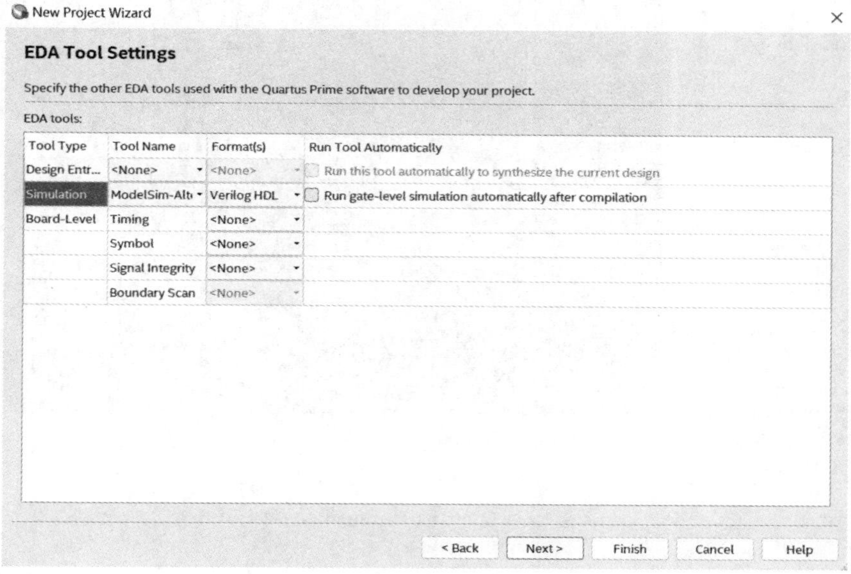

New Project Wizard
EDA Tool Settings
Specify the other EDA tools used with the Quartus Prime software to develop your project.
EDA tools:
Tool Type
Tool Name
Format(s)
Run Tool Automatically
Design Entr...
<None>
<None>
Run this tool automatically to synthesize the current design
Simulation
ModelSim-Alt
Verilog HDL
Run gate-level simulation automatically after compilation
Board-Level
Timing
<None>
Symbol
<None>
Signal Integrity
<None>
Boundary Scan
<None>
< Back
Next >
Finish
Cancel
Help

图 5-6　EDA 工具设置界面

（8）工程设置确认（见图 5-7）：确认工程相应的设置，如果需要调整，则单击“Back”返回修改，若确认设置，则单击“Finish”。

New Project Wizard
Summary
When you click Finish, the project will be created with the following settings:
Project directory: C:\intelFPGA_lite\17.0
Project name: gc1
Top-level design entity: gc1
Number of files added: 0
Number of user libraries added: 0
Device assignments:
Design template: n/a
Family name: MAX 10 (DA/DF/DC/SA/SC)
Device: 10M08SAM153I7G
Board: n/a
EDA tools:
Design entry/synthesis: <None> (<None>)
Simulation: ModelSim-Altera (Verilog HDL)
Timing analysis: 0
Operating conditions:
Core voltage: 3.3V
Junction temperature range: -40-100 °C
< Back
Next >
Finish
Cancel
Help

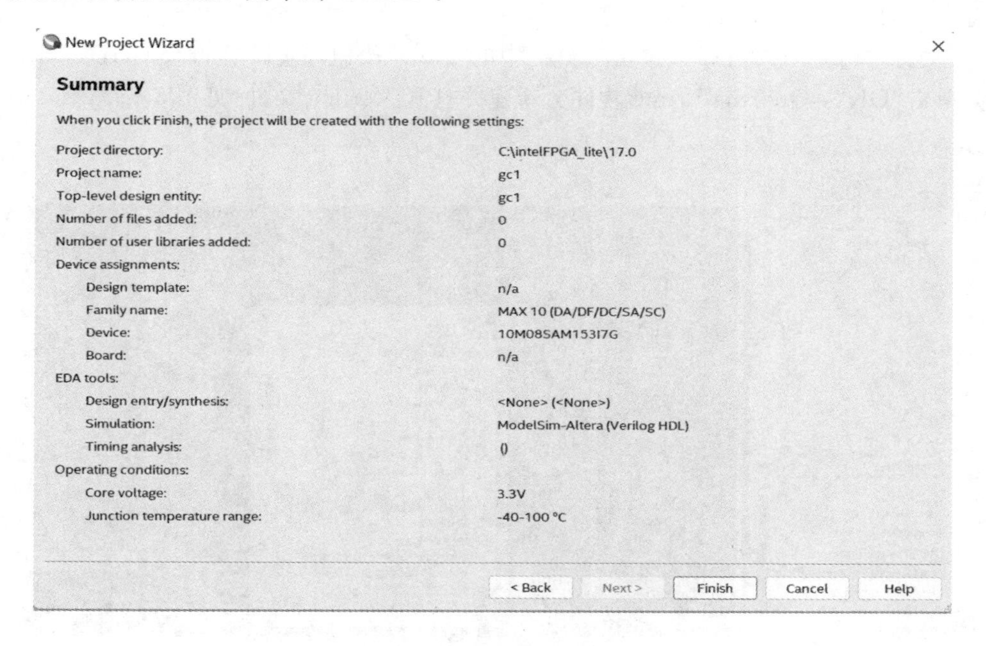

图 5-7　工程设置显示界面

(9) 工程创建完毕，Quartus Prime 软件自动进入开发界面(见图 5－8)。

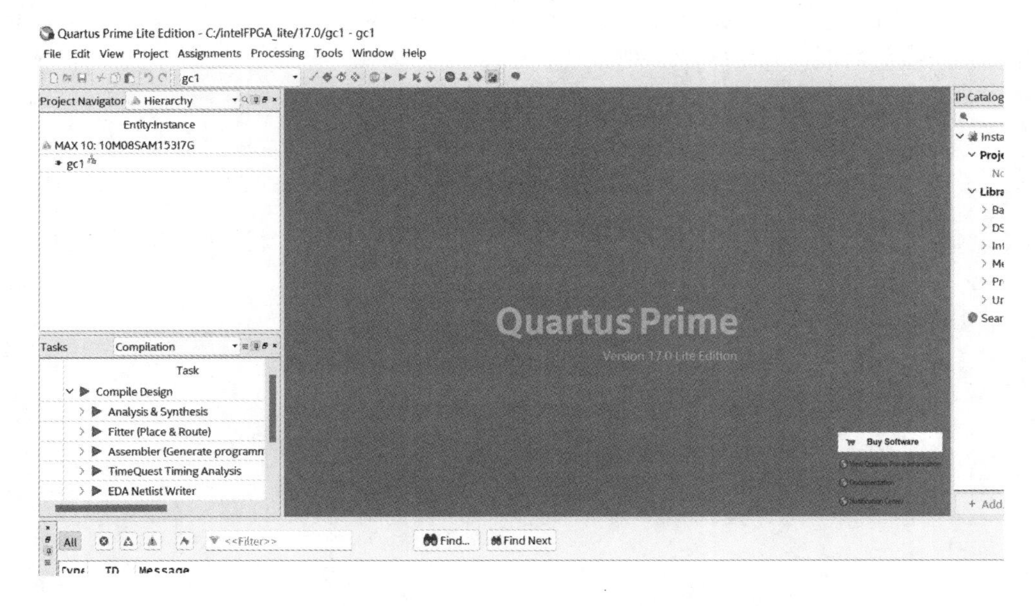

图 5－8　Quartus Prime 开发界面

5.2　添加设计文件

添加设计文件的步骤如下：

(1) 选择“File”→“New”或单击工具栏中的“New”按钮，选择“Verilog HDL File”文件类型，单击“OK”，Quartus Prime 软件会新建并打开 Verilog 文件(见图 5－9)。

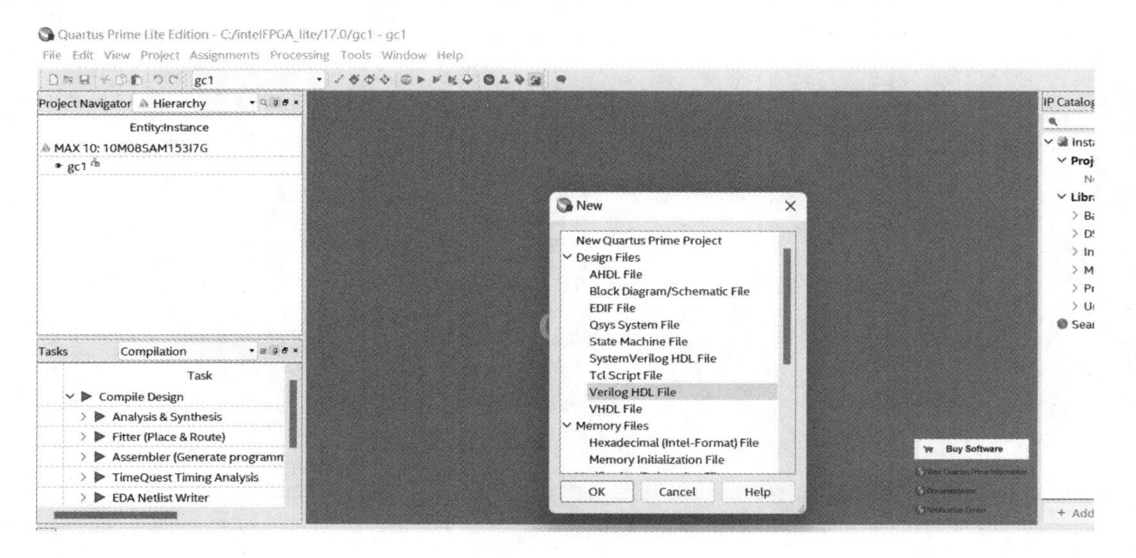

图 5－9　添加 Verilog 文件

（2）在新建的 Verilog 文件中进行 Verilog HDL 代码编写、保存，文件名为 LED_shining. v，如图 5 - 10 所示。

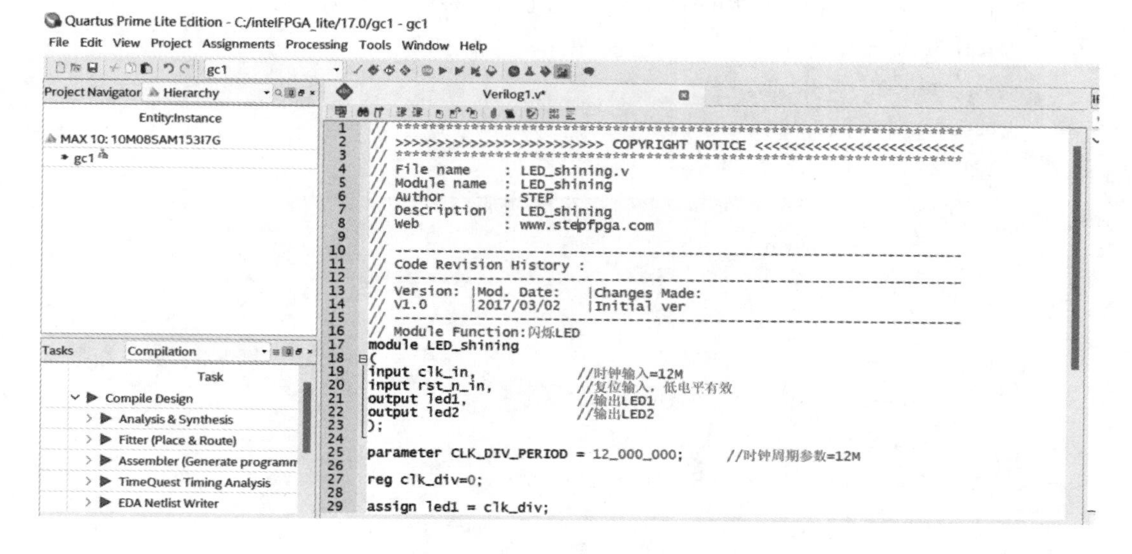

图 5 - 10　工程名设置界面

注意：程序中的 Module name 必须与第一步指定的工程名称一致。

程序源码如下：

```
// ************************************************************
// >>>>>>>>>>>>>>>>>>>>>COPYRIGHT NOTICE <<<<<<<<<<<<<<<<<<<<
// ************************************************************
// File name       : LED_shining. v
// Module name     : gc1
// Author          : STEP
// Description     : LED_shining
// Web             : www. stepfpga. com
// ------------------------------------------------------------
// Code Revision History :
// ------------------------------------------------------------
// Version: |Mod. Date:    |Changes Made:
// V1.0     |2017/03/02    |Initial ver
// ------------------------------------------------------------
// Module Function: 闪烁 LED
module gc1
(
    input clk_in,             //时钟输入＝12M
    input rst_n_in,           //复位输入，低电平有效
    output LED1,              //输出 LED1
```

```
    output LED2                //输出 LED2
);
   parameter CLK_DIV_PERIOD = 12_000_000； //时钟周期参数=12M
   reg clk_div=0；
   assign LED1 = clk_div；
   assign LED2 = ～clk_div；
   reg[24：0] cnt=0；
   always@(posedge clk_in or negedge rst_n_in) begin
     if(! rst_n_in) begin
       cnt<=0；
       clk_div<=0；
     end else begin
       if(cnt==(CLK_DIV_PERIOD-1)) cnt <= 0；
       else cnt <= cnt + 1'b1；
       if(cnt<(CLK_DIV_PERIOD>>1)) clk_div <= 0；
       else clk_div <= 1'b1；
     end
end
   endmodule
```

(3) 选择菜单栏中的"Processing"→"Start"→"Start Analysis & Synthesis"选项或工具栏中"Start Analysis & Synthesis"按钮，也可以直接使用快捷键"Ctrl+K"进行仿真，如图5-11所示。

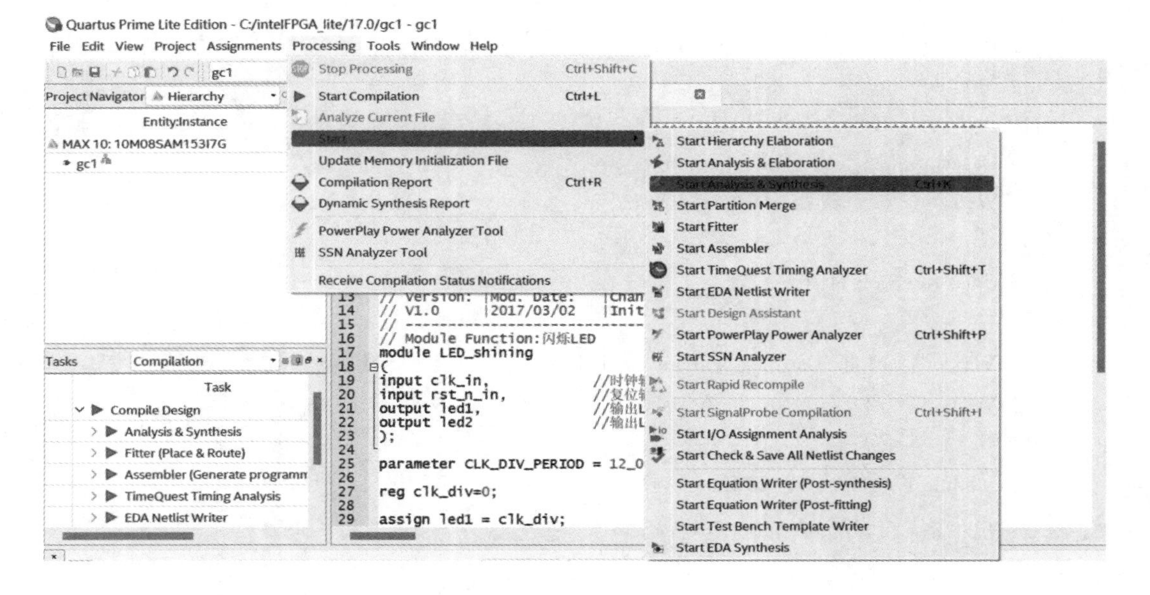

图 5-11 仿真步骤

(4) Quartus Prime 软件会完成分析，若设计没有问题，“Tasks”栏中“Analysis & Synthesis”会变成绿色，同时左侧出现绿色“√”。可以选择“Tools”→“Netlist Viewers”→“RTL Viewer”查看电路(见图 5-12)。

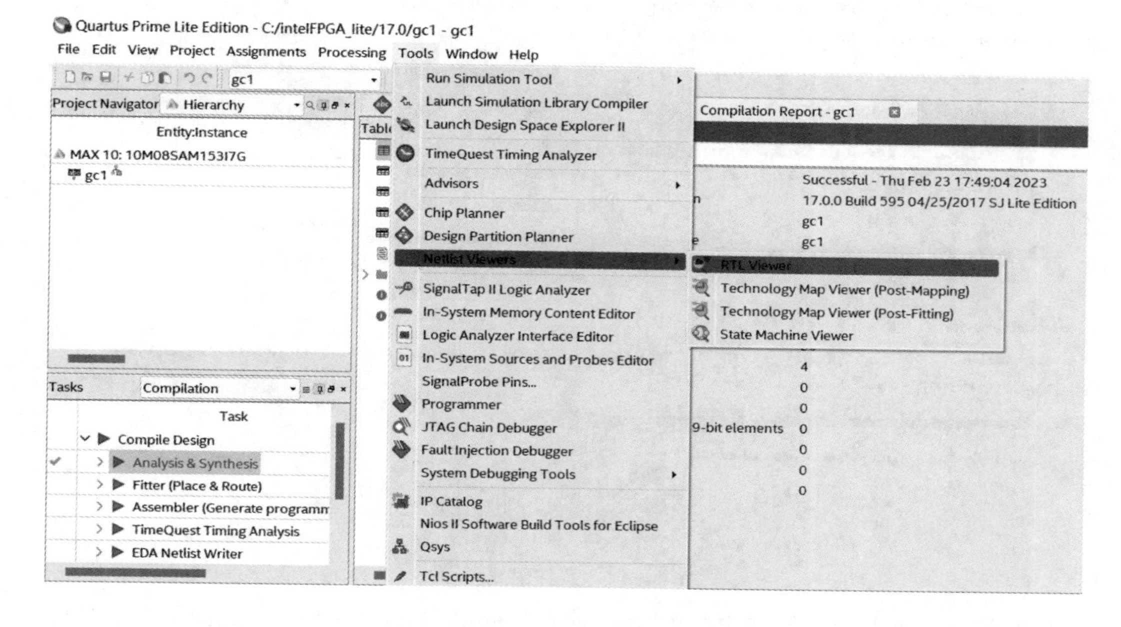

图 5-12　查看电路

(5) RTL 电路图如图 5-13 所示。

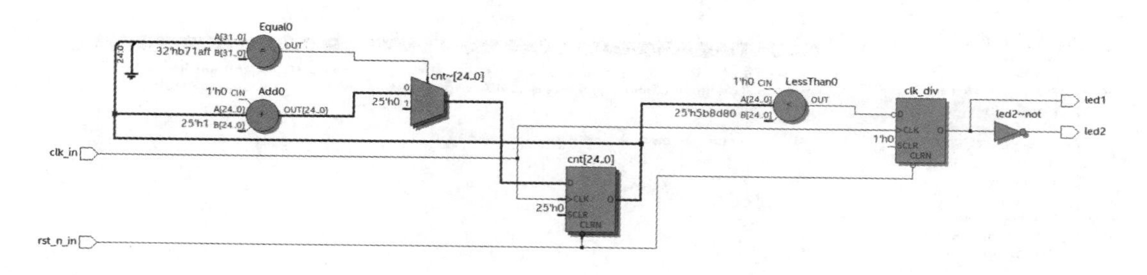

图 5-13　RTL 电路图

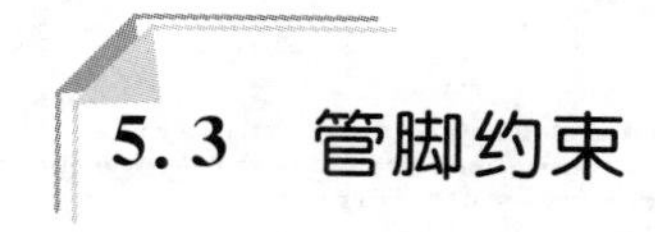

5.3　管脚约束

管脚约束的步骤如下：

(1) 选择“Assignments”→“Device”，打开器件配置页面(见图 5-14)，然后单击页面中的“Device and Pin Options”选项，打开器件和管脚选项页面。

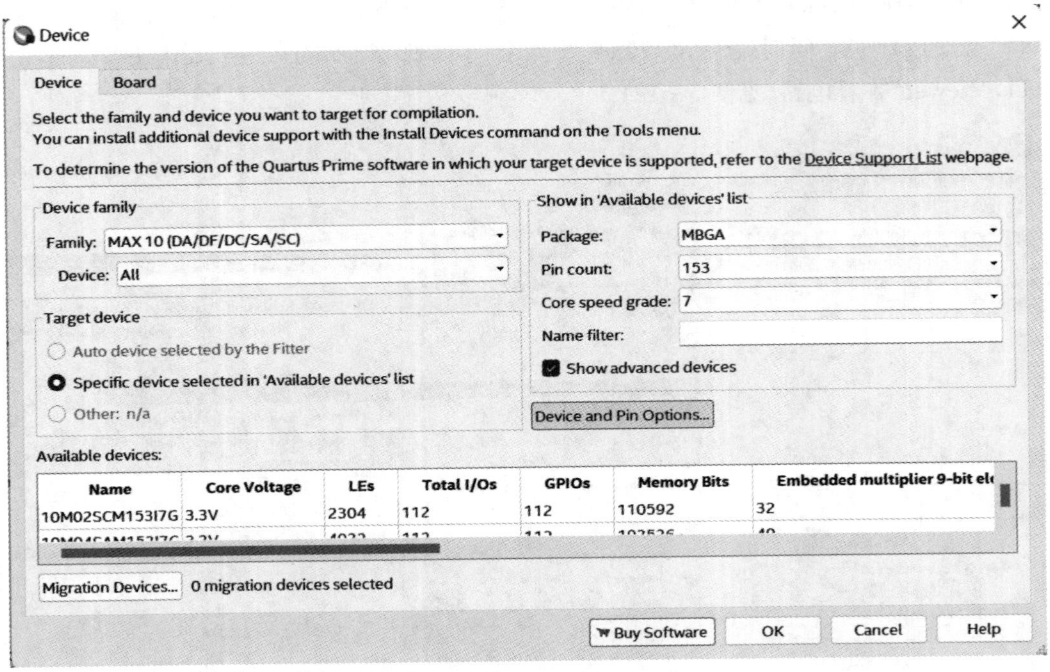

图 5-14 器件配置界面

(2) 在“Unused Pins”选项中配置“Reserve all unused pins”为“As input tri-stated”状态(见图 5-15)。

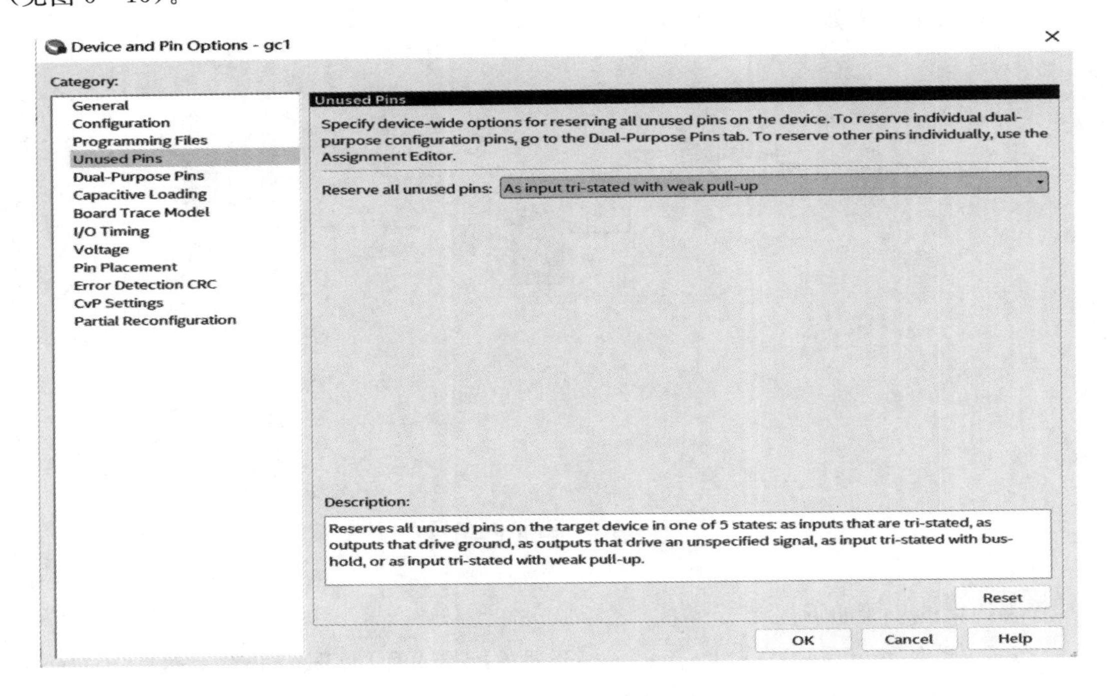

图 5-15 Unused Pins 配置界面

(3) 在“Voltage”选项中配置“Default I/O standard”为“3.3－V LVTTL”状态(见图 5－16)，然后单击“OK”回到设计界面。

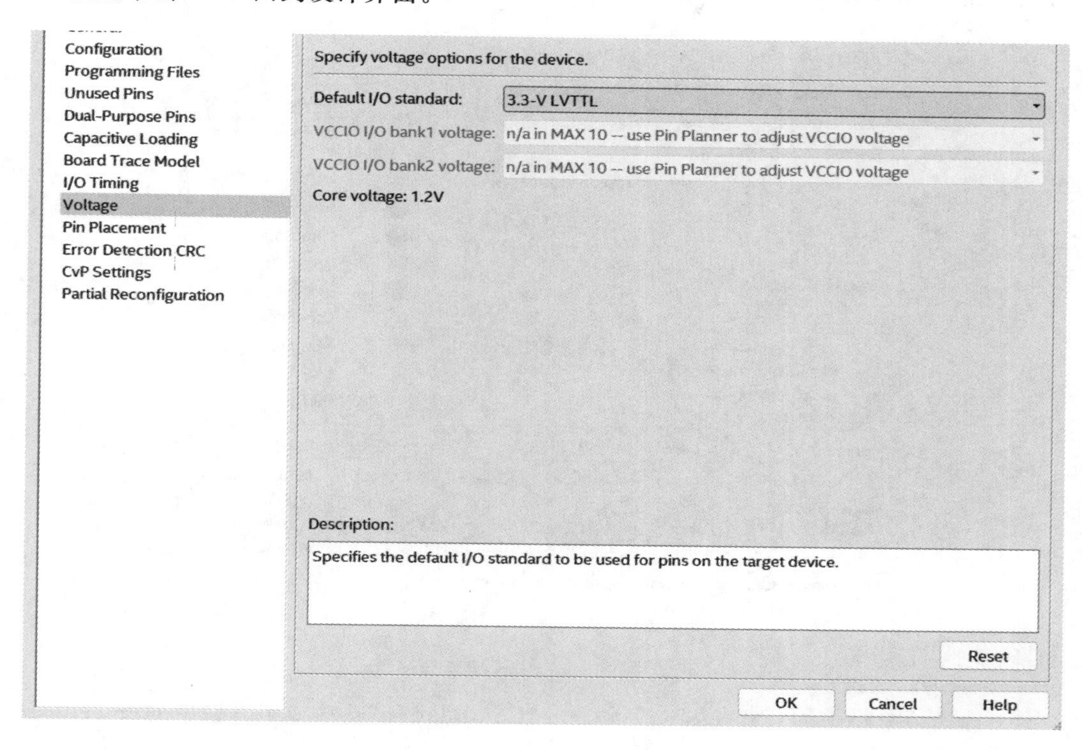

图 5－16　Voltage 配置界面

(4) 选择菜单栏中的“Assignments”→“Pin Planner”选项(见图 5－17)或工具栏中的“Pin Planner”图标，进入管脚分配界面。

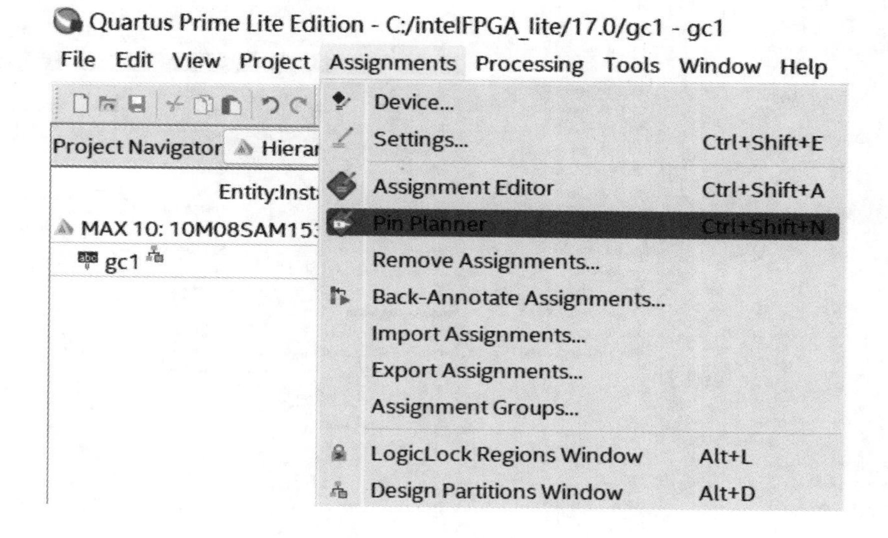

图 5－17　Assignments 选项

（5）在“Pin Planner”页面中给所有端口分配对应的 FPGA 管脚，如图 5－18 所示。单击“Location”，在下拉菜单中选择端口，然后关闭（自动保存）。

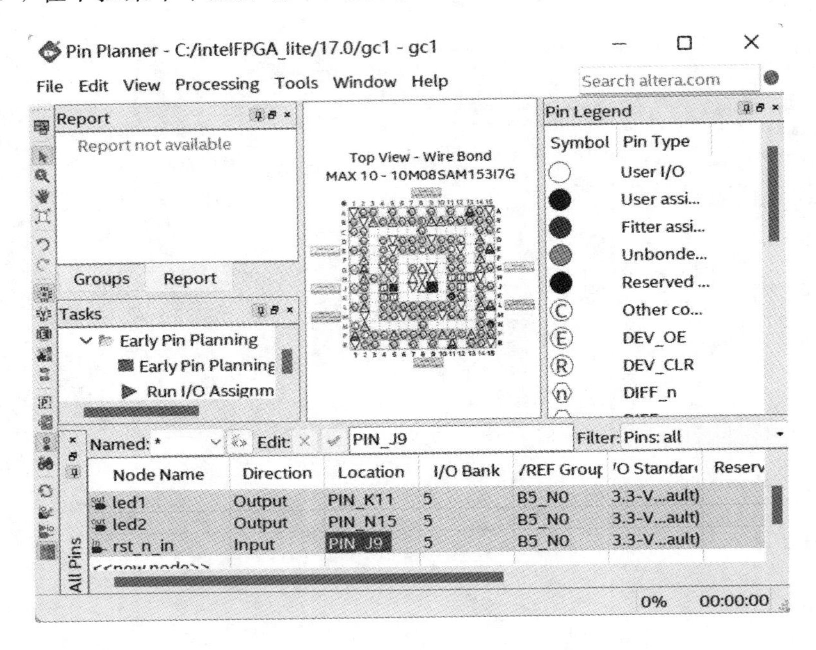

图 5－18　Location 配置界面

（6）选择菜单栏中的“Processing”→“Start Compilation”选项或工具栏中的“Start Compilation”按钮，也可以使用快捷键“Ctrl＋L”，开始编译，等待“Tasks”列表中所有选项完成，如图 5－19 所示，此时左下角的“Compilation”栏中列表左侧都出现“√”。

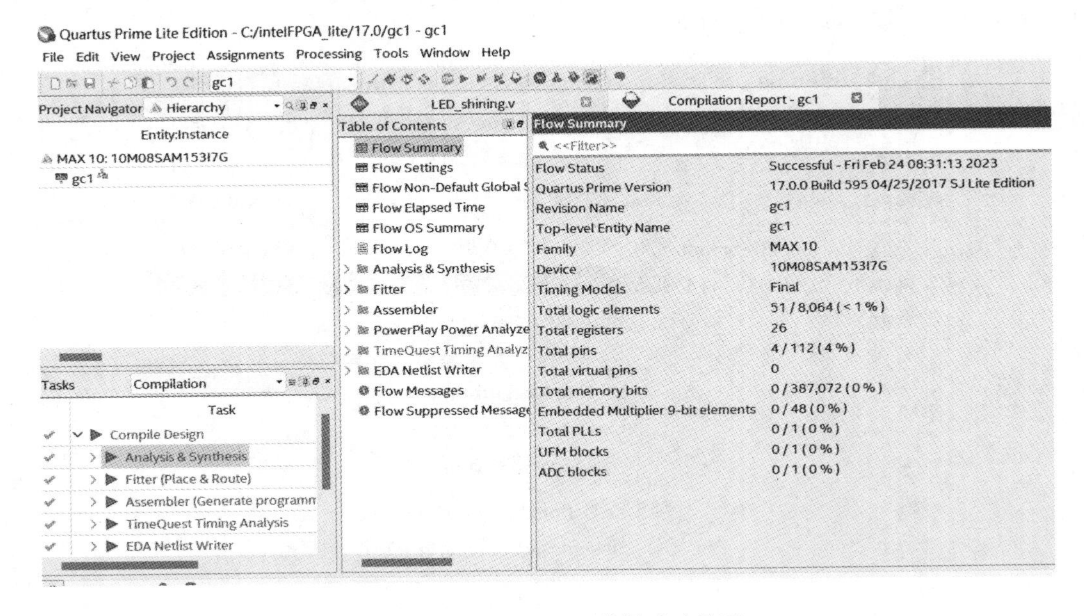

图 5－19　Compilation 编译成功界面

5.4　FPGA 加载

FPGA 加载的步骤如下：

(1) 使用 micro-usb 线将 STEP-MAX10 二代开发平台连接至电脑 USB 接口，选择菜单栏中的“Tools”→“Programmer”选项或工具栏中的“Programmer”按钮(见图 5-20)，进入烧录界面。

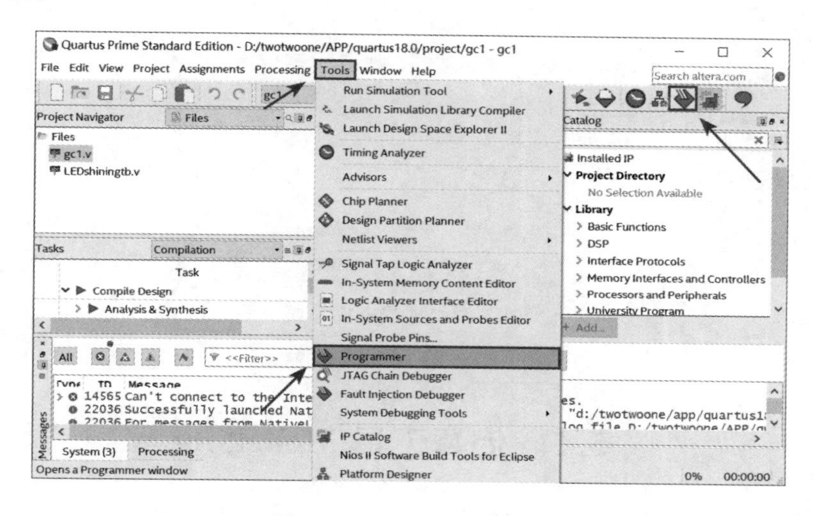

图 5-20　Tools 选项界面

(2) 烧录界面如图 5-21 所示。确认硬件驱动为 USB-Blaster[USB-0]，选择“Add File”添加工程输出文件中的 pof 格式文件，勾选“Program/Configure”列和“Verify”列，单

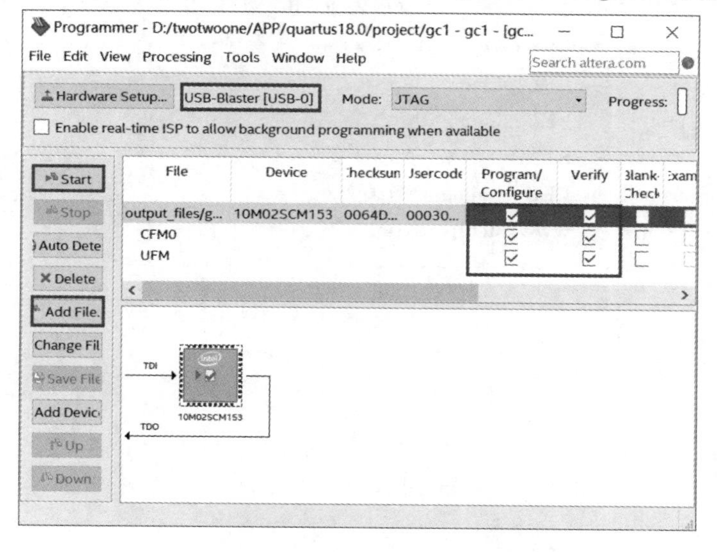

图 5-21　烧录界面

击“Start”按钮进行 FPGA 加载。

(3) FPGA 加载完成后，界面中“Progress”状态显示为“100%(Successful)”，如图 5-22 所示。

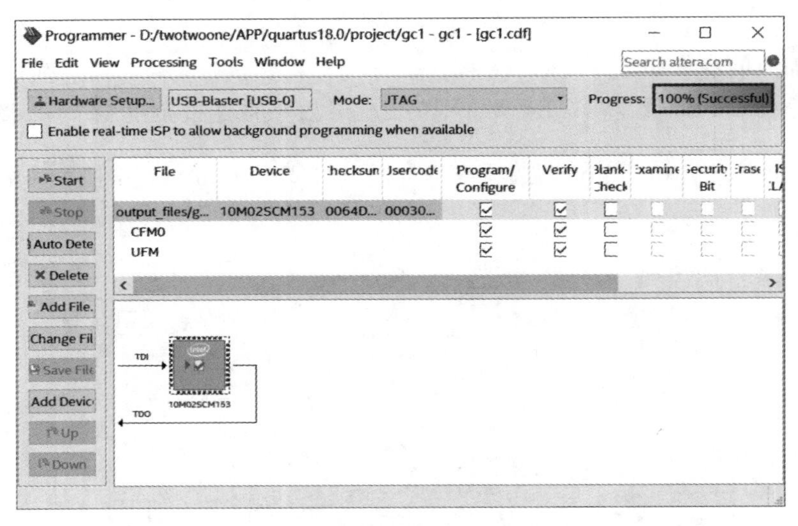

图 5-22　加载完成界面

5.5　仿真工具 ModelSim

仿真工具 ModelSim 的运行过程如下：

(1) 首先提前准备测试文件(Textbench)，即 LED_shining_tb.v，测试文件源码如下：

```
// ************************************************************
// >>>>>>>>>>>>>>>>>>>>COPYRIGHT NOTICE <<<<<<<<<<<<<<<<<<<<
// ************************************************************
// File name          : LED_shining_tb.v
// Module name        : LED_shining_tb
// Author             : STEP
// Description        : LED_shining 的测试文件
// Web                : www.stepfpga.com
// ------------------------------------------------------------

// Code Revision History :
// ------------------------------------------------------------

// Version:   |Mod. Date:    |Changes Made:
// V1.0       |2017/03/02    |Initial ver
// ------------------------------------------------------------

// Module Function: LED_shining 的测试文件
```

```
'timescale 1ns /100ps
module LED_shining_tb;
parameter CLK_PERIOD = 40;
reg sys_clk;
initial
    sys_clk = 1'b0;
always
    sys_clk = #(CLK_PERIOD/2) ~sys_clk;
reg sys_rst_n;    //active low
initial
    begin
        sys_rst_n = 1'b0;
        #200;
        sys_rst_n = 1'b1;
    end
wire LED1, LED2;
LED_shining #
(
  .CLK_DIV_PERIOD(4'd12)
)
  LED_shining_uut
(
  .clk_in(sys_clk),          //clk_in = 12mhz
  .rst_n_in(sys_rst_n),      //rst_n_in, active low
  .LED1(LED1),               //LED1 output
  .LED2(LED2)                //LED2 output
);
endmodule
```

(2) 选择菜单栏中的"Assignments"→"Settings"选项(见图5-23)或工具栏中的"Settings"按钮，进入设置界面。

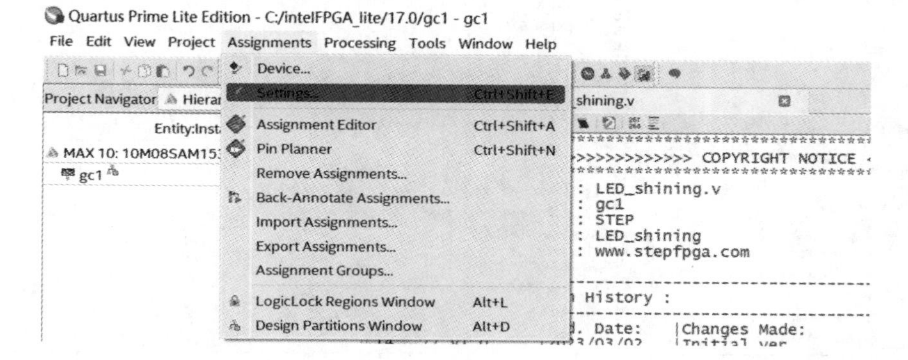

图5-23　Assignments选项界面

(3) 进入"Settings"后选择菜单栏中的"Simulation"选项，勾选"Compile test bench",

单击“Test Benches”，在弹出的对话框中单击“New”，填写“Test bench name”，按照目录添加测试文件，标识顺序如图 5-24 所示，最后单击“OK”回到设计界面。

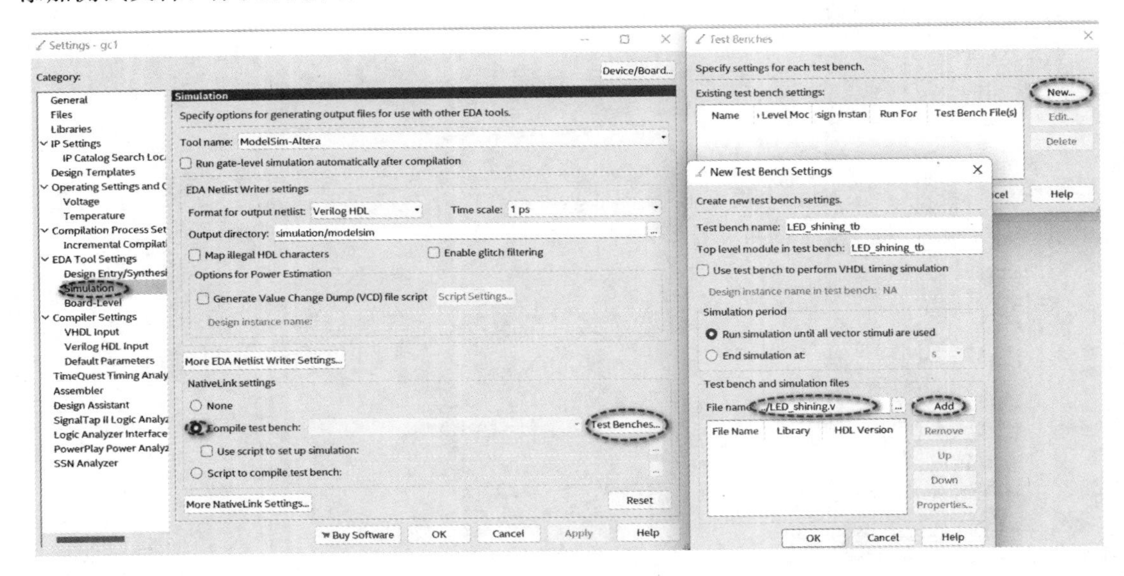

图 5-24 Simulation 配置界面

(4) 选择菜单栏中的“Tools”→“Run Simulation Tool”→“RTL Simulation”选项(见图 5-25)或工具栏中的“RTL Simulation”按钮，Quartus Prime 软件会自动启动 ModelSim 软件。由于软件版本差异，部分版本需要修正调用 ModelSim 程序的位置，需要正确设置 ModelSim 的路径“Tools”→“Options”→“General”→“EDA Tool Options”(在出现的对话框中设置安装 ModelSim 的路径，安装文件夹中一定包括 ModelSim.exe 文件)。

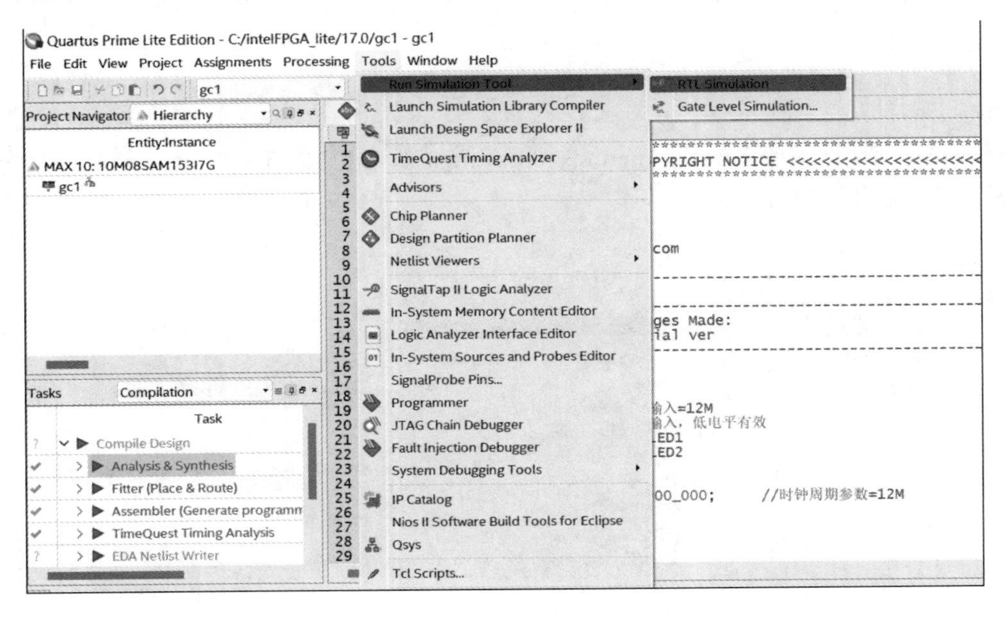

图 5-25 RTL Simulation 选择界面

(5) ModelSim 软件启动后自动完成代码编译，界面如图 5-26 所示。

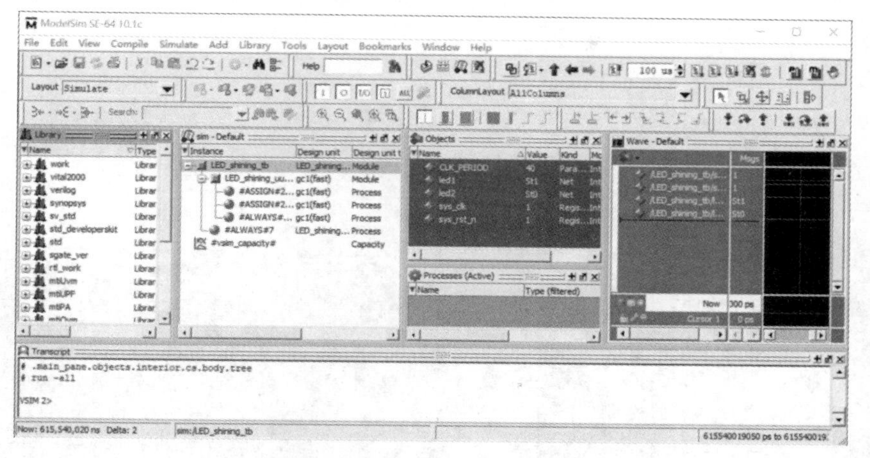

图 5-26　ModelSim 编译界面

(6) 选择需要观察波形的信号并右击，在弹出的右键菜单中选择“Add Wave”(见图 5-27)，这样就将对应信号添加至“Wave”窗口。

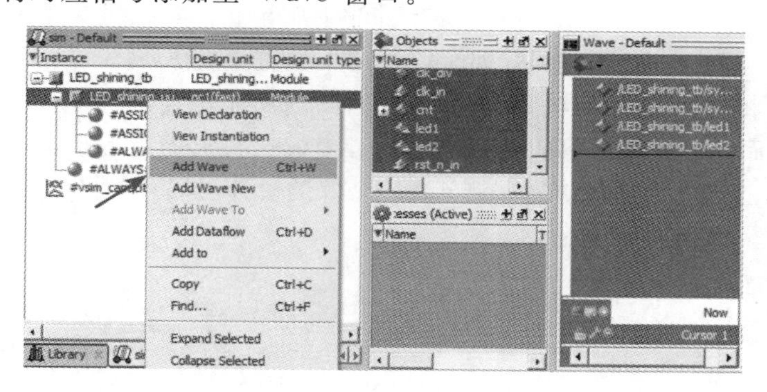

图 5-27　Add Wave 菜单项

(7) 选择工具栏中的“Restart”按钮，在弹出的“Restart”选项界面中单击“OK”，复位仿真“Wave”窗口，如图 5-28 所示。

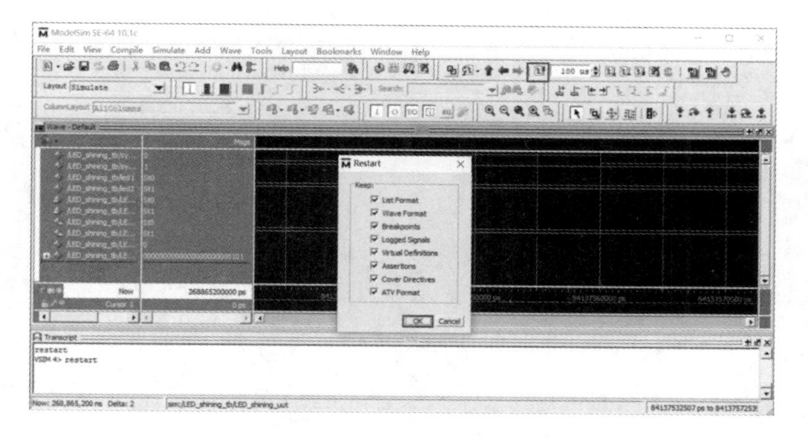

图 5-28　Restart 选项界面

(8) 修改工具栏中的仿真时间，单击工具栏中“Run”按钮，进行仿真，仿真波形图如图5-29所示。

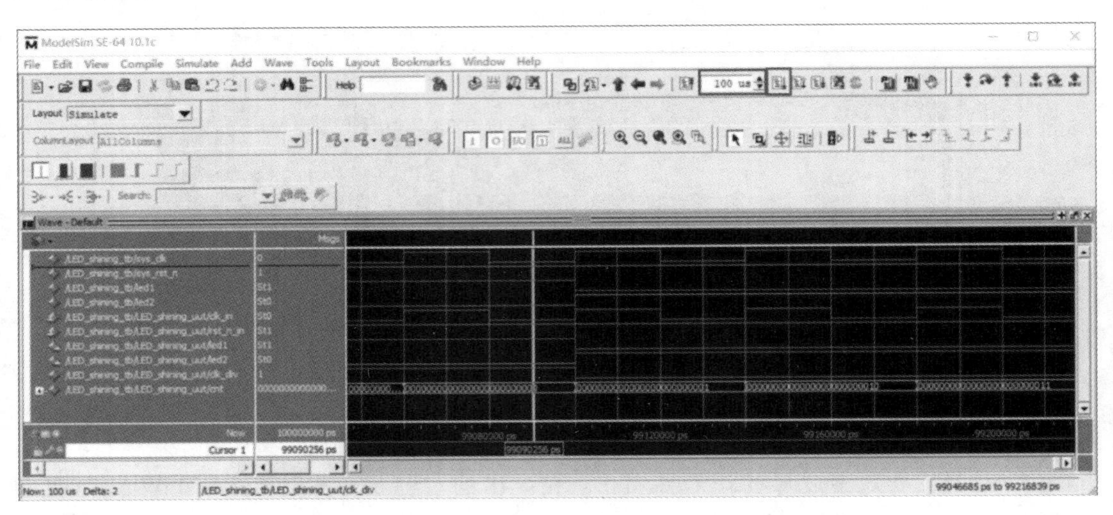

图5-29 仿真波形图

完成设计后需要进行电路仿真，如果跳过这一步直接在FPGA电路板上进行验证，则电路故障的查找将很困难，多数情况下都需要回归到功能仿真这一步。一次仿真验证的时间不到一分钟，而一个比较简单的设计综合实验生成比特流的过程也需要几分钟，所以在上电路板调试之前先进行功能仿真查错，是一个好的设计习惯。

第 6 章

FPGA 基础实验

根据第 5 章的内容，完成基于小脚丫 FPGA 开发板的基本实验项目。

实验 6.1　RGB 三色 LED 灯的显色控制

1. 实验目的

(1) 熟悉 Quartus Prime 软件的使用。

(2) 学习 Verilog HDL 语言的基本语法关系。

(3) 掌握 FPGA 开发板的基本使用方法。

(4) 学习三色 LED 灯的显色控制。

2. 实验原理

本实验主要学习控制小脚丫 FPGA 开发板上的 RGB 三色 LED 的显示，基本原理和点亮普通 LED 相似。

图 6-1 为小脚丫 FPGA 开发板的实物图，利用 USB 连接线直接进行程序烧录即可实现相应功能。

图 6-1　小脚丫 FPGA 开发板的实物图

硬件说明如下：

FPGA 开发板上面有两个三色 LED，可以通过按键或者开关控制三色 LED 的显示。三色 LED 电路图如图 6-2 所示。LED1 和 LED2 各自包括红、绿、蓝三个发光二极管，通过不同的组合点亮模式可以显示不同的颜色。

该 LED 采用的是共阳极的设计，RGB 三种信号分别连接到 FPGA 的引脚，作为FPGA

输出信号控制。当 FPGA 输出低电平时，LED 变亮；当 FPGA 输出高电平时，LED 熄灭。当两种或者三种颜色变亮时会混合出不同颜色，一共能产生 8 种颜色。

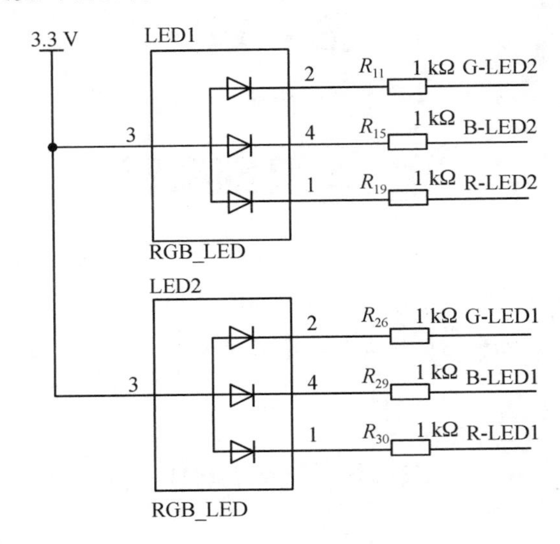

图 6－2　三色 LED 电路图

综合(Synthesize)完成之后一定要配置 FPGA 的引脚到相应外设，外设分配如表 6－1 所示。下载完程序后就可以用 3 个开关控制三色 LED 灯的不同颜色显示。

表 6－1　外设分配表

信号名称	分配管脚	信号名称	分配管脚
LED[0]	G15	SW[0]	J12
LED[1]	E15	SW[1]	H11
LED[2]	E14	SW[2]	H12

3. Verilog 代码

```
// Module Function：利用开关的状态来控制 RGB 三色 LED 的显示和颜色
  module LED (SW，LED)；
        input [2：0] SW；//开关输入信号，利用了其中 3 个开关
        output [2：0] LED；                     //输出信号到 RGB 三色 LED
        assign LED = SW；                       // assign 连续赋值
  endmodule
```

4. 实验思考

(1) RGB 三色 LED 点亮的顺序；

(2) SW 和 RGB 三色 LED 的关系。

5. 小结

本实验主要了解小脚丫 FPGA 开发板的外设三色 LED，下一个实验将学习如何用组合逻辑控制 LED 的显示。

实验 6.2　七段数码管显示驱动电路设计

1. 实验目的

（1）熟悉 Quartus Prime 软件的使用。

（2）学习 Verilog HDL 语言的基本语法关系。

（3）掌握 FPGA 开发板的基本使用方法。

（4）学习小脚丫 FPGA 开发板上的外设七段数码管的显示控制。

2. 实验原理

给 a、b、c、d、e、f、g 位段加高电平或低电平，就可以使相应的位段发光，组成自己想要显示的数字。

硬件说明如下：

数码管是工程设计中使用很广的一种显示输出器件。一个七段数码管(如果包括右下的小点，可以认为是八段)分别由 a、b、c、d、e、f、g 位段和表示小数点的 dp 位段组成。它实际是由 8 个 LED 灯组成的，通过控制每个 LED 的点亮或熄灭可实现数字显示。通常数码管分为共阳极数码管和共阴极数码管，对应的原理图如图 6－3 所示。

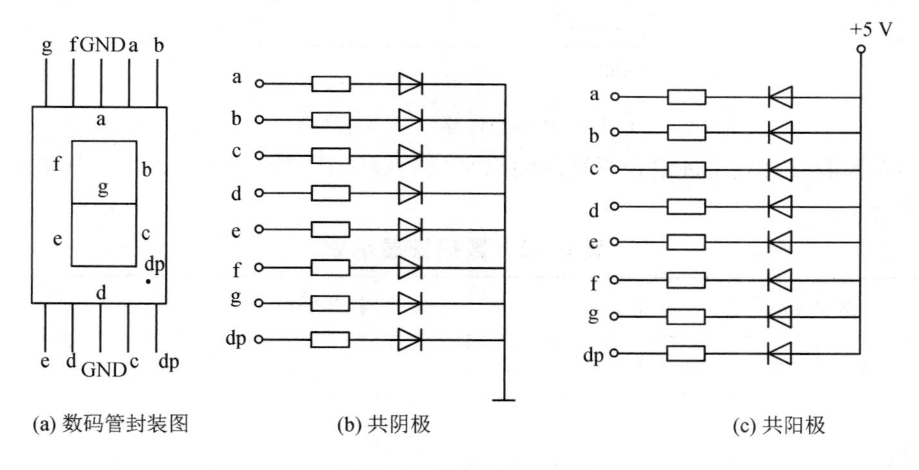

图 6－3　数码管原理图

共阴极七段数码管的信号端接低电平有效，而共阳极七段数码管的信号端接高电平有效。当阳极端接高电平时，只要在各个位段上加相应的低电平信号就可以使相应的位段发光。比如要使共阳极数码管的 a 位段发光，在 a 位段信号端加上低电平即可。共阴极数码管则相反。

数码管的控制和 LED 的控制有相似之处，在小脚丫 FPGA 开发板上有两个共阴极数码管，其引脚图如图 6－4 所示。

数码管所有的信号都连接到 FPGA 的管脚，作为输出信号控制。FPGA 只要输出这些信号就能够控制数码管相应位段 LED 的亮或者灭。可以通过开关控制 FPGA 的输出，和

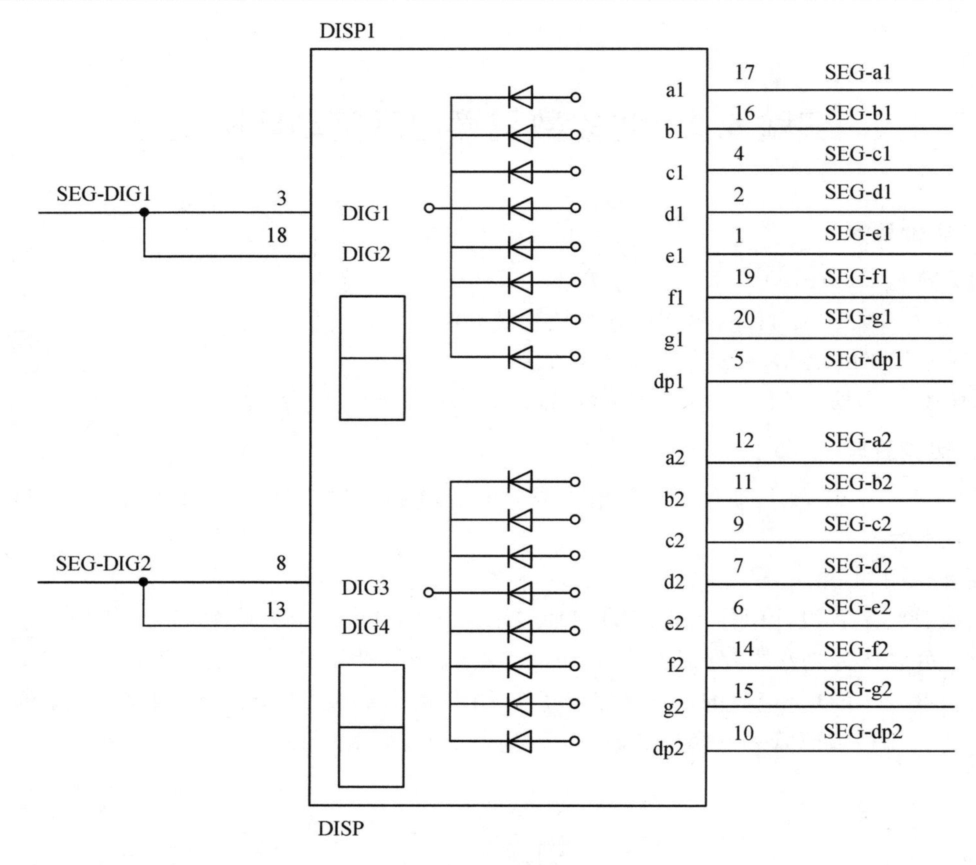

图 6－4　共阴极数码管的引脚图

3－8 译码器实验一样，通过组合逻辑的输出来控制数码管显示的数字。数码管的显示表如表 6－2 所示。

表 6－2　数码管显示表

输入码				输出码(共阴极管)							字形
A_3	A_2	A_2	A_1	g	f	e	d	c	b	a	
0	0	0	0	0	1	1	1	1	1	1	0
0	0	0	1	0	0	0	0	1	1	0	1
0	0	1	0	1	0	1	1	0	1	1	2
0	0	1	1	1	0	0	1	1	1	1	3
0	1	0	0	1	1	0	0	1	1	0	4
0	1	0	1	1	1	0	1	1	0	1	5

续表

输入码				输出码(共阴极管)							字形
A_3	A_2	A_2	A_1	g	f	e	d	c	b	a	
0	1	1	0	1	1	1	1	1	0	1	6
0	1	1	1	0	0	0	0	1	1	1	7
1	0	0	0	1	1	1	1	1	1	1	8
1	0	0	1	1	1	0	1	1	1	1	9
1	0	1	0	1	1	1	0	1	1	1	A
1	0	1	1	1	1	1	1	1	0	0	b
1	1	0	0	0	1	1	1	0	0	1	C
1	1	0	1	1	0	1	1	1	1	0	d
1	1	1	0	1	1	1	1	0	0	1	E
1	1	1	1	1	1	1	0	0	0	1	F

这其实是一个 4-16 译码器，如果我们想要数码管显示十六进制，可以全译码，如果只想显示数字，可以只利用其中 10 个译码。

3. Verilog 代码

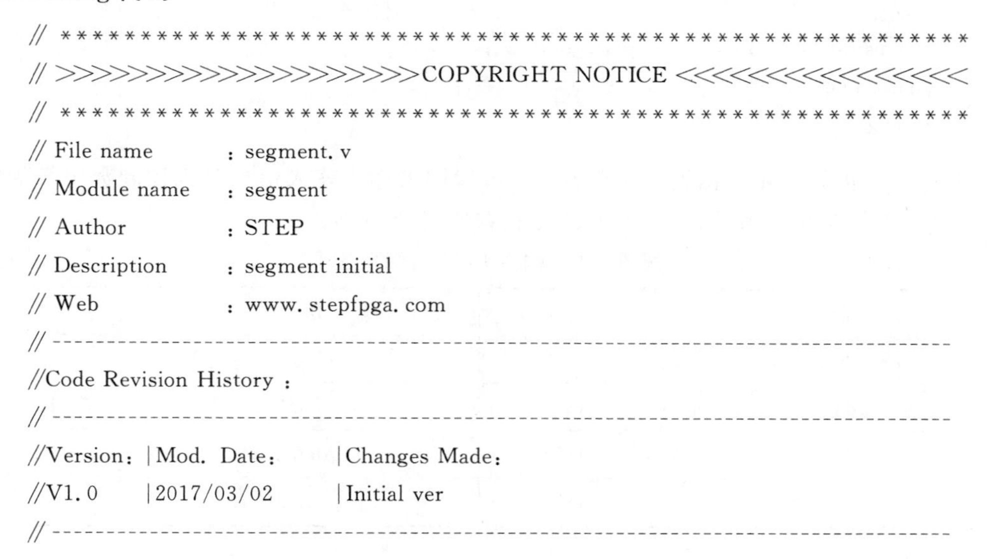

```
// ********************************************************************
// >>>>>>>>>>>>>>>>>>>>>>COPYRIGHT NOTICE <<<<<<<<<<<<<<<<<<
// ********************************************************************
// File name        : segment.v
// Module name      : segment
// Author           : STEP
// Description      : segment initial
// Web              : www.stepfpga.com
// --------------------------------------------------------------------
//Code Revision History :
// --------------------------------------------------------------------
//Version: |Mod. Date:    |Changes Made:
//V1.0     |2017/03/02    |Initial ver
// --------------------------------------------------------------------
```

```
// Module Function：数码管的译码模块初始化
  module segment (seg_data_1, seg_data_2, seg_LED_1, seg_LED_2);
      input [3: 0] seg_data_1; // 数码管需要显示 0～9 十个数字，所以最少需要 4 位输入做
                                  译码
    input [3: 0] seg_data_2;   // 小脚丫上第二个数码管
    output [8: 0] seg_LED_1;   // 在小脚丫上控制一个数码管需要 9 个信号 MSB～LSB=DIG、
                                  DP、G、F、E、D、C、B、A
    output [8: 0] seg_LED_2;   // 在小脚丫上第二个数码管的控制信号 MSB～LSB=DIG、DP、
                                  G、F、E、D、C、B、A
      reg [8: 0] seg [9: 0];   // 定义了一个 reg 型的数组变量，相当于一个 10×9 的存储器，
                                  存储器一共有 10 个数，每个数有 9 位宽
    initial                    //在过程块中只能给 reg 型变量赋值，Verilog 中有两种过程块
                                 always 和 initial
                               // initial 和 always 不同，其中语句只执行一次
    begin
       seg[0] = 9'h3f;         // 对存储器中第一个数赋值 9'b00_0011_1111，相当于共阴极接
                                  地，DP 点变低不亮，7 段显示数字  0
       seg[1] = 9'h06;         //7 段显示数字  1
       seg[2] = 9'h5b;         //7 段显示数字  2
       seg[3] = 9'h4f;         //7 段显示数字  3
       seg[4] = 9'h66;         //7 段显示数字  4
       seg[5] = 9'h6d;         //7 段显示数字  5
       seg[6] = 9'h7d;         //7 段显示数字  6
       seg[7] = 9'h07;         //7 段显示数字  7
       seg[8] = 9'h7f;         //7 段显示数字  8
       seg[9] = 9'h6f;         //7 段显示数字  9
    end
    assign seg_LED_1 = seg[seg_data_1];   // 连续赋值，这样输入不同四位数，就能输出对于
                                             译码的 9 位输出
    assign seg_LED_2 = seg[seg_data_2];
endmodule
```

4. 引脚分配

小脚丫上正好有 4 路按键和 4 路开关，可以用来作为输入信号分别控制数码管的输出。按照表 6-3 和表 6-4 分别定义输入信号和数码管的引脚。

表 6-3 输入信号的引脚分配

信号	引脚	信号	引脚
segdata1(0)	J12	segdata2(0)	J9
segdata1(1)	H11	segdata2(1)	K14
segdata1(2)	H12	segdata2(2)	J11
segdata1(3)	H13	segdata2(3)	J14

表 6－4　数码管引脚分配

信 号	引脚	信号	引脚
segled1(0)	E1	segled2(0)	A3
segled1(1)	D2	segled2(1)	A2
segled1(2)	K2	segled2(2)	P2
segled1(3)	J2	segled2(3)	P1
segled1(4)	G2	segled2(4)	N1
segled1(5)	F5	segled2(5)	C1
segled1(6)	G5	segled2(6)	C2
segled1(7)	L1	segled2(7)	R2
segled1(8)	E2	segled2(8)	B1

配置好引脚后编译下载程序，这样就可以通过按键或者开关来控制相应的数码管显示数字。如果你想在数码管上显示十六进制的字母 a～f，可以试试修改程序。注意一定要定义一个 16×9 的存储器来初始化。

5. 小结

本实验主要了解小脚丫 FPGA 开发板外设数码管的工作原理，下个实验我们将学习有趣的时序逻辑。

实验 6.3　基于 PWM 的呼吸灯电路设计

1. 实验目的

(1) 学习脉冲宽度调制(PWM)的控制原理。

(2) 熟悉可编程逻辑器件的使用方法。

(3) 掌握 FPGA 开发板的基本使用方法。

2. 实验原理

我们将通过 PWM 技术来实现“呼吸灯”，即实现 LED 的亮度由最暗逐渐增加到最亮，再逐渐变暗的过程。PWM 利用微控制器的数字输出调制实现，是对模拟电路进行控制的一种非常有效的技术，广泛应用于测量、通信、功率控制与变换等领域。

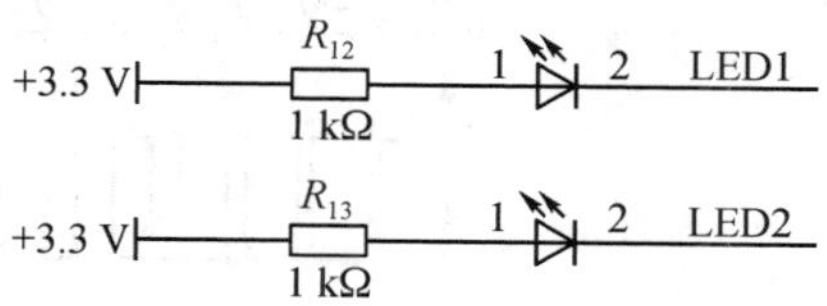

硬件说明如下：

呼吸灯的设计较为简单，我们使用 12 MHz 的系统时钟作为高频信号做分频处理，调整占空比实现 PWM，通过 LED1 指示输出状态(如图 6－5 所示)。

图 6－5　LED 电路图

图 6－6 所示的脉冲信号的周期为 T，高电平脉冲宽度为 t，占空比为 t/T。为了实现 PWM，我们需要保持周期 T 不变，调整高电平脉冲宽度 t，从而改变占空比。

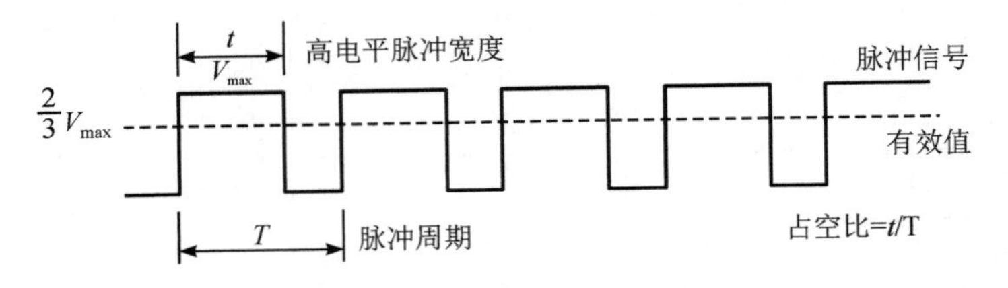

图 6－6　脉冲信号

当 $t=0$ 时，占空比为 0%，因为实验使用的 LED 为低电平点亮，所以此时 LED 为最亮的状态。

当 $t=T$ 时，占空比为 100%，LED 为最暗(熄灭)的状态。

结合呼吸灯的原理(见图 6－7)，整个呼吸的周期为 LED 最亮→最暗→最亮(此过程中 t 的变化为 $0\rightarrow T\rightarrow 0$)的时间，实验中这个时间应该为 2 s。

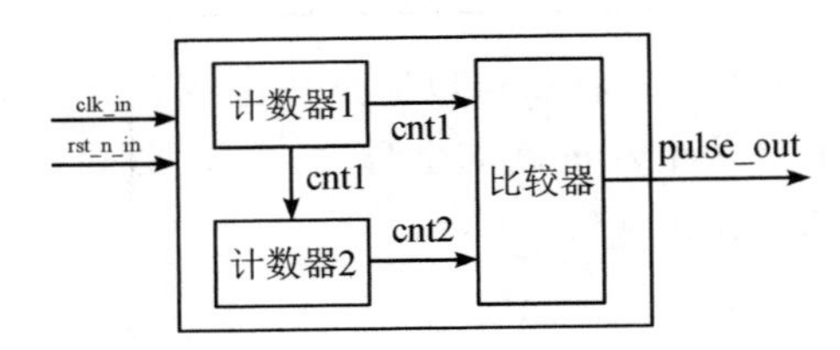

图 6－7　呼吸灯的原理图

呼吸灯设计要求呼吸的周期为 2 s，也就是说 LED 从最亮的状态开始，前 1 s 内逐渐变暗，后 1 s 内再逐渐变亮，依次进行。

本设计中用到两个计数器 cnt1 和 cnt2，cnt1 随系统时钟同步计数(系统时钟上升沿时 cnt1 自加 1)范围为 $0\sim T$，cnt2 随 cnt1 的周期同步计数(cnt1 等于 T 时，cnt2 自加 1)范围也是 $0\sim T$，这样每次 cnt1 在 $0\sim T$ 内计数时，cnt2 为一个固定值，相邻 cnt1 计数周期对应的 cnt2 逐渐增大。将 cnt1 计数的时间作为脉冲周期，cnt2 的值作为脉冲宽度，则占空比 $=$ cnt2$/T$，占空比从 0% 到 100% 的时间 $=$ cnt2 $\times$ cnt1 $=T^2=1$ s $=$ 12M 个系统时钟，$T=2400$，我们定义 CNT_NUM$=$2400 作为两个计数器的计数最大值。

cnt1 和 cnt2 经比较器输出的结果如图 6－8 所示。

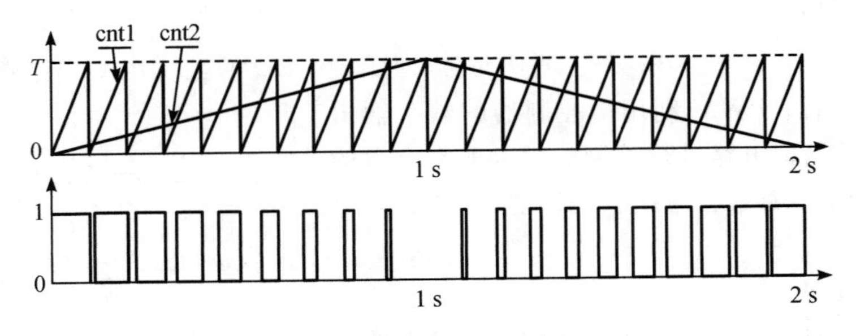

图 6－8　cnt1 与 cnt2 经比较器输出的结果图

3. Verilog 代码

```
// ***********************************************************
// >>>>>>>>>>>>>>>>>>>>>COPYRIGHT NOTICE <<<<<<<<<<<<<<<<<<<
// ***********************************************************
// File name     : breath_led. v
// Module name   : breath_led
// Author        : STEP
// Description   :
// Web           : www. stepfpga. com
// --------------------------------------------------------------------------
// Code Revision History :
// --------------------------------------------------------------------------
// Version: |Mod. Date:     |Changes Made:
// V1.0     |2017/03/02     |Initial ver
// --------------------------------------------------------------------------
// Module Function: 呼吸灯
module breath_led(clk, rst, led);

    input clk;            // 系统时钟输入
    input rst;            // 复位输出
    output led;           // LED 输出

    reg [24: 0] cnt1; // 计数器 1
    reg [24: 0] cnt2; // 计数器 2
    reg flag;             // 呼吸灯变亮和变暗的标志位
      //parameter   CNT_NUM = 2400; // 计数器的最大值 period=(2400^2)×2=12000000
=1 s 由亮到暗 0.5 s, 由暗到亮 0.5 s
    parameter    CNT_NUM = 3464;   // 计数器的最大值 period = (3464^2)×2=24000000
=2 s 由亮到暗 1 s, 由暗到亮 1 s
      // 产生计数器 cnt1
    always@(posedge clk or negedge rst) begin
    if(! rst) begin
            cnt1<=13'd0;
    end
          else begin
            if(cnt1>=CNT_NUM-1)
              cnt1<=1'b0;
            else
            cnt1<=cnt1+1'b1;
            end
          end
        //产生计数器 cnt2
```

```
always@(posedge clk or negedge rst) begin
    if(! rst) begin
        cnt2<=13'd0;
        flag<=1'b0;
    end
  else begin
if(cnt1==CNT_NUM-1) begin        //当计数器1计满时计数器2开始计数加1或减1
if(! flag) begin                 //当标志位为0时计数器2递增计数，表示呼吸灯效果由暗变亮
if(cnt2>=CNT_NUM-1)              //计数器2计满时，表示亮度已最大，标志位变高，之后计数器2开始递减
flag<=1'b1;
    else
    cnt2<=cnt2+1'b1;
    end else begin//当标志位为高时计数器2递减计数
if(cnt2<=0)//计数器2计到0，表示亮度已最小，标志位变低，之后计数器2开始递增
    flag<=1'b0;
    else
    cnt2<=cnt2-1'b1;
    end
    end
    else cnt2<=cnt2; // 在计数器1计数过程中计数器2保持不变
    end
    end
    // 比较计数器1和计数器2的值，产生自动调整占空比输出的信号，输出到LED产生呼吸灯效果
   assignled = (cnt1<cnt2)? 1'b0: 1'b1;
endmodule
```

4. 引脚分配

LED的引脚分配如表6-5所示。

表6-5 LED的引脚分配

管脚名称	clk	rst	led
FPGA管脚	J5	J9	N15

5. 小结

PWM是一种值得广大工程师在许多应用设计中使用的有效技术，可以根据本节介绍的程序，实现RGB三色灯的呼吸。

第三篇　电工电子实验

电工电子实验是培养学生理论联系实际能力的实践性环节，为学生提供了一个培养动手能力、综合设计能力和创新能力的实践平台。本篇内容主要包括电工学实验、模拟电子线路实验、数字电子线路实验、电子线路综合设计实验，这些实验均需要在实验室完成电路搭建与实验数据测量。

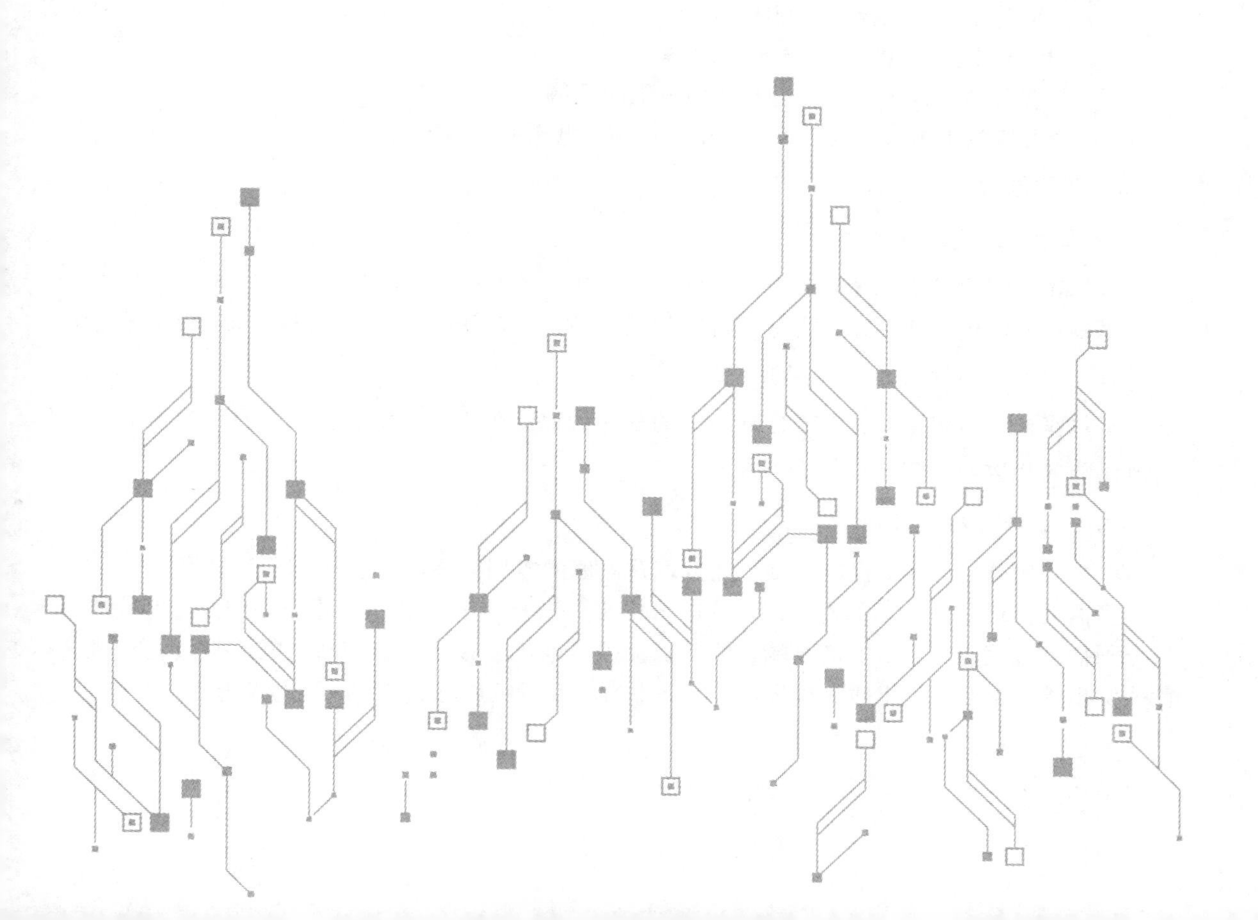

第 7 章

电工学实验

电工学实验主要涉及常见电工仪器仪表的使用方法、直流和交流电路基础原理的验证、电动机的运行方式控制等。通过预习和后续的实验操作等环节，学生可以加深理解基础电路的工作原理，并培养综合工程能力和创新能力。

实验 7.1　基尔霍夫定律的验证

1. 实验目的

(1) 验证基尔霍夫电压定律(KVL)。

(2) 验证基尔霍夫电流定律(KCL)。

(3) 加深对电流、电压参考方向的理解。

(4) 加深对基尔霍夫定律内容和适用范围的理解。

(5) 学习应用电流表、电压表测量电路电流、电压的基本方法。

2. 实验原理

1) 基尔霍夫定律

基尔霍夫定律是集总电路的基本定律，包括电流定律和电压定律。

基尔霍夫电流定律：对于集总电路中的任一节点，在任一时刻，流出(或流入)该节点的所有支路电流的代数和为零，即 $\sum I=0$。

基尔霍夫电压定律：对于集总电路中的任一回路，在任一时刻，沿着该回路的所有支路电压降的代数和为零，即 $\sum U=0$。

2) 电流插头的使用

在本实验课电路中，提供了多个测量电路电流的专用插头，其原理如图 7-1 所示。

当需要测量某一支路的电流时，可以将插头插入相应的插孔中，即插头的红、黑接线端分别插入电流表的红、黑接线端，相当于直接将电流表接入该支路中，电流经过电流表就能测出支路电流。若将插头拔出，则电路中的电流不经过电流表，而原电路仍然导通。

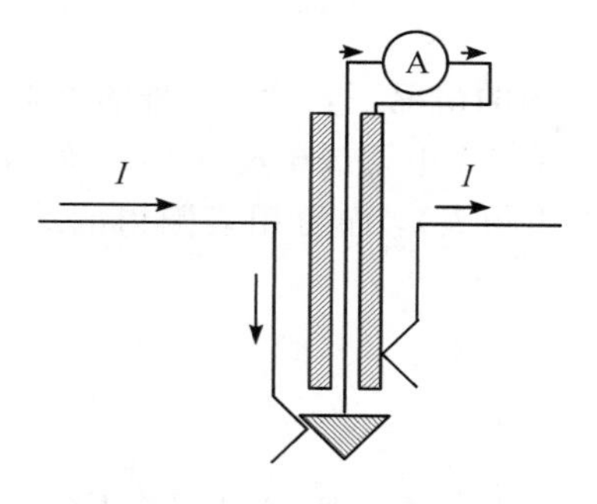

图7-1 电流测量插头的原理图

3）电压与电流的参考方向

基尔霍夫定律实验电路如图7-2所示。设电压和电流的参考方向均为从F到A，将电压表和电流表按图示接入电路。若电压表示数为正，则电流表示数也为正。在实验测量中，如果发现电压表或者电流表的示数为负，则说明参考方向与实际的电压、电流方向相反。

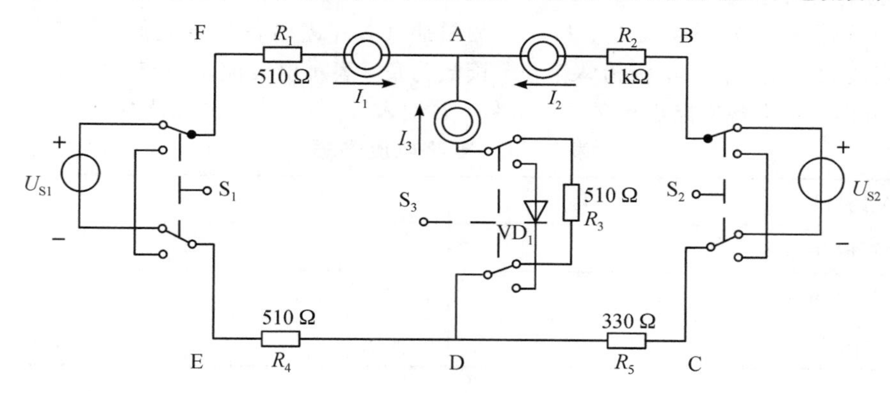

图7-2 基尔霍夫定律实验电路

4）节点电位

节点电位是指电路中节点到参考点的电压。所谓参考点，是指人为任意选定的认为电位为零的点，通常用符号⊥表示。因此电路中某个节点的电位可以用电压表直接测量，测量方法如下：将电压表的负极接到电路参考点，电压表的正极接到待测节点，通电后电压表的示数即为该节点的电位。

5）检查、分析电路的简单故障

电路常见的简单故障一般出现在连线或元器件部分。连线部分的故障通常有连线接错、接触不良而造成的断路等；元器件部分的故障通常有接错元器件、元器件参数值错误、电源输出数值（电压或电流）错误等。

故障检查的方法是用万用表（电压挡或电阻挡）或电压表在通电或断电状态下对电路进行检查。

（1）通电检查法：在接通电源的情况下，用万用表的电压挡或电压表，根据电路工作原理检查故障。如果电路中某两点间应该有电压，而电压表测不出电压，或如果某两点间不应该有电压，而电压表测出了电压，或所测电压值与电路原理不符，则故障必然出现在这两点间。

(2) 断电检查法：在断开电源的情况下，用万用表的电阻挡，根据电路工作原理检查故障。如果电路某两点间应该导通(即无电阻或电阻极小)，而万用表测出开路(或电阻极大)，或如果某两点间应该开路(或电阻很大)，而万用表测得的结果为短路(或电阻极小)，则故障必然出现在这两点间。

3. 实验内容

1) 基尔霍夫定律的验证

图 7-2 中的电源 U_{S1} 和 U_{S2} 用可调电压输出端，并分别将输出电压调到 +5.00 V 和 +12.00 V(以电压表读数为准)。实验前先设定三条支路的电流参考方向，如图中的 I_1、I_2、I_3 所示，并熟悉线路结构，掌握电路中各开关的操作方法。

(1) 根据图 7-1 所示的原理图，了解电流取样插头的结构，将电流取样插头的红接线端插入电流表的正接线端，电流取样插头的黑接线端插入电流表的负接线端。

(2) 测量支路电流。

将电流测量插头分别插入 I_1、I_2、I_3 测量插孔，并读出各个电流值。按规定：在节点 A，电流表读数为正，表示电流流入节点；读数为负，表示电流流出节点。根据图 7-2 中的电流参考方向，确定各支路电流的正、负号，并记入表 7-1 中，注意读数的有效数字位数。

表 7-1 支路电流数据

支路电流	I_1	I_2	I_3
计算值/mA			
测量值/mA			
相对误差/%			

根据表 7-1 的数据，验证 $\sum I=0$(基尔霍夫电流定律是否成立)。

(3) 测量元件两端的电压。

用电压表分别测量两个电源及电阻元件两端的电压值，并将数据记入表 7-2 中。测量时，电压表的红(正)接线端应插入被测电压参考方向的高电位(正)端，黑(负)接线端应插入被测电压参考方向的低电位(负)端。例如测量 U_{AB} 时，电压表的正极接节点 A，负极接节点 B。

表 7-2 节点间电压数据

各元件电压	U_{FA}	U_{AB}	U_{BC}	U_{CD}	U_{DE}	U_{EF}	U_{AD}
计算值/V							
测量值/V							
相对误差/%							

根据表 7-2 的数据，选择合适的回路验证 $\sum U=0$(基尔霍夫电压定律)是否成立。

2) 电路中的电位与电压

测量电路中相邻两点之间的电压值：在电路中，分别测量参考点为 A 点和 D 点两种情况下各点的电位，并记入表7-3中。当以节点A为参考点时，A点电位为0；当以节点D为参考点时，D点电位为0。根据测量数据计算节点间电压U_{AB}、U_{BC}、U_{CD}($U_{AB}=V_A-V_B$)。

表7-3　电路中各点电位和电压数据　　单位：V

电位参考点	电位				计算电压		
	V_A	V_B	V_C	V_D	U_{AB}	U_{BC}	U_{CD}
A	0						
D				0			

4. 实验注意事项

(1) 所有需要测量的电压值，均以电压表的测量读数为准，不以电源表盘指示值为准。

(2) 防止直流稳压电源两端接线短路。

(3) 用指针式电流表进行测量时，要识别电流插头所接电流表的正、负极性，若电流表指针反偏(电流为负值)，则必须调换电流表极性，重新测量，但读得的电流值必须加负号。

(4) 数字式仪表可以测量负值，记录数据时需记录数据的正负号。

(5) 注意仪表量程的选择。测量前应先进行理论计算，根据理论计算结果选择仪表的量程。无法估计理论值时，应先按照量程由大到小的原则进行选取，再根据测量结果改为合适的量程进行测量。

5. 预习与思考题

(1) 根据图7-2的电路参数，计算出待测电流I_1、I_2、I_3和各电阻上的电压值，记入表7-1和表7-2中，以便实验测量时可正确地选定电流表和电压表的量程。

(2) 实验中，若用指针式万用表的毫安挡测各支路电流，什么情况下可能出现毫安表指针反偏，应如何处理？在记录数据时应注意什么？用数字毫安表进行测量时，会有什么显示呢？

6. 实验报告要求

(1) 根据实验数据，选定实验电路中的节点A，验证基尔霍夫电流定律的正确性。

(2) 根据实验数据，选定实验电路中的闭合回路(F→A→B→C→D→E→F、F→A→D→E→F、B→C→D→A→B)，分别验证基尔霍夫电压定律的正确性。

实验7.2　线性电路叠加性和齐次性的研究

1. 实验目的

(1) 验证线性电路叠加性和齐次性的正确性。

(2) 了解线性电路叠加性和齐次性的应用场合。

(3) 通过实验加深对仪器仪表正、负极性的判断以及对电路参考方向的掌握和运用能力。

2. 实验原理

叠加原理反映了线性电路的叠加性。由线性电阻、线性受控源及独立源组成的电路中，任意支路的电流或电压等于每一个独立源单独作用于电路时，在该支路上产生的电流或电压的代数和，这就是线性电路的叠加原理。当某一独立源单独作用时，其他独立源应为零值，即独立电压源用短路代替，独立电流源用断路代替。运用叠加原理时，电源单独作用是指独立电源的单独作用，受控源不能单独作用。在求电流或电压的代数和时，若电源单独作用时电流或电压的参考方向与共同作用时的参考方向一致，则符号取正，否则取负。图7-3(a)为双电压源共同作用，图7-3(b)和图7-3(c)为单电压源作用，则

$$I_1 = I_1' - I_1'',\quad I_2 = -I_2' + I_2'',\quad I_3 = I_3' + I_3''$$

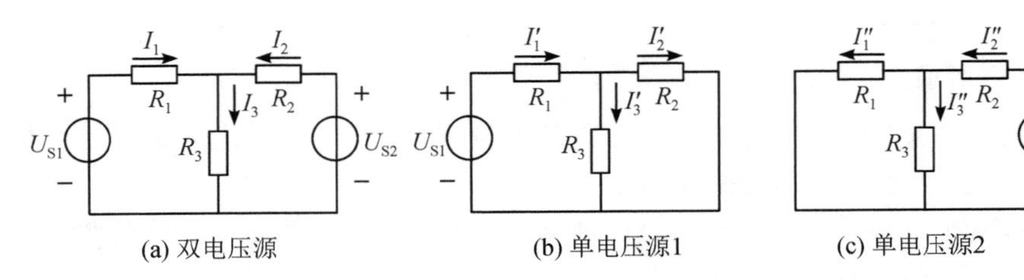

图 7-3 叠加原理

线性电路的齐次性是指当激励信号(如电源作用)增加或减小 K 倍时，电路的响应(即在电路中其他各电阻元件上所产生的电流和电压)也将增加或减小 K 倍。叠加性和齐次性都只适用于求解线性电路中的电流、电压。对于非线性电路，叠加性和齐次性都不适用。

3. 实验内容

实验电路如图7-4所示，图中：$R_1 = R_3 = R_4 = 510\ \Omega$，$R_2 = 1\ \text{k}\Omega$，$R_5 = 330\ \Omega$，电源 U_{S1} 用可调直流稳压电源Ⅰ路(输出电压调到+12 V)，U_{S2} 用可调直流稳压电源Ⅱ路(输出电压调到+6 V)，读数以直流数字电压表读数为准。

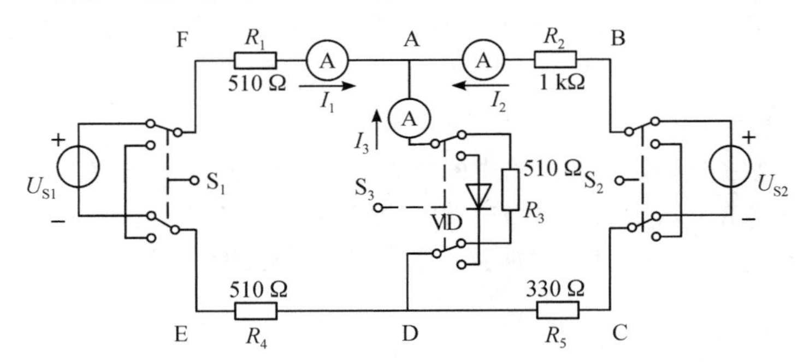

图 7-4 实验电路

首先进行线性电路的参数测量，开关 S_3 投向 R_3 侧。

(1) 电源 U_{S1} 单独作用(将开关 S_1 投向 U_{S1} 侧，开关 S_2 投向短路侧)时，可参考图7-3(b)，画出电路原理图，标明各电流、电压的参考方向。

用直流数字毫安表接电流取样插头，测量各支路电流：将电流取样插头的红接线端插入数字电流表的红(正)接线端，电流取样插头的黑接线端插入数字电流表的黑(负)接线端，测量各支路电流。按规定，在节点A，电流表读数为正，表示电流流入节点；读数为负，表示电流流出节点。然后根据电路中的电流参考方向，确定各支路电流的正、负号，并将数据记入表7-4中。

用直流数字电压表测量各电阻两端电压：电压表的红(正)接线端应插入被测电阻电压参考方向的正端，电压表的黑(负)接线端插入电阻的另一端(电阻电压参考方向与电流参考方向一致)，测量各电阻两端的电压，数据记入表 7-4 中。

表 7-4　线性电路实验数据表

测量参数	U_{S1}/V	U_{S2}/V	I_1/mA	I_2/mA	I_3/mA	U_{AB}/V	U_{CD}/V	U_{AD}/V	U_{DE}/V	U_{FA}/V
U_{S1}、U_{S2} 共同作用	12	6								
U_{S1} 单独作用	12	0								
U_{S2} 单独作用	0	6								
U_{S1}、U_{S2} 共同作用	6	3								

(2) 电源 U_{S2} 单独作用(将开关 S_1 投向短路侧，开关 S_2 投向 U_{S2} 侧)时，画出电路图，标明各电流、电压的参考方向。重复步骤(1)的测量并将数据记入表 7-4 中。

(3) U_{S1} 和 U_{S2} 共同作用(开关 S_1 和 S_2 分别投向 U_{S1} 和 U_{S2} 侧)时，各电流、电压的参考方向见图 7-4。完成上述电流、电压的测量并将数据记入表 7-4 中。

完成上述内容后将开关 S_3 投向二极管 VD 侧，进行非线性电路参数测量。

(4) 将开关 S_3 投向二极管 VD 侧，即电阻 R_5 换成一只二极管 1N4007，重复步骤(1)～(3)的测量过程，并将数据记入表 7-5 中。

表 7-5　非线性电路实验数据表

测量参数	U_{S1}/V	U_{S2}/V	I_1/mA	I_2/mA	I_3/mA	U_{AB}/V	U_{CD}/V	U_{AD}/V	U_{DE}/V	U_{FA}/V
U_{S1}、U_{S2} 共同作用	12	6								
U_{S1} 单独作用	12	0								
U_{S2} 单独作用	0	6								
U_{S1}、U_{S2} 共同作用	6	3								

根据表 7-4 和表 7-5 的测量结果，分别验证电路叠加性与齐次性是否成立。

4. 实验注意事项

(1) 在本实验中电压源应预先调节好，是否接入电路应利用开关 S_1 和 S_2 进行控制。

(2) 用电流取样插头测量各支路电流时，应注意仪表的极性及数据表格中正、负号的记录。

(3) 注意及时更换仪表量程，深入理解参考方向与实际方向的关系。

(4) 电压源单独作用时，无须拔掉另一个电源，在实验板上用开关 S_1 或 S_2 操作即可，切不可直接将电压源短路。

(5) 测量结束后应检验一下数据再拆除实验电路。

5. 预习与思考题

(1) 叠加原理中若要让 U_{S1}、U_{S2} 分别单独作用，在实验中应如何操作？能否将要去掉的电源(U_{S1} 或 U_{S2})直接短接？

(2) 实验电路中，若将一个电阻元件改为二极管，试问叠加性还成立吗？为什么？

(3) 各电阻所消耗的功率能否用叠加原理计算得出？试用上述实验数据进行计算、说明。

6. 实验报告要求

(1) 根据表 7-4 的实验数据，通过求各支路电流和各电阻两端的电压，验证线性电路的叠加性与齐次性，并对实验中出现的误差进行适当分析。

(2) 根据表 7-5 的实验数据，说明叠加性和齐次性是否适用于非线性电路。

实验 7.3 受控源特性的研究

1. 实验目的

(1) 加深对受控源的理解。

(2) 熟悉由运算放大器组成的受控源电路的分析方法，了解运算放大器的应用。

(3) 掌握受控源特性的测量方法。

2. 实验原理

受控源向外电路提供的电压或电流受其他支路的电压或电流控制，因而受控源是双口元件：一个为控制端口(或称输入端口)，输入控制量(电压或电流)；另一个为受控端口(或称输出端口)，向外电路提供电压或电流。受控端口的电压或电流，受到控制端口的电压或电流的控制。根据控制变量与受控变量的不同组合，受控源可分为四类，其原理图如图 7-5 所示。

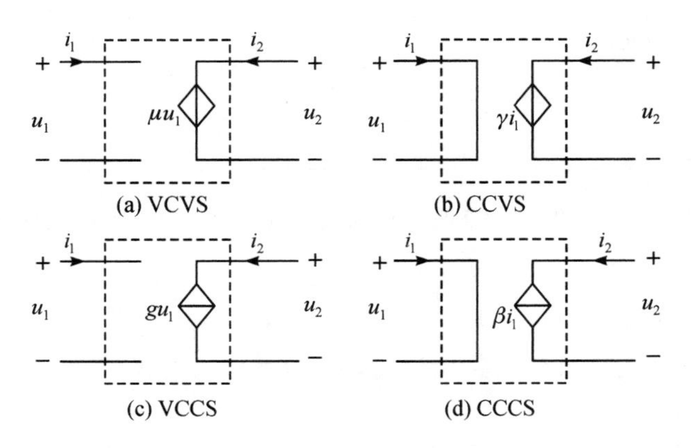

图 7-5　受控源原理图

(1) 电压控制电压源(VCVS)，如图 7-5(a)所示，其特性为

$$u_2 = \mu u_1 \tag{7-1}$$

其中：$\mu = \dfrac{u_2}{u_1}$，称为转移电压比(即电压放大倍数)。

(2) 电流控制电压源(CCVS)，如图 7-5(b)所示，其特性为

$$u_2 = \gamma i_1 \tag{7-2}$$

其中：$\gamma=\dfrac{u_2}{i_1}$，称为转移电阻。

(3) 电压控制电流源(VCCS)，如图7-5(c)所示，其特性为

$$i_2=gu_1 \tag{7-3}$$

其中：$g=\dfrac{i_2}{u_1}$，称为转移电导。

(4) 电流控制电流源(CCCS)，如图7-5(d)所示，其特性为

$$i_2=\beta i_1 \tag{7-4}$$

其中：$\beta=\dfrac{i_2}{i_1}$，称为转移电流比(即电流放大倍数)。

3. 实验内容

1) 测试电流控制电压源(CCVS)的特性

实验电路如图7-6所示，图中，I_1 为恒流源，输出 U_2 两端接负载 $R_L=2\ \text{k}\Omega$(用电阻箱)。

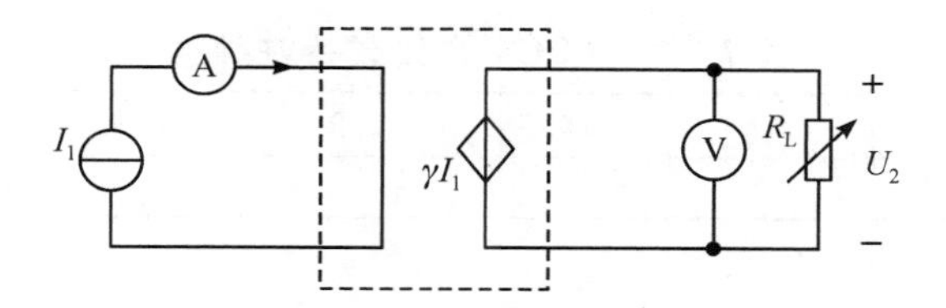

图7-6 CCVS实验测量电路

(1) 测试CCVS的转移特性：$U_2=f(I_1)$。

调节恒流源电流 I_1(以电流表读数为准)，用电压表测量对应的输出电压 U_2，将数据记入表7-6中。

表7-6 CCVS的转移特性数据

I_1/mA	0.05	0.10	0.15	0.20	0.25	0.30	0.40
U_2/V							

(2) 测试CCVS的负载特性：$U_2=f(R_L)$。

保持 $I_1=0.2$ mA，调节负载电阻 R_L 的大小，用电压表测量对应的输出电压 U_2，将数据记入表7-7中。

表7-7 CCVS的负载特性数据

R_L/Ω	300	500	1000	2000	3000	5000	9000
U_2/V							

2) 测试电压控制电流源(VCCS)的特性

实验电路如图7-7所示。图中，U_1 为恒压源，I_2 侧接负载 $R_L=2\ \text{k}\Omega$(用电阻箱)。

(1) 测试VCCS的转移特性：$I_2=f(U_1)$。

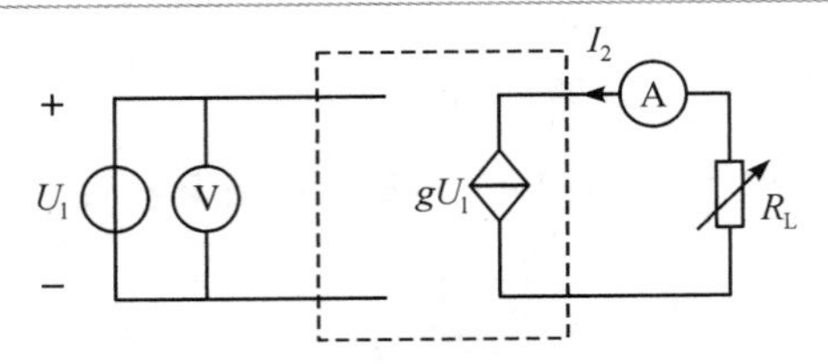

图 7－7　VCCS 实验测量电路

调节恒压源输出电压 U_1(以电压表读数为准)，用电流表测量对应的输出电流 I_2，将数据记入表 7－8 中。

表 7－8　VCCS 的转移特性数据

U_1/V	0.0	0.5	1.0	1.5	2.0	2.5	3.0	3.5	4.0
I_2/mA									

(2) 测试 VCCS 的负载特性：$I_2=f(R_L)$。

保持 $U_1=2$ V，调节负载电阻 R_L 的大小，用电流表测量对应的输出电流 I_2，将数据记入表 7－9 中。

表 7－9　VCCS 的负载特性数据

R_L/Ω	300	500	1000	2000	3000	5000	9000
I_2/mA							

4. 实验注意事项

(1) 在用恒流源供电的实验中，不允许将恒流源开路。

(2) 受控源的输入端电压不宜过高(小于 5 V)。

(3) 实验过程中应合理选择仪表量程，注意电流表和电压表读数的准确性。

5. 预习与思考题

(1) 什么是受控源？了解四类受控源的缩写、电路模型、控制量与被控量的关系。

(2) 四类受控源中的转移参量 μ、γ、g 和 β 的意义是什么？如何测得？

(3) 若受控源控制量的极性反向，试问其输出极性是否会发生变化？

6. 实验报告要求

(1) 根据实验数据，在方格纸上分别绘出两种受控源的转移特性和负载特性曲线，并求出相应的转移参量。

(2) 对实验结果作出合理的分析，并给出结论，总结对受控源的认识和理解。

实验 7.4　电压源与电流源的等效变换

1. 实验目的

(1) 掌握建立电源模型的方法。

(2) 掌握电源外特性的测试方法。

(3) 加深对电压源和电流源特性的理解。

（4）研究电源模型等效变换的条件。

2. 实验原理

电压源与电流源是电路中最基本的电源形式，实际电压源和电流源的外特性主要受到电源内阻的影响，下面对本次实验的基本原理进行介绍。

1）理想电压源和理想电流源

理想电压源及其伏安特性如图 7-8(a)所示。理想电压源具有端电压恒定不变，输出电流的大小由负载决定的特性。其外特性表现为恒压特性，即端电压 U 与输出电流 I 的关系 $U=f(I)$是一条平行于 I 轴的直线。实验中使用的恒压源在规定的电流范围内具有很小的内阻，可以将它近似为一个理想电压源。

理想电流源及其伏安特性如图 7-8(b)所示。理想电流源具有输出电流恒定不变，端电压的大小由负载决定的特性。其外特性，即输出电流 I 与端电压 U 的关系 $I=f(U)$是一条平行于 U 轴的直线。实验中使用的恒流源在规定的电流范围内具有极大的内阻，可以将它近似为一个理想电流源。

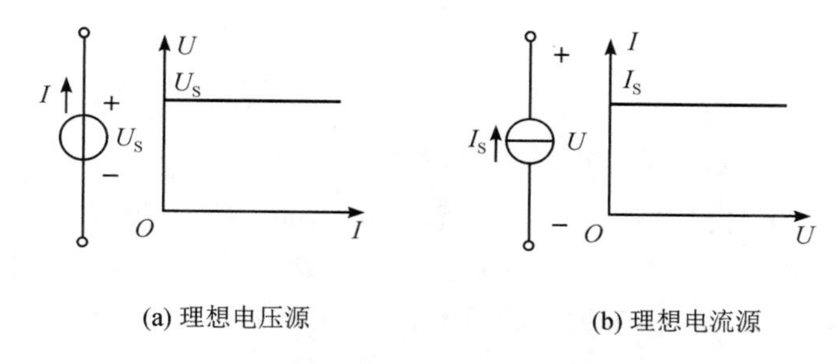

(a) 理想电压源　　(b) 理想电流源

图 7-8　理想电压源和电流源及其伏安特性

2）实际电压源和实际电流源

实际上任何电源内部都存在电阻，通常称为内阻。

实际电压源如图 7-9(a)所示，可以用一个内阻 R_S 和电压源 U_S 串联表示，其端电压 U 随输出电流 I 的增大而降低。在实验中，可以用一个小阻值的电阻与恒压源相串联来模拟一个实际电压源。

实际电流源如图 7-9(b)所示，可以用一个内阻 R_S 和电流源 I_S 并联表示，其输出电流 I 随端电压 U 增大而减小。在实验中，可以用一个大阻值的电阻与恒流源相并联来模拟一个实际电流源。

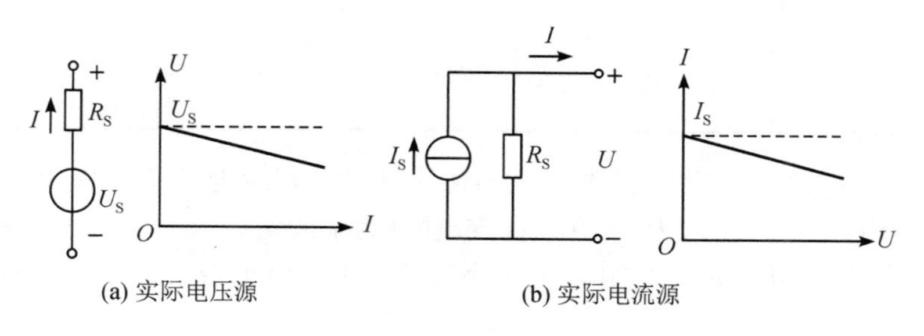

(a) 实际电压源　　(b) 实际电流源

图 7-9　实际电压源和电流源及其伏安特性

3）实际电压源和实际电流源的等效变换

一个实际的电源，就其外部特性而言，既可以看成是一个电压源，又可以看成是一个电流源。若它们向同样大小的负载供出同样大小的电流和端电压，则称这两个电源是等效的，即具有相同的外特性。实际电压源和电流源的等效变换如图 7－10 所示。

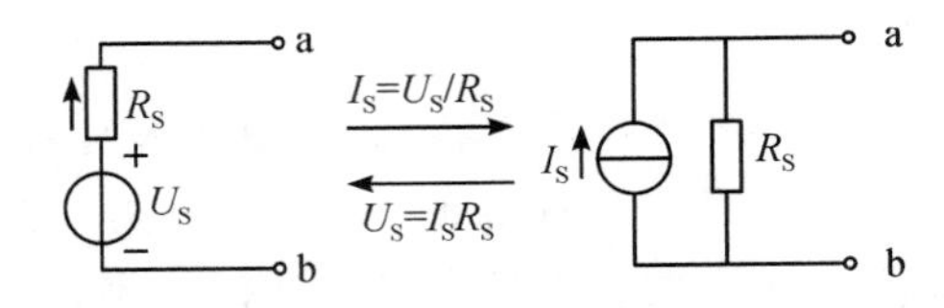

图 7－10　实际电压源与电流源的等效变换

实际电压源与实际电流源等效变换的条件如下：

(1) 取实际电压源与实际电流源的内阻均为 R_S。

(2) 已知实际电压源的参数为 U_S 和 R_S，则其等效的实际电流源的参数为 $I_S=U_S/R_S$ 和 R_S；若已知实际电流源的参数为 I_S 和 R_S，则其等效的实际电压源的参数为 $U_S=I_SR_S$ 和 R_S。

3. 实验内容

1）测定理想电压源（恒压源）与实际电压源的外特性

恒压源外特性测试电路如图 7－11 所示。图中，电源 U_S 用可调直流稳压电源输出 +5.00 V 电压，R_1 取为 200 Ω 的固定电阻，R_2 用电阻箱实现。调节电阻箱 R_2，令其阻值由大至小变化，将电流表、电压表的读数记入表 7－10 中。

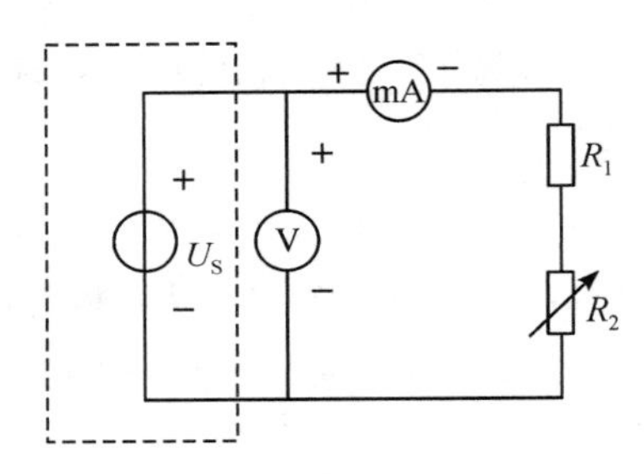

图 7－11　恒压源外特性测试电路

表 7－10　电压源外特性数据

R_2/Ω	100	150	200	250	300	350	400
I/mA							
U/V							

在图 7－11 的电路中，将电压源改成实际电压源。实际电压源外特性测试电路如图 7－12 所示。图中，内阻 R_S 取为 51 Ω 的固定电阻（为了使实验效果更明显，串联了一个电阻充当内阻），调节电阻箱 R_2，令其阻值由大至小变化，将电流表、电压表的读数记入表 7－11 中。

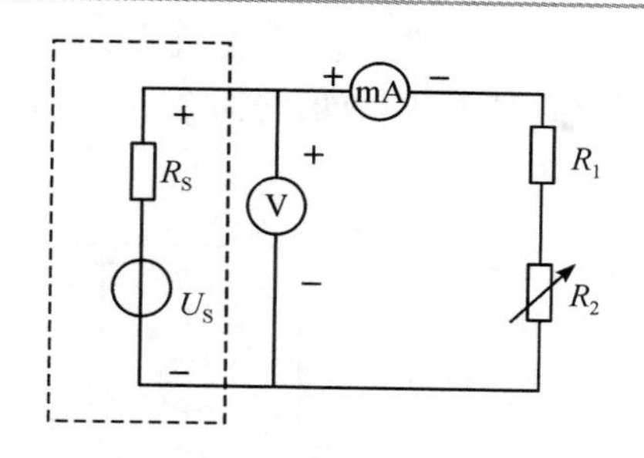

图 7－12　实际电压源外特性测试电路

表 7－11　实际电压源外特性数据

R_2/Ω	100	150	200	250	300	350	400
I/mA							
U/V							

2）测定理想电流源（恒流源）与实际电流源的外特性

电流源外特性测试电路按图 7－13 接线。其中，I_S 为恒流源，调节其输出为 5.00 mA（用毫安表测量），R_2 用电阻箱实现，以电阻 R_S 代替实际电流源内阻，在 R_S 分别为 1 kΩ 和∞两种情况下，调节电阻箱 R_2，令其阻值由大至小变化，将电流表、电压表的读数记入表 7－12 中。

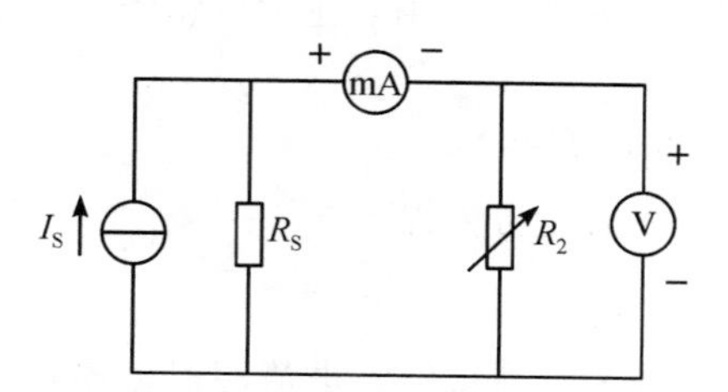

图 7－13　电流源外特性测试电路

表 7－12　电流源外特性数据

R_2/Ω		100	200	300	400	500	600
$R_S=\infty$	I/mA						
	U/V						
$R_S=1$ kΩ	I/mA						
	U/V						

3）电压源与电流源等效变换的条件

电压源与电流源等效变换验证电路按图 7－14 接线。其中，内阻 R_S 均为 51 Ω，负载电阻 R 均为 200 Ω。

在图 7－14(a)的电路中，U_S 接恒压源中的＋5 V 输出端，记录电流表、电压表的读数。

然后调节图 7－14(b)所示电路中的恒流源 I_S，令电流表、电压表的读数与图 7－14(a)中电流表和电压表的数值相等，记录此时 I_S 的数值并填至表 7－13 中，根据公式验证等效变换条件的正确性。

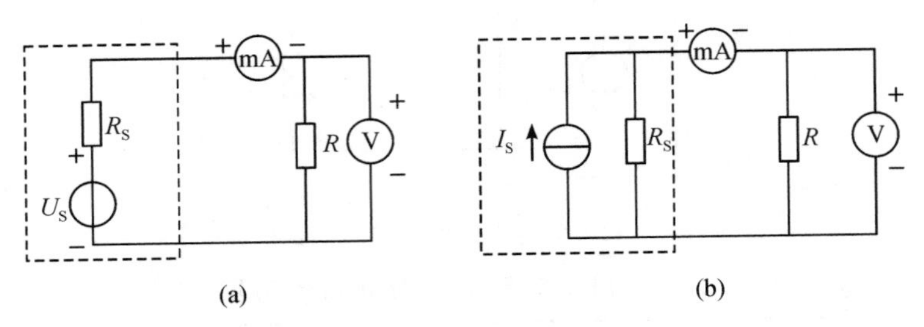

图 7－14　电压源与电流源等效变换验证电路

表 7－13　电压源与电流源等效变换数据记录表

电路	U_S/V	I_S/mA	电流表读数/mA	电压表读数/V
图 7－14(a)		—		
图 7－14(b)	—			

4. 实验注意事项

(1) 在测试电压源外特性时，不要忘记测量空载($I=0$)时的电压值；测试电流源外特性时，不要忘记测量短路($U=0$)时的电流值，注意恒流源负载电压不可超过 20 V，负载更不可开路。

(2) 换接线路时，必须关闭电源开关。

(3) 直流仪表的接入应注意极性与量程。

5. 预习与思考题

(1) 电压源的输出端为什么不允许短路？电流源的输出端为什么不允许开路？

(2) 实际电压源与实际电流源的外特性为什么呈下降变化趋势？下降的快慢受哪个参数影响？

6. 实验报告要求

(1) 根据实验数据绘出电源的四条外特性曲线，并总结、归纳两类电源的特性。

(2) 根据实验结果验证电压源与电流源等效变换的条件。

实验 7.5　戴维南定理及功率传输最大条件的研究

1. 实验目的

(1) 验证戴维南定理的正确性。

(2) 加深对戴维南定理的理解。

(3) 学习有源线性二端网络等效电路参数的测量方法。

(4) 验证功率传输最大条件。

2. 实验原理

1) 戴维南定理和诺顿定理

戴维南定理指出：含电源和线性电阻受控源的单口网络(简称有源线性二端网络)，不论其结构如何复杂，就其端口来说，都可以等效为一个电压源串联一个电阻构成的支路。其中，电压源 U_S 等于这个有源线性二端网络的开路电压 U_{OC}，内阻 R_S 等于该网络中所有独立电源均置零(电压源短接，电流源开路)后的等效电阻 R_O。

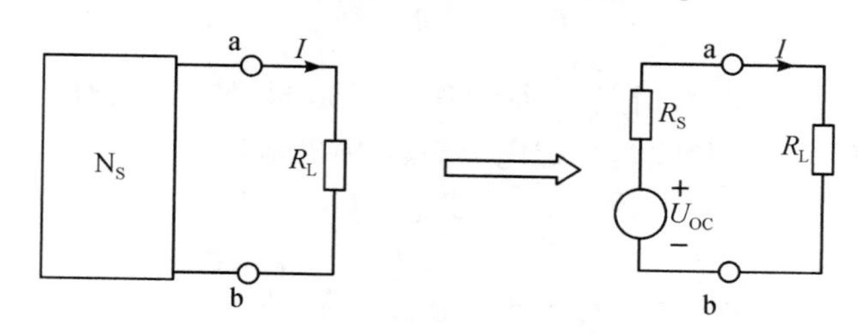

图 7-15　戴维南定理的验证电路

诺顿定理指出：任何一个有源线性二端网络，总可以用一个电流源 I_S 和一个电阻 R_S 并联组成的实际电流源来代替。其中，电流源 I_S 等于这个有源线性二端网络的短路电流 I_{SC}，内阻 R_S 等于该网络中所有独立电源均置零(电压源短接，电流源开路)后的等效电阻 R_O。

U_S、R_S 和 I_S、R_S 称为有源线性二端网络的等效参数。所谓等效，是指它们的外部特性相同，即对外部负载输出的电流、电压是相同的。在本实验中是指有源线性二端网络的输出端口和等效电路(U_{OC} 与 R_S 串联)，如果接入相同负载，则流过二者的负载的电流相等，负载两端电压也相等。

2) 有源线性二端网络等效参数的测量方法

(1) 开路电压、短路电流法。

有源线性二端网络电流和电压的关系曲线如图 7-16 所示。

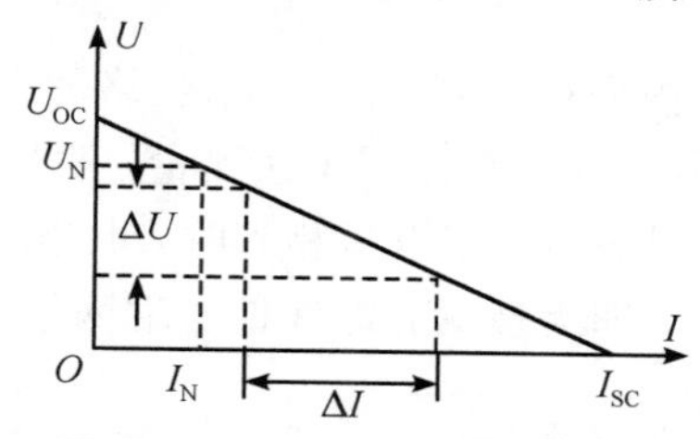

图 7-16　有源线性二端网络电流和电压的关系曲线

开路电压、短路电流法是有源线性二端网络参数测量中最简单的一种方法，适用于网络内阻不太大也不太小的情况。当网络内阻太大时，电压表内阻将会和电路网络内阻产生分压，影响开路电压的测量；当网络内阻太小时，不能直接测量短路电流，否则会导致电路网络电流过大而出现故障。

在有源线性二端网络输出端开路时，用电压表直接测其输出端的开路电压 U_{OC}，然后再将输出端短路，测其短路电流 I_{SC}，且内阻 $R_S=U_{OC}/I_{SC}$。若有源线性二端网络的内阻值很小，端口短路电流太大，则不宜测其短路电流。若有源线性二端网络的内阻过大，则不宜使用开路电压法直接测量端口的开路电压，因为网络内阻将与电压表的内阻形成串联分压电路，影响电路准确性。

（2）利用伏安法测量网络内阻。

利用伏安法确定有源线性二端网络内阻的方法简便易行。该方法是用电压表、电流表测出有源线性二端网络的外特性曲线，如图 7-16 所示。根据外特性曲线求出斜率 $\tan\Phi$，则内阻为

$$R_S=\tan\Phi=\frac{\Delta U}{\Delta I} \tag{7-5}$$

利用伏安法测量网络参数时的一种特殊情况是测量有源线性二端网络的开路电压 U_{OC}、额定电流 I_N 和对应的输出端额定电压 U_N，则内阻为

$$R_S=\frac{U_{OC}-U_N}{I_N} \tag{7-6}$$

这种方法用来测量端口负载不能太小的情况。

（3）利用半电压法测量网络内阻。

当网络内阻较小时，不能直接应用开路电压、短路电流法进行网络参数测量，可以应用半电压法测量网络内阻。半电压法测量网络内阻的原理如图 7-17 所示。当负载电压为被测网络开路电压 U_{OC} 的一半时，负载电阻 R_L 的大小（由电阻箱的读数确定）即为被测有源线性二端网络的等效内阻 R_S。

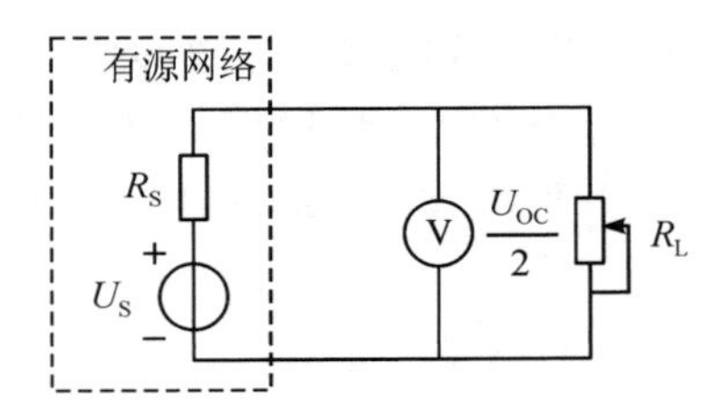

图 7-17　半电压法的测量原理

（4）利用零示法测量开路电压。

直接用电压表测量具有高内阻的有源线性二端网络的开路电压时，会造成较大的误差。为了消除电压表内阻的影响，往往采用零示法测量，测量原理如图 7-18 所示。当恒压源的输出电压与有源线性二端网络的开路电压相等时，电压表的读数将为“0”，此时将电路断开，测量的恒压源输出电压 U 即为被测有源线性二端网络的开路电压。

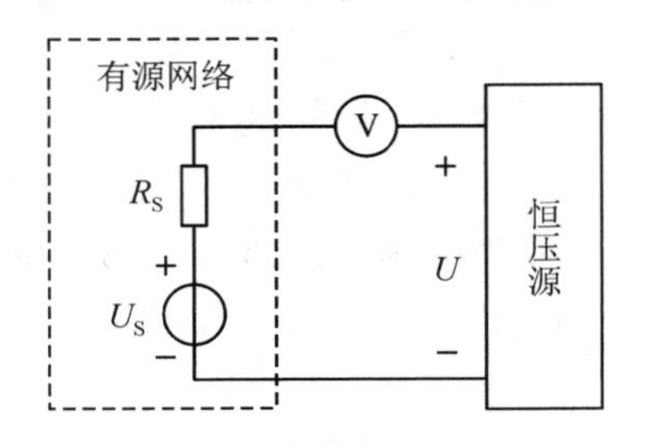

图 7-18　零示法的测量原理

3）功率传输最大条件

实验设备电源向负载供电的电路如图7-19所示。图中，R_O 为电源内阻，R_L 为负载电阻。当电路电流为 I 时，负载 R_L 得到的功率为

$$P_L = I^2 R_L = \left(\frac{U_S}{R_O + R_L}\right)^2 \times R_L \tag{7-7}$$

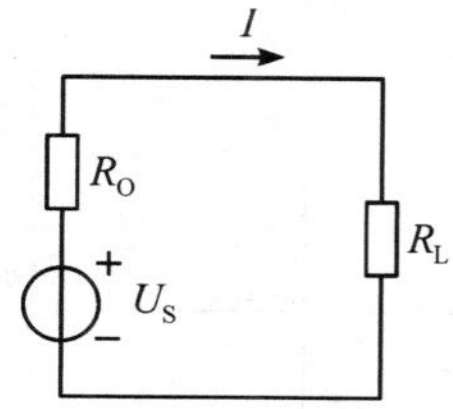

图7-19　功率传输电路

可见，当电源 U_S 和 R_O 确定后，负载得到的功率大小只与负载电阻 R_L 有关。

令 $\frac{dP_L}{dR_L}=0$，则

$$\begin{aligned}\frac{dP_L}{dR_L} &= \frac{(R_O+R_L)^2 - 2(R_O+R_L)}{(R_O+R_L)^4}\cdot U_S^2 \\ &= \frac{R_O^2 - R_L^2}{(R_O+R_L)^4}\cdot U_S^2 \\ &= 0\end{aligned}$$

当 $R_L=R_O$ 时，负载得到最大功率，$P_L=P_{L,\max}=\frac{U_S^2}{4R_O}$。

$R_L=R_O$ 称为阻抗匹配，即电源的内阻抗(或内电阻)与负载阻抗(或负载电阻)相等时，负载可以得到最大功率。也就是说，最大功率传输的条件是供电电路必须满足阻抗匹配。

负载得到最大功率时电路的效率为

$$\eta = \frac{P_L}{U_S I} = 50\%$$

实验中，负载得到的功率可利用电压表、电流表测量的结果计算得出。

3. 实验内容

被测有源线性二端网络如图7-20中虚线框内的电路所示。

(1) 图7-20的电路接入稳压源 $U_S=10$ V，可变电阻 R_L 选用电阻箱，$I_S=0$(不接电流源)。先断开 R_L，测网络端口开路电压 U_{OC}，然后拨下开关 S_1 短接 R_L，测量短路电流 I_{SC}，并计算出网络内阻 $R_S=U_{OC}/I_{SC}$，填入表7-14。

表7-14　电路的网络端口参数

U_{OC}/V	I_{SC}/mA	$R_S(U_{OC}/I_{SC})/\Omega$

(2) 有源线性二端网络的伏安特性。

在图 7－20 的电路中，U_S 接入 10 V 直流电压(以直流数字电压表读数为准)，改变 R_L 的阻值，测量有源线性二端网络的外特性，并将实验数据填入表 7－15。

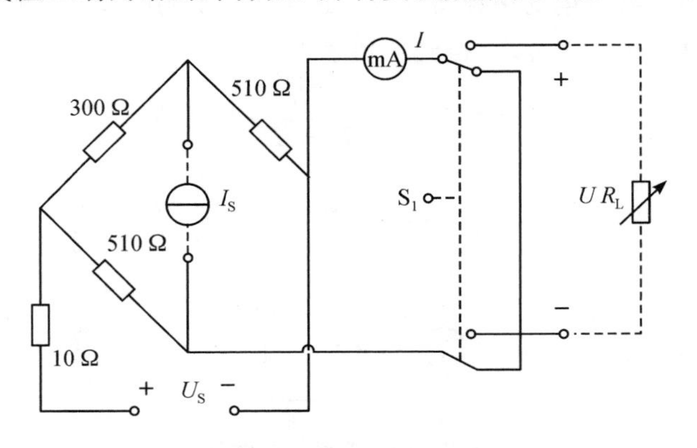

图 7－20 戴维南定理实验电路图

表 7－15 戴维南定理电路网络输出伏安特性表

R_L/Ω	900	800	700	600	500	400	300	200	100
U/V									
I/mA									

(3) 验证戴维南定理。实验电路如图 7－21 所示，其中电阻 R_S 为步骤(1)获得的等效电阻 R_S，连接电路时可以用 1 kΩ 滑动变阻器，接入电路前将其阻值调整到等于 R_S，然后令其与直流稳压电源(调到步骤(1)时所测得的开路电压 U_{OC})相串联，重复步骤(2)，测量电路的输出特性，将数据填入表 7－16，并对戴维南定理进行验证。

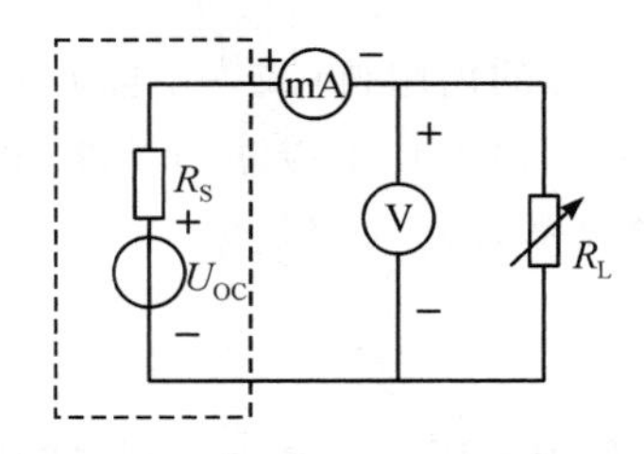

图 7－21 戴维南定理等效电路

表 7－16 戴维南定理等效电路输出伏安特性表

R_L/Ω	900	800	700	600	500	400	300	200	100
U/V									
I/mA									

(4) 用半电压法和零示法测量被测网络的等效内阻 R_O 及开路电压 U_{OC}，并填入表 7－17(选做)。

表 7-17　等效内阻及开路电压

参数	R_O/Ω	U_{OC}/V
数值		

（5）设计电源。

已知电源的外特性曲线如图 7-22 所示。根据图中给出的开路电压和短路电流数值，计算出实际电压源模型中的电压源 U_S 和内阻 R_S。实验中，电压源 U_S 选用恒压源的可调稳压输出端，内阻 R_S 选用固定电阻。

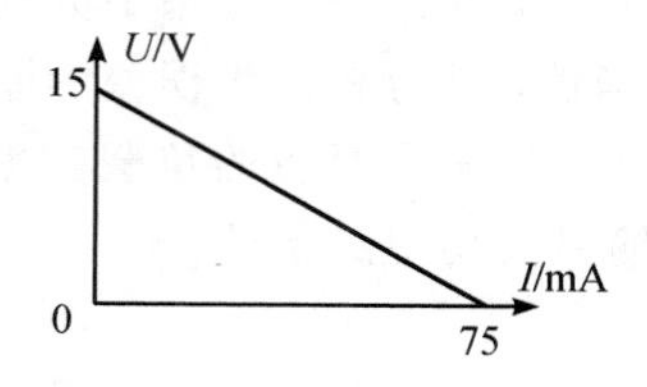

图 7-22　带有内阻的电压源的外特性曲线

根据上图曲线，可以确定电源参数：U_S=__________ V，R_S=__________ Ω。

（6）测量电路传输功率。

用上述设计的实际电压源与负载电阻 R_L 相连，电路如图 7-23 所示。图中 R_L 选用电阻箱，在 0～600 Ω 的范围内改变负载电阻 R_L 的数值，测量对应的电压、电流，将电压表和电流表读数记入表 7-18 中。

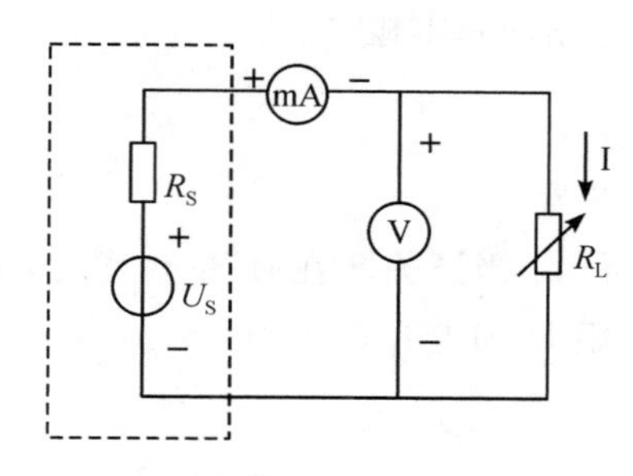

图 7-23　传输功率的测量电路

表 7-18　电路传输功率数据

R_L/Ω	0	100	200	300	400	500	600
U/V							
I/mA							
P_L/mW							
$\eta=\frac{P_L}{U_S I}\times 100\%$							

4. 实验注意事项

（1）测量时，注意电流表量程的更换。

（2）改接线路时，要关掉电源。

5. 预习与思考题

（1）如何测量有源线性二端网络的开路电压和短路电流，在什么情况下不能直接测量？

（2）说明测量有源线性二端网络开路电压及等效内阻的几种方法，并比较其优缺点。

（3）什么是阻抗匹配？电路传输最大功率的条件是什么？

（4）电路传输的功率和效率如何计算？

6. 实验报告要求

（1）根据实验内容中的(2)和(3)，在同一坐标系中分别绘出 $U-I$ 曲线，对比两条曲线的一致性，验证戴维南定理的正确性，并分析产生误差的原因。

（2）根据表 7－18 的实验数据，计算出对应的负载功率 P_L，并绘出负载功率 P_L 随负载电阻 R_L 变化的曲线，找出传输最大功率的条件。

实验 7.6　RC 一阶电路暂态过程的研究

1. 实验目的

（1）研究 RC 一阶电路的零输入响应、零状态响应的规律和特点。

（2）学习一阶电路时间常数的测量方法，了解电路参数对时间常数的影响。

（3）掌握微分电路和积分电路的基本概念。

2. 实验原理

1）RC 一阶电路的零状态响应

RC 一阶电路如图 7－24 所示。当开关 S 在“1”的位置时，$u_C=0$，处于零状态；当开关 S 在“2”的位置时，电源通过电阻 R 向电容 C 充电。$u_C(t)$称为零状态响应，可表示为

$$u_C=U_S-U_S e^{-\frac{t}{\tau}} \tag{7-8}$$

u_C 的变化曲线如图 7－25 所示。u_C 从 0 上升到 $0.632U_S$ 所需要的时间称为时间常数 τ，可表示为

$$\tau=RC \tag{7-9}$$

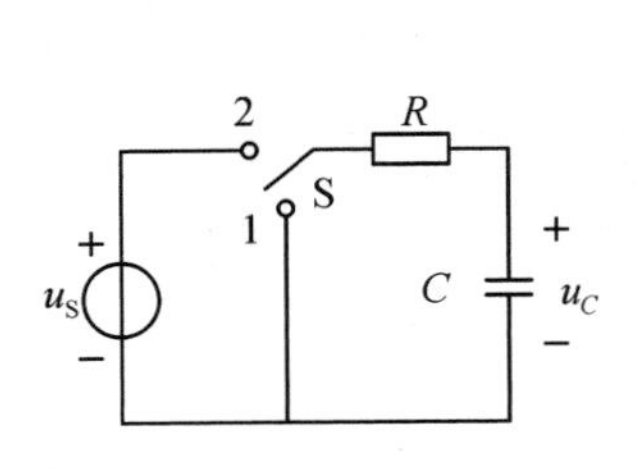

图 7－24　RC 一阶电路

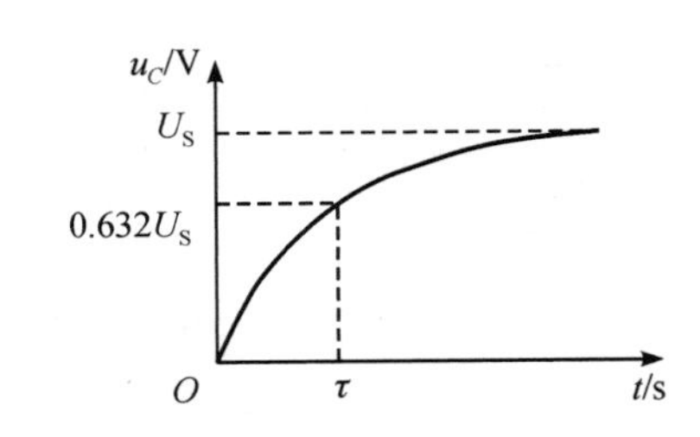

图 7－25　RC 一阶电路的零状态响应曲线

2）RC 一阶电路的零输入响应

图 7－24 中，开关 S 在“2”的位置的电路电压稳定后，再合向“1”的位置，此时电容 C

通过电阻 R 放电，$u_C(t)$称为零输入响应，可表示为

$$u_C = U_S e^{-\frac{t}{\tau}} \tag{7-10}$$

u_C 的变化曲线如图7-26所示。u_C 从 U_S 下降到 $0.368U_S$ 所需要的时间称为时间常数 τ，$\tau=RC$。

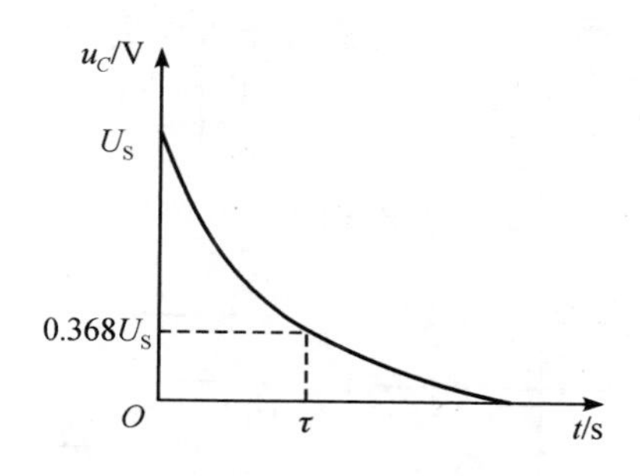

图7-26　RC一阶电路的零输入响应曲线

3）测量RC一阶电路的时间常数 τ

图7-24所示电路的暂态过程很难观察。为了用普通示波器观察电路的暂态过程，需采用图7-27所示的周期性方波 u_S 作为电路的激励信号，方波信号的周期为 T，只要满足 $T/2 \geqslant 5\tau$，便可在示波器的荧光屏上形成稳定的响应波形。

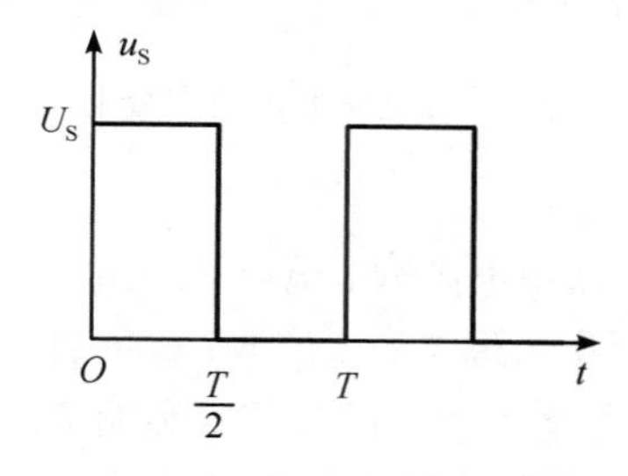

图7-27　输入方波信号

电阻 R、电容 C 串联后与方波发生器的输出端连接，用双踪示波器观察电容两端电压 u_C 的波形，便可观察到稳定的指数曲线，如图7-28所示。在荧光屏上测得电容两端电压最大值 $U_{C,\max}=a$，取 $b=0.632a$，示波器显示的波形对应的时间轴坐标为 x 格，根据时间轴的显示比例 K(ms/格)，得到该电路的时间常数 $\tau=x$(格数)$\times K$。

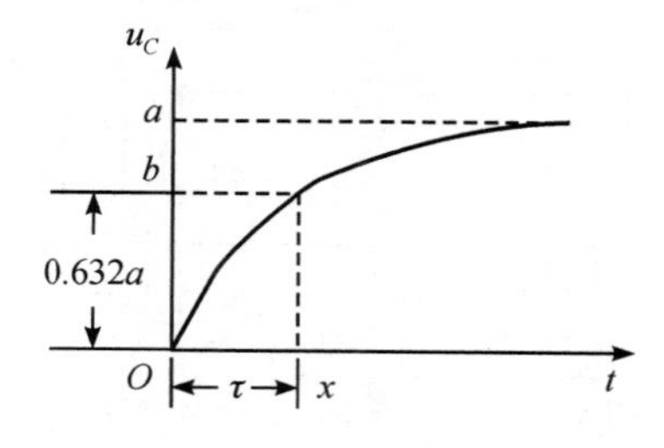

图7-28　零状态响应波形

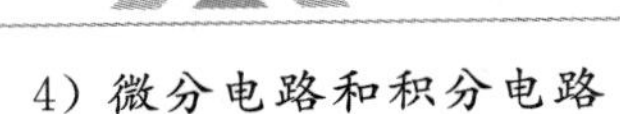

4）微分电路和积分电路

将方波信号 u_S 作用在电阻 R、电容 C 串联的电路中，当电路时间常数 τ 远远小于方波周期 T 时，电阻两端（输出）的电压 u_R 与方波输入信号 u_S 呈微分关系，即 $u_R \approx RC\dfrac{\mathrm{d}u_S}{\mathrm{d}t}$，该电路称为微分电路。当电路时间常数 τ 远远大于方波周期 T 时，电容 C 两端（输出）的电压 u_C 与方波输入信号 u_S 呈积分关系，即 $u_C \approx \dfrac{1}{RC}\int u_S\mathrm{d}t$，该电路称为积分电路。

微分电路和积分电路的输出、输入关系如图 7-29(a)、(b)所示。

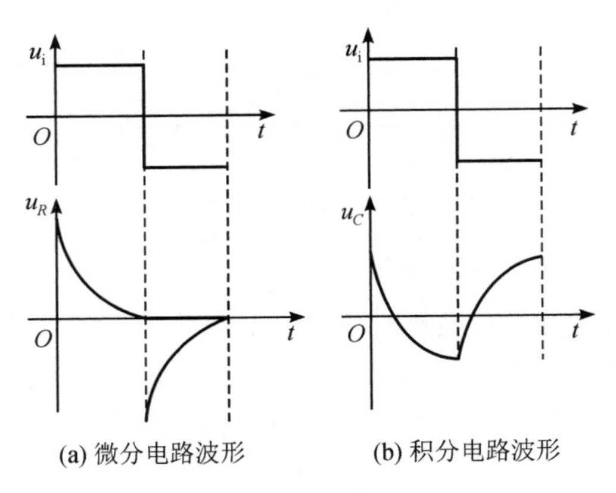

图 7-29 微分电路波形与积分电路波形

3. 实验内容

实验电路如图 7-30 所示。图中电阻 R、电容 C 从电阻电容组件上选取（请看懂线路板的走线，认清激励与响应端口所在的位置；认清 R、C 元件的布局及其标称值，各开关的通断位置等），用双踪示波器观察电路激励（方波）信号和响应信号。u_S 为方波输出信号，将信号源的“波形选择”开关置于方波信号位置上，将信号源的信号输出端与示波器探头连接。接通信号源电源，调节信号源的频率旋钮（包括“频段选择”开关、“频率粗调”“频率细调”旋钮），使输出信号的频率为 1 kHz（由频率计读出），调节输出信号的“幅值调节”旋钮，使方波的峰-峰值电压 $U_{pp}=2$ V，固定信号源的频率和幅值不变。下面进行 RC 一阶电路的充、放电过程观察与测量。

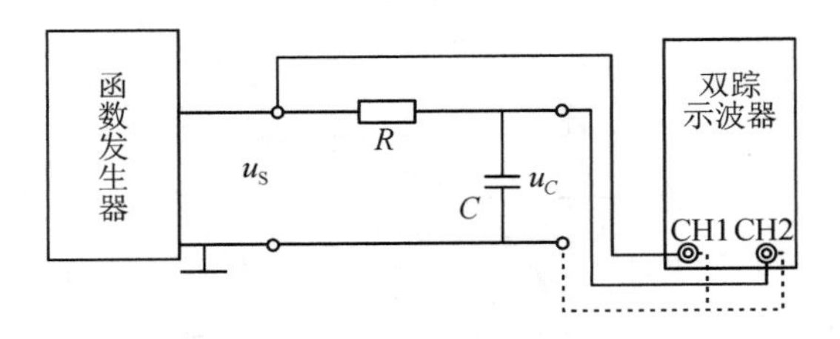

图 7-30 一阶 RC 电路连接方法

(1) 测量时间常数 τ。令 $R=10$ kΩ，$C=0.01$ μF，用示波器观察并在表 7-19 中记录激励 u_S 与响应 u_C 的波形（一个周期），分别测量零状态响应和零输入响应的时间常数。

表 7－19　RC 电路的波形与数据表

$R=10\ \text{k}\Omega$, $C=0.01\ \mu\text{F}$, $f=1\ \text{kHz}$, $U_{pp}=2\ \text{V}$		
类别	零状态响应	零输入响应
u_S 波形		
u_C 波形		
时间常数 τ	水平轴挡位：＿＿＿＿＿＿； 波形最大电压值：＿＿＿＿＿＿； 时间常数测量值：＿＿＿＿＿＿	

（2）积分电路。

观察时间常数 τ（即电路参数 R、C）对暂态过程的影响：令 $R=10\ \text{k}\Omega$，$C=0.01\ \mu\text{F}$，观察并描绘响应的波形，改变 R（分别取 $100\ \Omega$、$2\ \text{k}\Omega$、$10\ \text{k}\Omega$），测量 τ 值，定性地观察对响应的影响。

表 7－20　积分电路的波形与时间常数

$C=0.01\ \mu\text{F}$, $f=1\ \text{kHz}$, $U_{pp}=2\ \text{V}$			
R 值	$100\ \Omega$	$2\ \text{k}\Omega$	$10\ \text{k}\Omega$
u_C 波形			
时间常数 τ			

（3）微分电路。

将实验电路中的 R、C 元件位置互换，用示波器观察激励 u_S 与响应 u_R 的变化规律，记录波形与 τ 值。

表 7－21　微分电路的波形与时间常数

$C=0.01\ \mu F$，$f=1\ kHz$，$U_{pp}=2\ V$			
R 值	100 Ω	2 kΩ	10 kΩ
u_R 波形			
时间常数 τ			

4. 实验注意事项

(1) 调节电子仪器各旋钮时，动作不要过猛。实验前，需熟读双踪示波器的使用说明，要注意开关、旋钮的操作与调节，示波器探头的地线不允许同时接不同节点。

(2) 信号源的接地端与示波器的接地端要连在一起(称共地)，以防外界干扰而影响测量的准确性。

(3) 注意合理调节示波器挡位，波形不应过大，也不应过小。

5. 预习与思考题

(1) 用示波器观察 RC 一阶电路零输入响应和零状态响应时，为什么激励必须是方波信号？

(2) 已知 RC 一阶电路中 $R=10\ k\Omega$，$C=0.01\ \mu F$，试计算时间常数 τ，并根据 τ 值的物理意义，拟定测量 τ 的方案。

(3) 在 RC 一阶电路中，当 R、C 的大小变化时，对电路的响应有何影响？

(4) 什么是积分电路和微分电路，它们必须具备什么条件？它们在方波激励下，输出信号波形的变化规律如何？这两种电路有何功能？

6. 实验报告要求

(1) 根据实验观测结果，绘出 RC 一阶电路充放电时 u_C 与激励信号对应的变化曲线，由曲线测得时间常数 τ 值，并与参数值的理论计算结果作比较，分析误差原因。

(2) 分析时间常数 τ 对电容充放电速度的影响。

实验 7.7　串联谐振电路的研究

1. 实验目的

(1) 加深理解电路发生谐振的条件、特点，掌握电路品质因数(即 Q 值)、通频带的物理意义及测定方法。

(2) 学习用实验方法绘制 RLC 串联电路在不同 Q 值下的幅频特性曲线。

(3) 熟练使用信号源、频率计和交流毫伏表。

2. 实验原理

图 7－31 为 RLC 串联谐振电路。在正弦信号作用下，当电压与电流同相时，电路呈电阻性，此时电路的工作状态称为谐振状态。在正弦信号作用下，信号角频率 $\omega=2\pi f$，电路复阻抗 $Z=R+\mathrm{j}(\omega L-\frac{1}{\omega C})$，当 $\omega L=\frac{1}{\omega C}$时，$Z=R$，$\dot{U}$ 与 $\dot{I}$ 同相，电路发生串联谐振，谐振角频率 $\omega_0=\frac{1}{\sqrt{LC}}$，谐振频率 $f_0=\frac{1}{2\pi\sqrt{LC}}$。

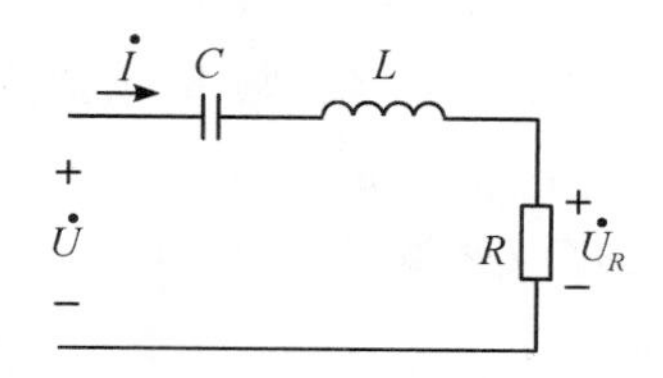

图 7－31　RLC 串联谐振电路

在图 7－31 所示电路中，若 $\dot{U}$ 为激励信号，$\dot{U}_R$ 为响应信号，其幅频特性曲线如图 7－32 所示。其中，传输系数 $A=U_R/U=\dfrac{R}{R+\mathrm{j}(\omega L-\frac{1}{\omega C})}$。当 $f=f_0$ 时，$U_R=U$；当 $f\neq f_0$ 时，$U_R<U$。从较大频率范围观察，电路呈带通特性。$A=0.707$，即 $U_R=0.707U$ 所对应的频率 f_L 和 f_H 分别为下限频率和上限频率，f_H-f_L 为通频带。通频带的宽窄与电阻 R 有关，不同电阻值的幅频特性曲线如图 7－33 所示。可以发现，当 R 值比较小时，谐振曲线比较陡峭；当 R 值较大时，谐振曲线比较平缓。

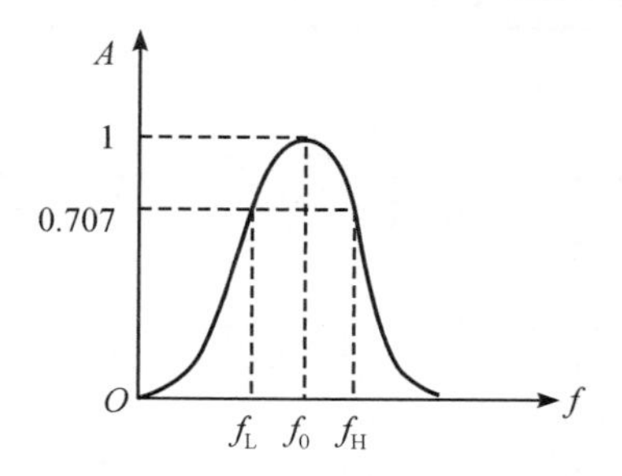

图 7－32　幅频特性曲线

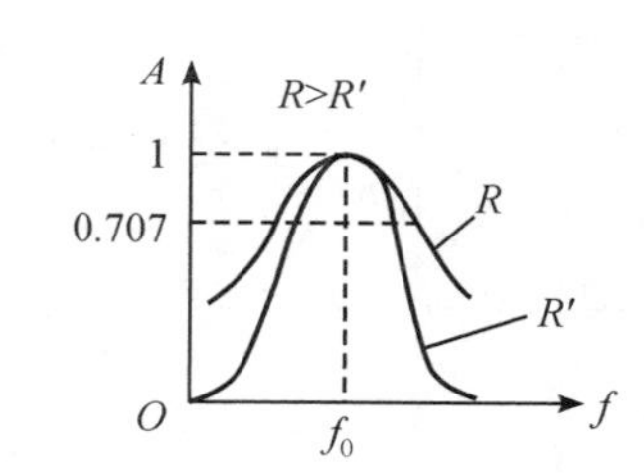

图 7－33　不同电阻值的幅频特性曲线

在电子技术中，经常用谐振电路的特性阻抗与电路中电阻的比值来说明电路性能，这个比值被称为品质因数，用字母 Q 来表示。Q 的大小与电路的参数 R、L、C 有关。Q 值越大，电路的幅频特性曲线越尖锐，通频带越窄，电路的选择性越好。用恒压源供电时，电路的品质因数、选择性与通频带只取决于电路本身的参数，而与信号源无关。在本实验中，用交流毫伏表测量不同频率下的电压 U、U_R、U_C、U_L，绘制 RLC 串联电路的幅频特性曲线，并根据 $\Delta f=f_H-f_L$ 计算出通频带，根据 $Q=U_L/U=U_C/U$ 或 $Q=f_0/(f_H-f_L)$ 计算出品质因数。电路发生串联谐振时，$U_R=U$，$U_L=U_C=QU$。

3. 实验内容

(1) 根据图 7－34 组成监视、测量电路。其中，$R=510\ \Omega$，$L=15\ \mathrm{mH}$，$C=0.01\ \mu\mathrm{F}$。

用交流毫伏表测电压，用示波器监视信号源输出，令其输出幅值等于 1 V，并保持不变。

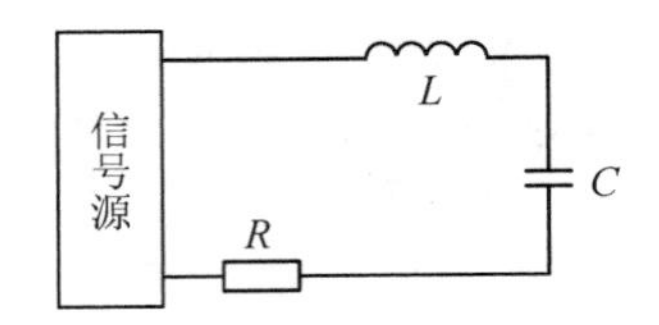

图 7-34　RLC 串联谐振电路

(2) 找出电路的谐振频率 f_0。将毫伏表接在 R(510 Ω)两端，令信号源的频率由小逐渐变大(注意要维持信号源的输出幅度不变)，当 U_R 的读数为最大时，频率计上的频率值即为电路的谐振频率 f_0，并测量 U_C 与 U_L 的值。

(3) 在谐振点两侧，按频率递增或递减(1～10 kHz)，依次各取 8 个测量点，逐点测出 U_R、U_C 与 U_L 的值，记入表 7-22 中。

表 7-22　RLC 串联谐振电路的电压(R=510 Ω)

f/kHz													
U_R/V													
U_L/V													
U_C/V													

(4) 改变电阻值(R 为 1500 Ω)，重复步骤(2)、步骤(3)的测量过程，将测量数据记录到表 7-23 中(选做)。

表 7-23　RLC 串联谐振电路的电压(R=1500 Ω)

f/kHz													
U_R/V													
U_L/V													
U_C/V													

4. 实验注意事项

(1) 应在谐振频率附近多取几个频率点，改变频率时，应调整信号输出电压，使其维持在 1 V 不变。

(2) 在测量 U_L 和 U_C 前，应调整毫伏表的量程(改为大约十倍)，而且在测量 U_L 与 U_C 时毫伏表的"+"端接电感与电容的公共点。

5. 预习与思考题

(1) 根据实验元件参数值，估算电路的谐振频率，并计算测量值的相对误差。

(2) 改变电路的哪些参数可以使电路发生谐振，电路中 R 的数值是否会影响谐振频率？

(3) 如何判别电路是否发生谐振？测试谐振点的方案有哪些？

(4) 若要提高 RLC 串联电路的品质因数，则电路参数应如何改变？

(5) 拟定实验步骤，完成串联谐振电路的搭建以及通频带宽度的测量。

6. 实验报告要求

(1) 电路谐振时，比较输出电压 U_R 与输入电压 U 是否相等？U_L 和 U_C 是否相等？试分析原因。

(2) 根据测量数据，在对数坐标纸上绘出 U_R、U_C、U_L 三条幅频特性曲线。

(3) 计算出通频带与 Q 值，说明 R 值对电路通频带宽度与品质因数的影响。

实验 7.8　日光灯电路的搭建及功率因数的提高

1. 实验目的

(1) 学习功率表的使用。

(2) 学会用测量所得的电压、电流、功率计算交流电的参数。

(3) 理解如何提高功率因数。

2. 实验原理

日光灯的结构如图 7－35 所示，主要包括镇流器、灯管、启辉器三个组成部分。

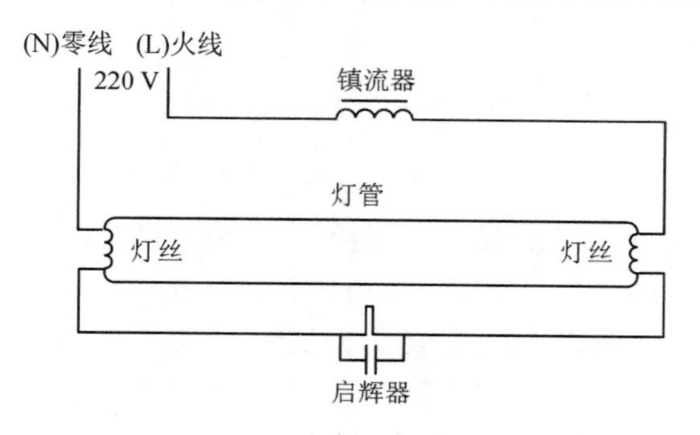

图 7－35　日光灯的结构图

镇流器即绕在硅钢片铁芯上的电感线圈。它有两个作用：一是在启动过程中，启辉器突然断开时，其两端感应出一个足以击穿灯管中气体的高电压，使灯管中的气体电离(放电)；二是正常工作时，镇流器相当于电感，与日光灯管相串联产生一定的电压降，用以限制、稳定灯管的电流。实验时，可以认为镇流器是由一个等效电阻 R_L 和一个电感 L 串联组成的。

灯管内壁涂有一层荧光粉，两端各有一个灯丝(由钨丝组成)，用以发射电子，管内抽真空后充有一定的氩气与少量汞蒸气，当管内产生辉光放电时，发出可见光。

启辉器即一个充有氖气的玻璃泡，内有一对触片，一个是固定的静触片，另一个是用双金属片制成的U形动触片。动触片由两种热膨胀系数不同的金属制成，受热后，双金属片伸张，从而与静触片接触，冷却时又分开。启辉器能使电路自动接通和断开，起到自动开关作用。

日光灯点亮过程如下：开关闭合时，日光灯管不导电，全部电压加在启辉器两触片之间，使启辉器中氖气击穿，产生气体放电，可以看到启辉器的氖管发光，放电产生的一定热量使双金属片受热膨胀与固定片接通后，氖气不再电离放热，有电流通过日光灯管两端的灯丝和镇流器。短时间后双金属片冷却收缩与固定片断开，电路中电流突然减小；根据电磁感应定律，这时镇流器两端产生一定的感应电动势，使日光灯管两端产生400～500 V高压，这个自感电压足以击穿日光灯的导电气体，使导电气体电离导电产生紫外线，进而激发荧光粉发光；日光灯管导电后，两端电压下降(100 V左右)，这个电压不能使氖管导电(氖管的击穿电压为150 V左右)而发光，双金属片也不再接通了，这时，日光灯就能连续发光了。日光灯发光后，由于镇流器的限流作用，灯管中电流不会过大。同时并联在灯管两端的启辉器，也因电压降低而不能放电，其触片保持断开状态。因此启辉器仅仅在日光灯启动过程中发挥作用，日光灯启动后启辉器保持断开，此时即使取下启辉器也不会影响日光灯电路正常工作。

日光灯工作后，灯管相当于一电阻R，镇流器可等效为电阻R_L和电感L的串联，启辉器断开，整个电路可等效为RL串联电路，其电路模型如图7-36所示。

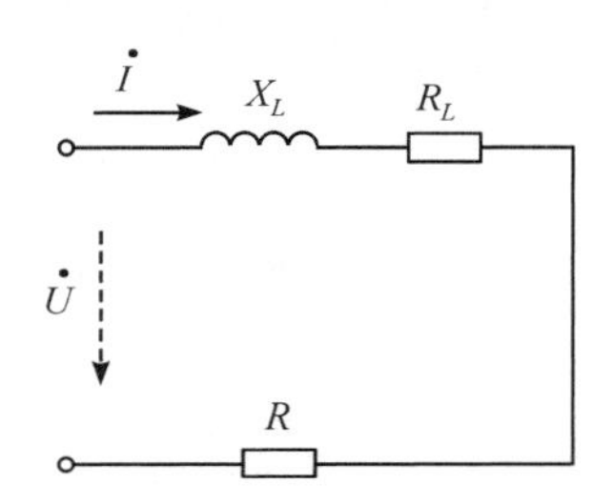

图7-36　日光灯工作电路的模型

在工农业用电中，一般感性负载居多，导致功率因数较低($\cos\phi<1$)，负载与电源之间产生能量交换，出现无功功率$Q=UI\sin\phi$。当负载端电压一定时，功率因数越低，输电线路上的电流越大，线路上的功率损耗也越大，导致输电传输效率降低，同时发电设备得不到充分利用，因此提高功率因数对于节约和充分利用电能具有重要意义。

对RL串联交流电路，负载的功率因数为

$$\cos\phi=\frac{P}{UI} \tag{7-11}$$

其中，U为电源电压的有效值，I为电源电流的有效值，P为电路中的有功功率，U和I的乘积为总功率(也称为视在功率)。

在测定功率、端电压及通过负载的电流后，可计算得出功率因数，或直接从功率因数表读取数据。实验中使用的感性负载是日光灯电路，其功率因数较低，只有0.5～0.6。

提高功率因数常用电容补偿法，即在负载两端并联合适的电容，而并联电容后不影响感性负载的正常工作。

在实验室里常用的有功功率测量方法有两种：

(1) 利用智能功率表直接测量有功功率；

(2) 分别测量灯管电流与电压，测量镇流器的内阻，再根据以下公式计算电路有功功率：

$$P = I^2 R_L + U_{灯} I \tag{7-12}$$

3. 实验内容

1) 测量交流参数

对照图7-37接线(不接电容C)。

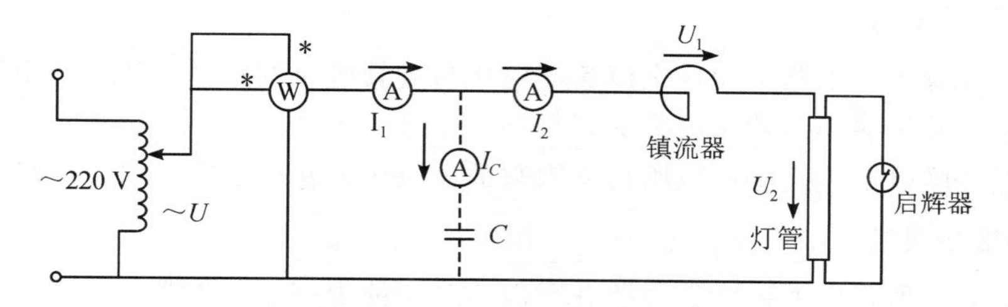

图7-37　日光灯电路

调节自耦调压器，使U=220 V，测试电路中的相关数据并填入表7-24。

表7-24　日光灯电路的实验数据表

U/V	测量值			
	P/W	I_1/mA	U_1/V	U_2/V

2) 提高功率因数

在灯具中并联不同的电容C，且令U=220 V，测试电路中的相关数据并填入表7-25中。根据测量数据比较接入不同电容时电路参数的变化。

表7-25　通过并联电容改变功率因数的实验数据表

C/μF	测量值				计算值
	P/W	I_1/mA	I_2/mA	I_C/mA	$\cos\varphi$
0					
0.22					
0.47					
1.0					
2.2					
4.3					
6.5					

4. 实验注意事项

(1) 测电压、电流时，一定要注意仪表的挡位选择，测量类型、量程都要对应。

(2) 功率表电流线圈的电流、电压线圈的电压都不可超过所选的量程。

(3) 自耦调压器输入、输出端不可接反。

(4) 各支路电流要接入电流插座。

(5) 要注意安全，线路接好后，须经指导教师检查无误后，再接通电源。

(6) 拆接线路时必须断电。

5. 预习与思考题

(1) 在日光灯工作电路中为什么镇流器电压与灯管电压的和会大于电源电压?

(2) 联系实际说明提高功率因数的意义。

(3) 通过并联电容提高感性电路功率因数的方法中，电容量是否越大越好?

6. 实验报告要求

(1) 根据测量所得的实验数据说明并联电容是否能提高功率因数。

(2) 绘制在电路中并联不同电容时电路功率因数的变化曲线，并总结曲线变化规律。

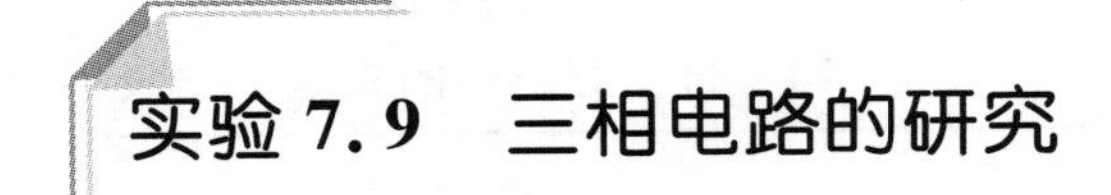

实验 7.9　三相电路的研究

1. 实验目的

(1) 研究三相负载作星形连接时(或作三角形连接时)，在负载对称和不对称情况下线电压和相电压(或线电流和相电流)的关系。

(2) 比较三相供电方式中三线制和四线制的特点。

(3) 进一步提高分析、判断和查找故障的能力。

2. 实验原理

图 7-38 是星形连接示意图。不计线路阻抗时，若负载对称，则负载中性点 O′和电源中性点 O 之间的电压为零。

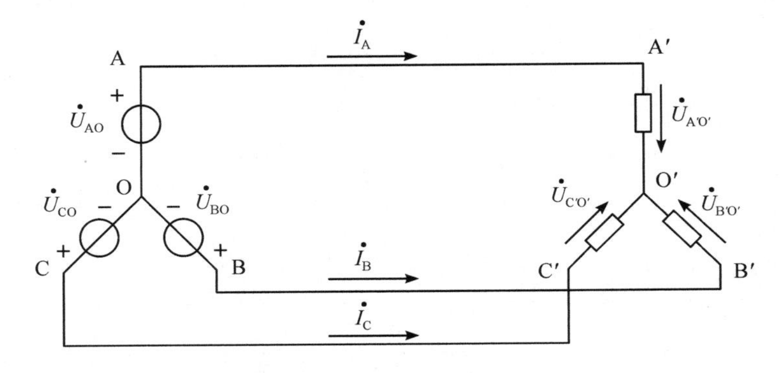

图 7-38　星形连接示意图

负载对称时的电压相量图如图 7－39 所示，此时负载的相电压对称，线电压和相电压满足 $U_L=\sqrt{3}U_P$ 的关系。若负载不对称，负载中性点 O′和电源中性点 O 之间的电压不为零，负载端的各相电压也就不再对称，其数值可由计算得出，或者通过实验测出。

位形图是电压相量图的一种特殊形式，其特点是图形上的点与电路上的点一一对应。图 7－39 是对应于图 7－38 星形连接三相电路的位形图。其中，$\dot{U}_{AB}$ 代表电路中从 A 点到 B 点的电压相量，$\dot{U}_{A'O'}$ 代表电路中从 A′点到 O′点的电压相量。在三相负载对称时，位形图中负载中性点 O′与电源中性点 O 重合。

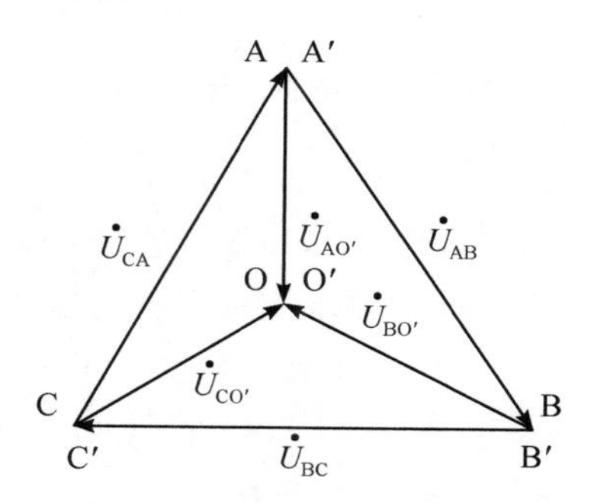

图 7－39　负载对称相量图

负载不对称时，虽然线电压仍然对称，但负载的相电压不再对称，负载中性点 O′发生偏移，如图 7－40 所示。

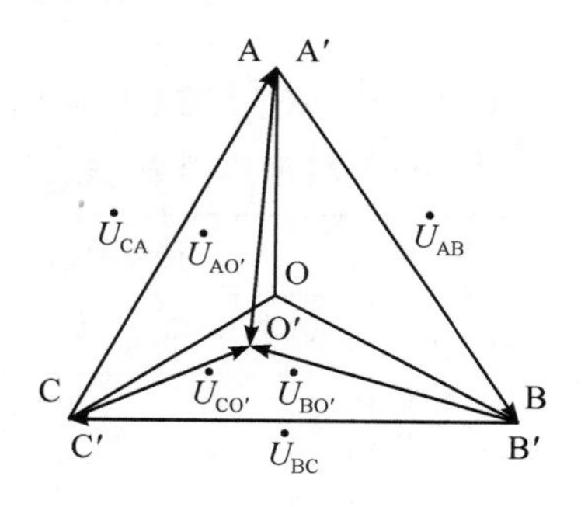

图 7－40　负载不对称相量图

在图 7－38 中，若把电源中性点和负载中性点用中性线连接起来，就成为三相四线制。在负载对称时，中线电流等于零，其工作情况与三线制相同；负载不对称时，若忽略线路阻抗，负载相电压仍然对称，但这时中线电流不再为零，它可由计算方法或实验方法确定。

图 7－41(a)是负载作星形连接时的供电图，此时每路负载上的电压均为相电压。图 7－41(b)是负载作三角形连接时的供电图。若线路阻抗忽略不计，则负载的线电压等于电源的线电压，且负载端线电压 U_L 和相电压 U_P 相等，即 $U_L=U_P$。若负载对称，则线电流 I_L 与相电流 I_P 满足 $I_L=\sqrt{3}\cdot I_P$。

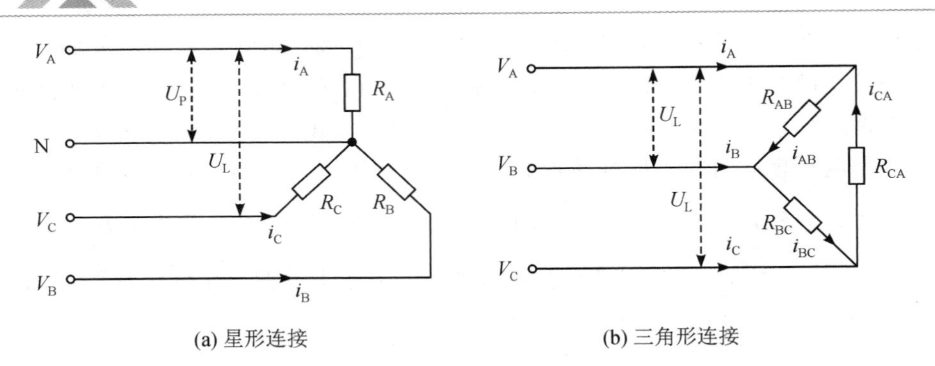

(a) 星形连接　　(b) 三角形连接

图 7-41　负载连接示意图

3. 实验内容

按图 7-42 接线，三相电源线的电压为 380 V，进行不对称负载实验时，在 W 相并联一组灯，如图中虚线所示。按表 7-26 的要求测量出各电压和电流值。

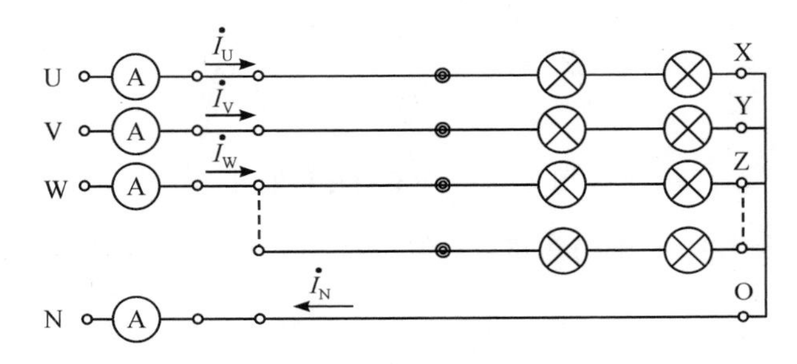

图 7-42　三相电路星形连接实验电路

表 7-26　星形连接数据表

类　型		待测数据										
		U_{UV}/V	U_{VW}/V	U_{WU}/V	U_{UX}/V	U_{VY}/V	U_{WZ}/V	U_{ON}/V	I_U/A	I_V/A	I_W/A	I_{ON}/A
负载对称	有中线											
	无中线											
负载不对称	有中线											
	无中线											

按图 7-43 接线，进行不对称负载实验时，在 W-Z 相并联一组灯，如图中虚线所示。按表 7-27 的要求测量各电压、电流值。

表 7-27　三角形连接数据表

负载情况	U_{UX}/V	U_{VY}/V	U_{WZ}/V	I_U/A	I_V/A	I_W/A	I_{UX}/A	I_{VY}/A	I_{WZ}/A
对称									
不对称									

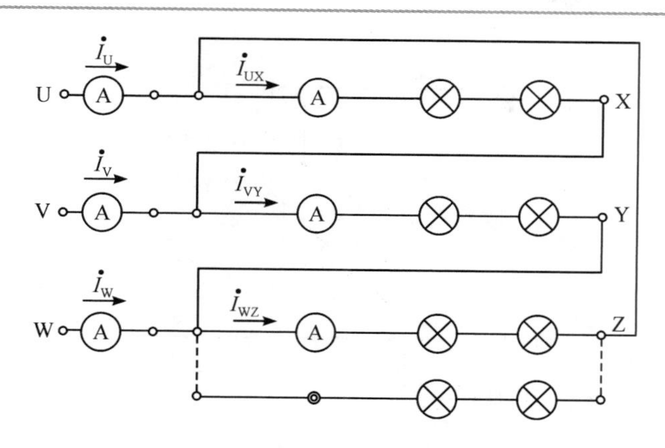

图 7 - 43　三相电路三角形连接实验电路图

4. 注意事项

(1) 实验线路须经指导教师检查无误后再通电。

(2) 更改线路时要断开电源，避免带电操作。

(3) 实验过程中避免实验导线搭在灯泡上。

(4) 实验过程中不能接触带电体。

(5) 注意仪表的使用量程。

5. 预习与思考题

(1) 三相电路中，各火线电压有什么区别？

(2) 线电压与相电压应如何测量？

6. 实验报告要求

(1) 用实验结果分析三角形连接时的电流关系，并验证实验结果与理论分析是否相符。

(2) 由实验结果说明三相三线制和三相四线制电路的特点。

实验 7.10　三相电路相序及功率的测量

1. 实验目的

(1) 掌握三相交流电路相序的测量方法。

(2) 掌握三相交流电路功率的测量方法。

2. 实验原理

(1) 用一只电容和两只相同的灯泡连接成星形不对称三相负载电路，便可测量三相电源的 A、B、C 相(或 U、V、W 相)。图 7 - 44 中，电容所接的为 A 相(B 相比 A 相滞后 120°，C 相比 B 相滞后 120°)，灯较亮的为 B 相，灯较暗的为 C 相。因为相序是相对的，指定任何一相为 A 相，便可以确定 B 相和 C 相。

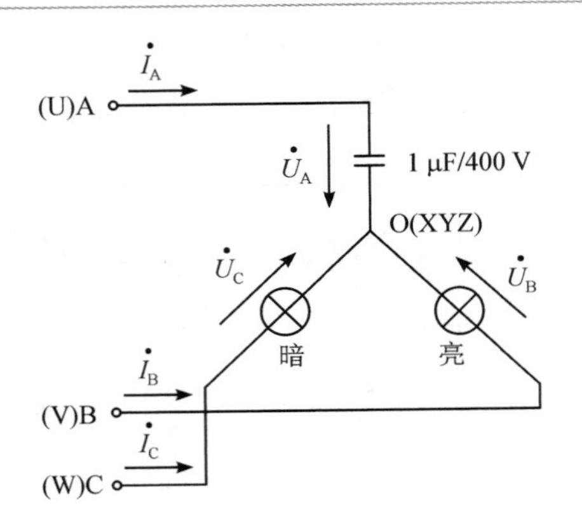

图 7-44　判断三相电路相序的方法

(2) 三相四线制供电时，可以用功率表测量各相的有功功率(P_A、P_B、P_C)。三相负载的总功率 $P=P_A+P_B+P_C$。三表法测量各相有功功率的电路如图 7-45 所示。

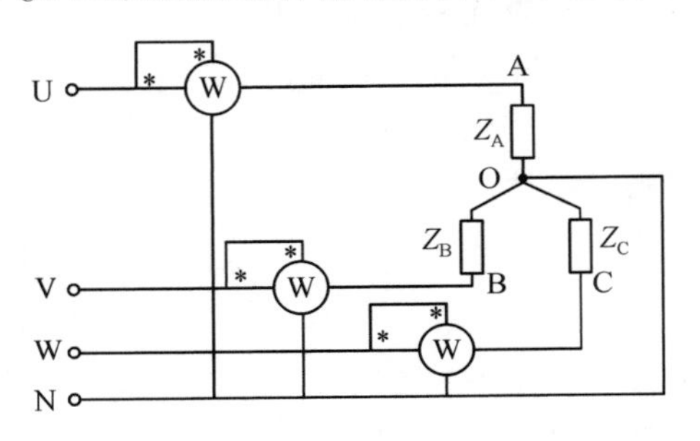

图 7-45　三表法测量各相有功功率的电路

若负载对称，那么只需测量其中一相的功率(如 P_A)，则 $P=3P_A$。

在三相三线制供电系统中，不论三相负载是否对称，也不论负载是星形连接还是三角形连接，都可用二表法测量三相负载的总功率。二表法测量各相有功功率的电路如图 7-46 所示。

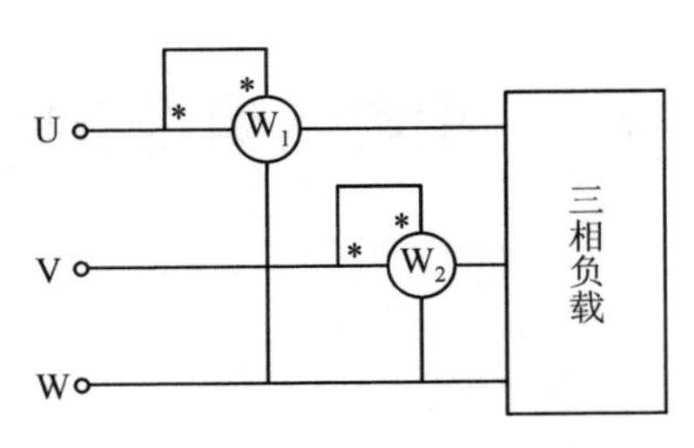

图 7-46　二表法测量各相有功功率的电路

(3) 三相电路无功功率的测量。

① 对称三相电路无功功率的测量。

a. 一表跨相法：将功率表的电流回路串联进任一相线中(如 U 相)，电压回路的“ * ”端接在按正相序排列的下一相(V 相)上，非“ * ”端接在 W 相上。将功率表读数乘以$\sqrt{3}$即可得对称三相电路的无功功率 Q。

b. 二表跨相法：接法同一表跨相法，只是接完一只表后，另一只表的电流回路要接在另外两条相线中的任一条中，其电压回路接法同一表跨相法。将两只功率表的读数之和乘以$\sqrt{3}/2$即可得三相电路的无功功率Q。

c. 用测量有功功率的二表法计算三相无功功率的公式如下：

$$Q=\sqrt{3}(P_2-P_1)$$

② 不对称三相电路无功功率的测量(三表跨相法)。三只功率表的电流回路分别串联进三个相线(U、V、W相)中，电压回路接法同一表跨相法，计算无功功率的公式如下：

$$Q=\frac{(P_1+P_2+P_3)}{\sqrt{3}}$$

三表跨相法也可适用于三相四线制电路。

3. 实验内容

1）判断三相电路的相序

相序测量电路如图7-44所示。其中，白炽灯可选三相电路实验板两相对称灯。接通三相电源，观察两组灯的明暗状态，灯较亮的为B相，灯较暗的为C相。

2）三相功率的测量

负载星形连接时，参考图7-45、图7-46，分别用三表法和二表法测量三相电路功率，并将测量数据填入表7-28中。做不对称负载实验时，在A相中并入一组白炽灯。

表7-28　负载星形连接时的三相功率测量　　单位：W

类　型	三表法				二表法		
	P_A	P_B	P_C	$\sum P$	P_1	P_2	$\sum P$
对称负载							
负载不对称							

负载三角形连接时，分别用三表法和二表法测量三相电路功率，并将测量数据填入表7-29中。做不对称负载实验时，在A相并入一组白炽灯。

表7-29　负载三角形连接时的三相功率测量　　单位：W

类　型	三表法				二表法		
	P_A	P_B	P_C	$\sum P$	P_1	P_2	$\sum P$
对称负载							
负载不对称							

3）无功功率的测量(选做)

自拟实验步骤及测量数据记录表格，测量图 7-47 中三相电路的无功功率。

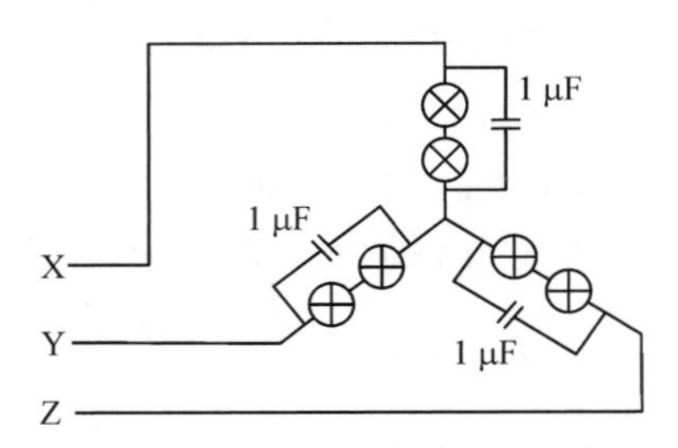

图 7-47　三相负载无功功率测量电路

4. 实验注意事项

(1) 实验线路须经指导教师检查无误后再通电。

(2) 更改线路时要断开电源。

(3) 实验过程中避免实验用线搭在灯泡上。

5. 预习与思考题

(1) 三相电路相序不同对负载电路有何影响?

(2) 如果只有一块功率表，应如何测量三相电路的总功率?

6. 实验报告要求

(1) 列出所有实验数据表格。

(2) 比较测量结果，分析二表法和三表法的测量结果是否一致，并说明误差的产生原因。

(3) 总结三相电路功率测量的方法。

实验 7.11　三相异步电动机的点动和自锁控制

1. 实验目的

(1) 通过实际安装三相异步电动机点动和自锁控制线路，掌握将电气原理图变换成安装接线图的知识。

(2) 通过实验进一步加深理解点动控制和自锁控制的特点。

2. 实验原理

在本次实验中的关键器件为交流接触器(继电器的一种，见图 7-48)和控制用按钮开关，现对两种关键器件的工作原理及组成做简要说明。

(1) 交流接触器主要由电磁系统、触头系统和灭弧装置等组成。电磁系统包括吸引线圈、静铁芯和动铁芯(衔铁)，所有触头均和衔铁相连接。给吸引线圈两端施加额定交流电压时，产生的电磁力会将衔铁吸下，带动常开触头闭合而接通电路，常闭触头断开而切断电路。当吸引线圈断电时，电磁力消失，复位弹簧会使所有触头均复位为常态。

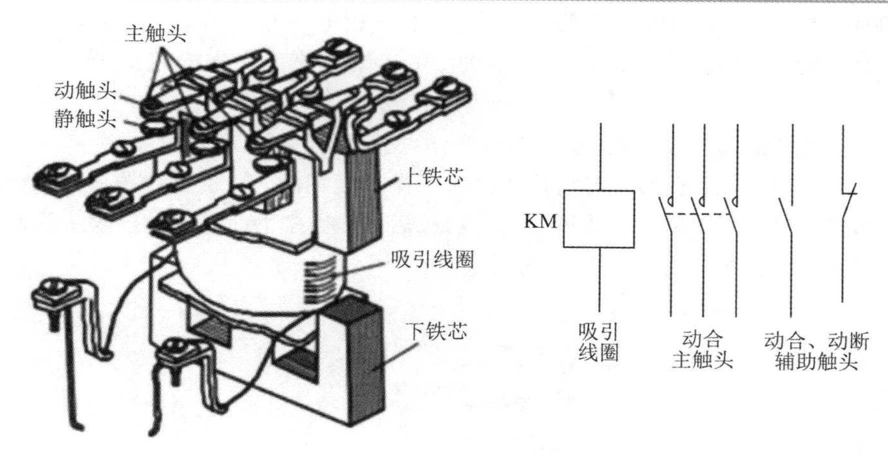

图 7－48　交流接触器的结构与电气符号

一般情况下，交流接触器有五对常开触头、两对常闭触头。其中，五对常开触头又有主触头(三对)和辅助触头(两对)之分。主触头截面尺寸较大，设有灭弧装置，允许通过较大电流，所以接入主电路中与负载串联；辅助触头截面尺寸较小，不设灭弧装置，允许通过较小电流，通常接入控制电路中与常开按钮并联。

灭弧装置——在切断大电流的触头上装有灭弧罩，以迅速切断电弧。

交流接触器的电气符号如表 7－30 所示。

表 7－30　交流接触器的电气符号

类型	作　用	电气符号
吸引线圈	电磁铁，控制触头的通断	KM
接触器的主触头	用于主电路(流过的电流大，须加灭弧装置)	
接触器的辅助触头	用于控制电路(流过的电流小，无须加灭弧装置)	(常开) (常闭)

(2) 在控制回路中常采用接触器的辅助触头来实现自锁和互锁控制。自锁就是要求接触器线圈得电后能自动保持动作后的状态，通常用接触器自身的动合触头与启动按钮相并联来实现，以达到电动机的长期运行，这一动合触头也被称为“自锁触头”。使两个电器不能同时得电动作的控制，称为互锁控制，如为避免正、反转两个接触器同时得电进而造成三相电源短路事故，必须增设互锁控制环节。为操作方便，也为防止因接触器主触头长期

受电流的烧蚀作用(偶尔触发触头粘连)而造成的三相电源短路事故，通常在具有正、反转控制的线路中既有接触器动断辅助触头的电气互锁，又有复合按钮机械互锁(双重控制环节)。

(3) 控制按钮通常用于短时通、断小电流的控制回路，以实现近、远距离控制电动机等执行部件的启、停或正、反转。按钮是专供人工操作使用的。对于复合按钮，其触点的动作规律是：当按下时，其动断触头先断，动合触头后合；当松手时，则动合触头先断，动断触头后合。图 7-49 为按钮开关的结构图与电气符号。

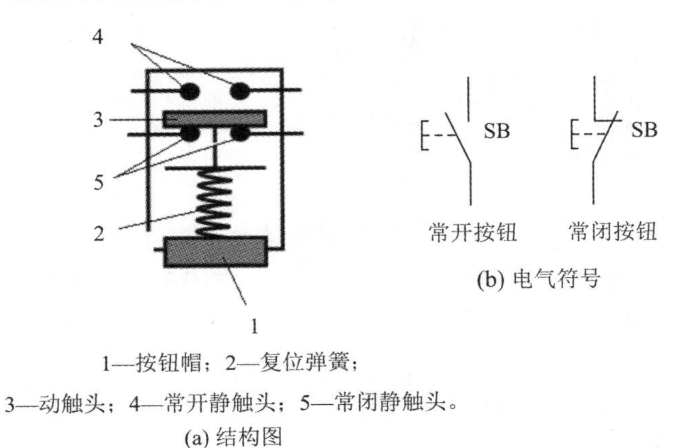

(b) 电气符号

1—按钮帽；2—复位弹簧；
3—动触头；4—常开静触头；5—常闭静触头。
(a) 结构图

图 7-49　按钮开关的结构图和电气符号

(4) 在电动机运行过程中，应对可能出现的故障进行保护。采用熔断器作短路保护，当电动机或电器发生故障时，及时熔断熔体，达到保护线路、保护电源的目的。熔体熔断时间与流过的电流的关系称为熔断器的保护特性，这是选择熔体的主要依据。

采用热继电器可实现过载保护，使电动机免受长期过载的危害。热继电器的主要技术指标是整定电流值，即电流超过此值的 20%时，其动断触头应能在一定时间内断开，切断控制回路，动作后只能由人工复位。

热继电器是一种因电路电流过大而发热产生动作的电器，常用作电动机的过载、断相和缺相保护。热继电器的结构如图 7-50 所示，主要由发热元件、热膨胀系数不同的双金属片、触头和动作机构组成。发热元件绕制在双金属片上，并与被保护设备的电路串联。当电路正常工作时，对应的负载电流流过发热元件，产生的热量不足以使金属片产生明显弯曲变形；当电气设备过载时，发热元件中通过的电流超过了它的额定值，因而热量增大，双金

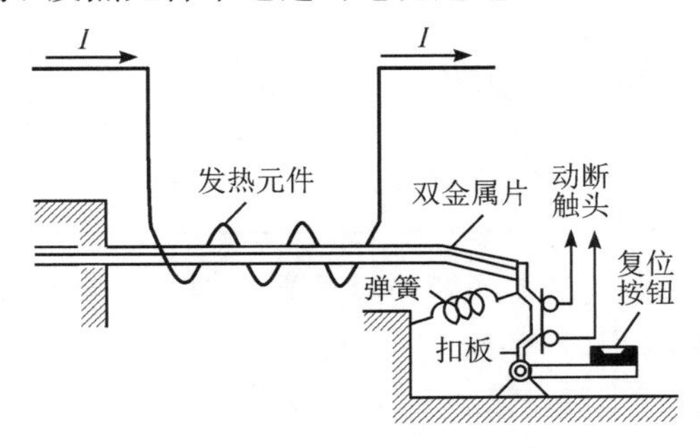

图 7-50　热继电器结构原理

属片弯曲变形，当弯曲程度达到一定幅度时，热继电器的触头动作，其结果是使常开触头闭合，常闭触头断开。

因为热继电器的常闭触头和接触器的电磁线圈串联，所以当热继电器动作后，接触器的线圈断电，其主触头也随之切断了电气设备主电路，起到过载保护的目的。

待双金属片冷却后，按下复位按钮，使热继电器的常闭触头恢复闭合状态，热继电器重新工作。热继电器动作电流值的大小可通过偏心凸轮进行调整。

由于热惯性，电气设备从过载开始到热继电器动作需要一定的时间，因而这种保护不适用于对电气设备的短路保护。

(5) 在电气控制线路中，最常见的故障发生在接触器上。接触器线圈的电压等级通常有 220 V 和 380 V 等，使用时必须认真，切勿疏忽；否则，电压过高易烧坏线圈，电压过低会导致吸力不够，不易吸合或吸合频繁，这不仅会产生很大的噪声，也会因磁路气隙增大(致使电流过大)而烧坏线圈。此外，在接触器铁芯端嵌有短路铜环，其作用是使铁芯吸合牢靠，消除颤动与噪声，若发现短路环脱落或断裂现象，接触器将会产生很大的振动与噪声。

注意：

① 接好的线路须经指导教师检查后，方可进行操作。

② 操作时，不许用手触及各元器件的导电部分及电动机的转动部分，以免触电及意外损伤。

③ 按动启动按钮后如果电动机不转动，要断电检查电路，避免损坏电动机。

3. 实验内容

1) 点动控制电路

将三相异步电动机接成星形，实验线路电源端接 U、V、W 相，供电线电压为 380 V。三相电动机的点动控制电路如图 7-51 所示。

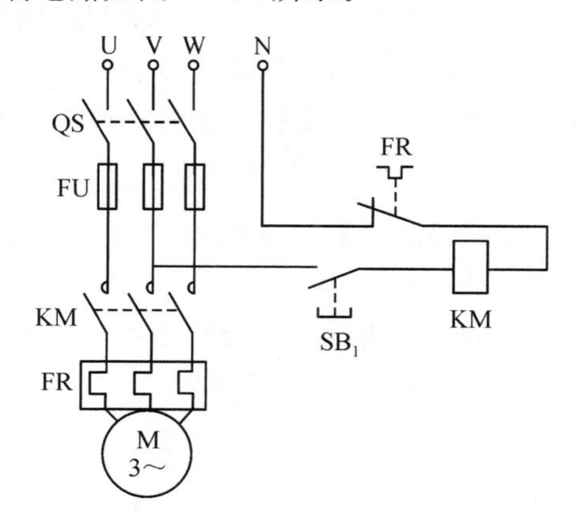

图 7-51　点动控制电路

按图 7-51 的点动控制电路进行安装接线时，先接主电路，即从 380 V 三相交流电源的输出 U、V、W 相开始，经接触器 KM 的主触头、热继电器 FR 的热元件到电动机 M 的三个线端的电路，用导线按顺序串联起来。主电路连接完整且无误后，再连接控制电路，即从 380 V 三相交流电源某输出端(如 V 相)开始，经过常开按钮 SB_1、接触器 KM 的线圈、热继电器 FR 的常闭触头到三相交流电源另一输出端(如 W 相)，显然它是对接触器 KM 线圈供电的电路。接好线路，经指导教师检查后，方可进行通电操作。

开启电源板电源总开关，按启动按钮，使输出线电压为 380 V。

按启动按钮 SB_1，对电动机 M 进行控制，比较按下 SB_1 后电动机和接触器的运行情况。

实验完毕后，按电源板停止按钮，切断实验线路三相交流电源。

2) 自锁控制电路

按图 7-52 所示线路进行接线，它与图 7-51 的不同点在于控制电路中多串联了一个常闭按钮 SB_2，同时在 SB_1 上并联了一个接触器 KM 的常开触头 KM_1，实现自锁控制。接好线路并经指导教师检查后，方可进行通电操作。

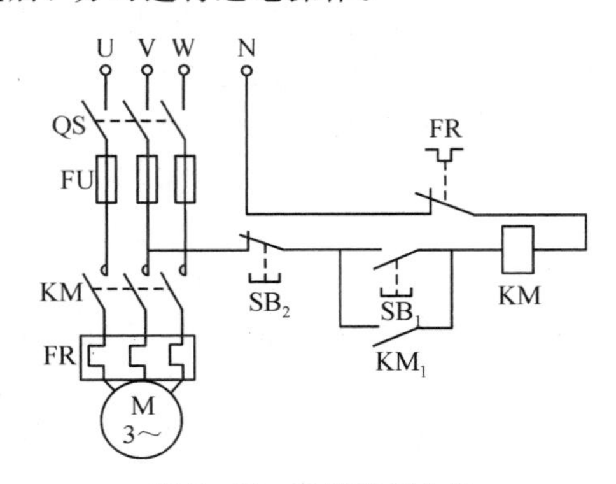

图 7-52 自锁控制电路

按电源板启动按钮，输出 380 V 三相交流电源。

按启动按钮 SB_1，松手后观察电动机 M 是否继续运转。

按停止按钮 SB_2，松手后观察电动机 M 是否停止运转。

按电源板停止按钮，切断实验线路三相电源，拆除控制回路中的自锁触头 KM_1，再接通三相电源，启动电动机，观察电动机及接触器的运转情况。验证自锁触头的作用。

实验完毕后，按电源板停止按钮，切断实验线路的三相交流电路。

4. 实验注意事项

(1) 实验过程中，若交流接触器吸合后电动机不转或发出较大噪声，则应立即切断电源，检查电路是否存在缺相等故障。

(2) 三相电源电压应准确测量，防止电压过低或过高而损坏电动机。

(3) 接线、拆线及改接电路时，均应先切断电源。

5. 预习与思考题

(1) 三相电动机的绕组连接方式有几种？如何确定电动机绕组的连接方式？

(2) 三相电动机的自锁控制是如何实现的？

6. 实验报告要求

(1) 总结交流接触器控制实验的体会。

(2) 记录实验操作步骤及实验现象。

(3) 说明电动机自锁控制过程。

实验 7.12　三相异步电动机正反转控制电路的研究

1. 实验目的

(1) 学习三相异步电动机的接线方法。

(2) 通过实验操作加深理解三相异步电动机正反转控制等线路的工作原理及各环节的作用。

(3) 掌握三相异步电动机正反转控制线路的工作原理，证明正反转线路中两只接触器互锁的必要性。

2. 实验原理

交换三相电动机的两相能够改变转动方向，其原理在于旋转磁场的方向是由绕组中电流的相序决定的。对调三相电源的两相后，改变了电机的相序，磁场的旋转方向也因此改变，从而使电机跟随磁场反转。这一操作可通过三相电流的任意两相接头对调来实现，即交换两根相线，从而改变磁场的旋转方向和电机的旋转方向。

根据三相电动机的工作原理，要使其做可逆运转，只需改变主供电电路中任意两相电源的相序，就是将接到电源的任意两根连线对调即可。这项工作是由两只交流接触器交替动作来完成的，如图 7－53 所示。图中，交流接触器 KM_1 为正向控制，KM_2 为反向控制，KM_{1-2}、KM_{1-3}、KM_{2-2}、KM_{2-3} 分别为交流接触器 1 和交流接触器 2 的触点。

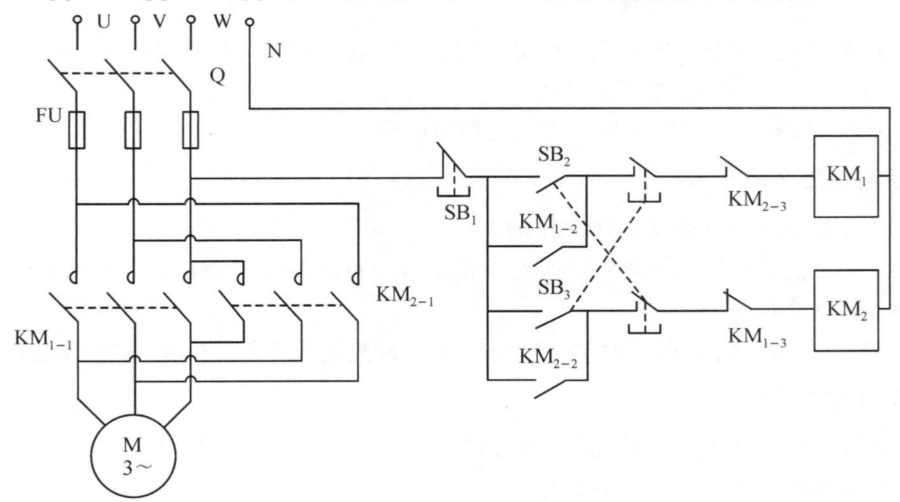

图 7－53　三相异步电动机正反转控制电路

(1) 正向控制：合上电源开关 Q，按下正向控制按钮 SB_2，正向接触器的吸合线圈 KM_1 得电，主触点 KM_{1-1} 闭合给电动机通电，同时辅助触头 KM_{1-2} 闭合(实现自锁)，而反转接触器的吸合线圈 KM_2 串联通路中的常闭触点 KM_{1-3} 断开。设此时电动机的接线顺序为 A—B—C，电动机正转。

(2) 反向控制：如果需要电动机由正向运转变为反向运转，先按下停止按钮 SB_1，使正向控制线路断开，然后按下反向控制按钮 SB_3，则接触器 KM_2 的线圈得电，使主触头 KM_{2-1} 闭合，辅助触头 KM_{2-2} 自锁，电动机做反向运转。这时电动机的接线顺序为 B—A—C。

(3) 互锁控制：为了避免两个接触器同时工作造成电源短路，必须增加接触器的互锁环节。当电动机正向运转时，按下反向运转启动按钮 SB_3，它的常闭触头断开，而正转接触器的线圈 KM_1 断电，主触点 KM_{1-1} 断开。同时，串接在反转控制电路中的常闭触点 KM_{1-3} 恢复闭合，反转接触器的线圈通电，电动机反向运转。此时串接在正转控制电路中的常闭触点 KM_{2-3} 断开，起着互锁的作用。

3. 实验内容

(1) 熟悉实验台，检查安全地线是否已经接牢固。检查控制开关的零线与火线位置是否正确，检查指示灯和保险管 FU 的情况，检查三相电的电源电压是否存在缺相等故障，并将三相电线电压调整为 380 V。

(2) 将各元器件合理地安装在实验台上，电动机要放平稳，附近不可以有阻碍电动机运行的物品存在。

(3) 三相电动机的正反转控制。

按图 7-53 接线，检查电路是否正常。接通电源，进行正向运转、停止运转、反向运转操作，观察电动机的转向有何变化，并观察控制回路中自锁、互锁的作用。

4. 实验注意事项

(1) 启动电动机时要密切观察电动机是否有异常现象，若电动机转动缓慢，发出振动声或电动机不转等，应立即断电。

(2) 启动次数不要过于频繁。

(3) 注意各电器的额定电压值。若交流接触器的线圈额定电压为 220 V，则控制线路就不能接在 380 V(两根火线)之间，反之亦然。

(4) 接线、拆线及改接电路时，均应先切断电源。

5. 预习与思考题

(1) 双重互锁控制电路是如何工作的?

(2) 在三相电动机控制电路中，如果一相供电线路断路或短路，会产生什么样的后果?如何正确处理这个问题?

(3) 在实际中，如何以最简单的方式改变三相电动机的转动方向?请叙述操作的具体过程。

6. 实验报告要求

(1) 总结三相电动机正反转控制实验的体会。

(2) 记录实验操作步骤及实验现象。

(3) 说明电动机控制过程中的互锁是如何实现的。

实验 7.13　三相异步电动机 Y-△启动控制电路实验

1. 实验目的

(1) 掌握 Y-△启动的原理和继电接触控制电路的操作。

(2) 通过实验进一步理解降压启动的原理。

(3) 通过实际安装三相异步电动机由接触器控制和时间继电器控制的 Y-△降压启动控制线路，掌握将电气原理图变换成安装接线图并进行操作的能力。

2. 实验原理

(1) Y-△变换启动。

在电动机启动时，将电动机的定子绕组接成星形(Y)连接，每相绕组承受的电压为电源的相电压(220 V)，从而减小了启动电流对电网的影响。当电动机启动后，再将电动机的定子绕组改接成三角形(△)连接，使得电压为 380 V，进行正常运转。

上述启动方式可以有效保护电动机以及电路系统，防止电流过载，不容易烧毁。Y -△降压启动，就是通过改变电动机绕组接法，来达到降压启动的目的。启动时，由主接触器将电源给三角形接法的电动机的三个首端，由星形接触器将三角形接法的电动机的三个尾端闭合。绕组就变成了星形接法，启动完成后，星形接触器断开运转，接触器将电源给电动机的三个尾端，绕组就变成了三角形接法，电动机全压运转。整个启动过程由时间继电器来指挥完成。星形接触器和三角形连接接触器必须实行互锁，不能同时闭合。

请注意，必须是三角形接线的电动机才能用 Y-△降压启动。启动时，用开关将电动机三相绕组接线方式改为星形，每相绕组的电压为 220 V，启动完毕后用开关再改回三角形接线，使各相绕组电压为 380 V。

(2) Y-△启动的控制电路。

Y-△启动控制电路应具有如下功能：电路中具有短路、过载保护；按下按钮后，控制电路先将电动机接成星形，电动机接近额定转速时，通过时间继电器自动将电动机换成三角形接法，电动机启动后，时间继电器要与电路断开。具体电路如图 7 - 54 所示。表 7 - 31 为时间继电器的电气符号。

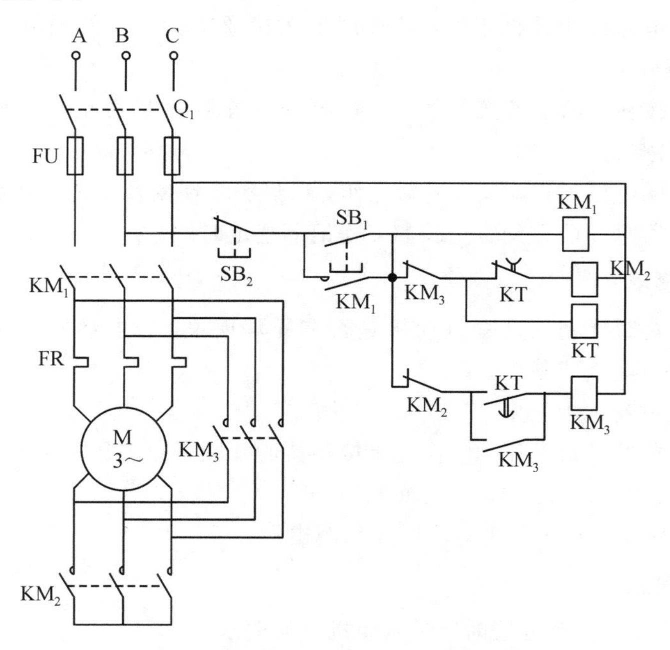

图 7 - 54　三相异步电动机 Y-△启动控制电路

表 7-31　时间继电器的电气符号

	通电式		断电式	
延时动作	常开 通电后延时断开		常闭 断电后延时断开	
	常闭 通电后延时断开		常开 断电后延时断开	

主回路包括起短路保护作用的熔断器 FU，起过载保护的热继电器 FR。开关 Q_1 闭合后向整个电路提供电源。当 KM_1 与 KM_2 主触头闭合时，电动机为星形接法；当 KM_1 与 KM_3 常开主触头闭合时，电动机为三角形接法。

在控制电路里，当按下按钮 SB_1 时，线圈 KM_1 得电，KM_1 常开辅助触头闭合，实现自锁。同时 KM_2 线圈得电，KM_2 常闭辅助触头得电，经过预选整定的延时后，时间继电器 KT 的延时断开触头断开，延时闭合触头闭合，线圈 KM_2 失电，线圈 KM_3 得电并自锁，电动机实现三角形连接并运行；按下停止按钮 SB_2，线圈 KM_1 断电，主触头及自锁触头断开，电动机停机。

3. 实验内容

(1) 弄清各实验单元板、电动机的接线方法和电路图中各接触器、继电器的动作顺序。

(2) 按图 7-54 接线，可先接主电路，然后连接控制电路。

(3) 检查控制电路接线是否正确，按顺序依次接通实验台上的漏电保护开关、空气自动开关及三相负荷开关。

(4) 操作启动按钮，观察各接触器、继电器的动作顺序是否正常，如出现故障，拉开 Q_1 开关自行检查并排除。

(5) 调整时间继电器延迟时间，重新操作，观察实验现象及变化。根据电动机启动所用时间，将时间继电器时间调整到合适位置，并记下整定时间。

4. 实验注意事项

(1) 启动电动机时要密切观察电动机是否有异常现象，若电动机转动缓慢，发出振动声或电动机不转等，应立即断电。

(2) 启动次数不要过于频繁。

(3) 注意各电器的额定电压值。若交流接触器的线圈额定电压为 220 V，则控制线路就不能接在 380 V(两根火线)之间，反之亦然。

(4) 接线、拆线及改接电路时，均应先切断电源。

5. 预习与思考题

(1) 采用 Y-△降压启动方法时，对电动机有何要求？

(2) 降压启动的最终目的是控制什么物理量？

(3) 降压启动采用时间继电器延时的自动控制线路有哪些优点？

6. 实验报告要求

(1) 绘制电路原理图。

(2) 分析控制电路中各触头的功能。

(3) 在实验过程中发生过什么故障，怎样进行故障检查及排除？

(4) 在实验电路中，时间继电器的延时时间怎样是合适的？延时过长或过短会出现什么问题？

第 8 章

模拟电子线路实验

模拟电子线路实验是电子技术的基础实验，内容涉及各种电路参数的基本测量方法，以及电路连接、故障排查。本教材中设置的模拟电子线路实验难度适中，能有效培养学生的基本电子技术实验技能。实验中使用的实验设备包括示波器、信号发生器、交流毫伏表、数字万用表、模拟电子线路实验箱等。本章的实验项目中将不再重复说明使用的实验设备。

实验 8.1　单级阻容耦合共射放大电路的测试

1. 实验目的

(1) 学会放大电路静态工作点的调试方法，分析静态工作点对放大电路性能的影响。

(2) 掌握放大电路电压放大倍数、输入及输出电阻的测量方法。

(3) 熟悉常用电子仪器及模拟电路实验设备的使用。

2. 实验原理

1) 单级阻容耦合共射放大电路的构成

晶体管放大电路是利用晶体管的电流控制作用来实现信号放大的电子线路。晶体管放大电路有共射、共集、共基三种接法，其中共射放大电路具有放大电压、电流、功率的特点，应用十分广泛。放大电路的基本要求就是不失真地放大信号，因此必须设置合适的静态工作点。实验利用偏置电阻 R_{B1} 和 R_{B2} 对 V_{CC} 的分压作用，使得基极电位与环境温度无关，因此该结构的电路又称为分压式偏置放大电路，属于典型的静态工作点稳定电路。为了稳定放大电路的静态工作点，在发射极还接有电阻，以引入直流负反馈。C_1 和 C_2 分别将信号源与放大电路、放大电路与负载连接起来，被称为耦合电容。对于一定频率的交流信号而言，耦合电容的容量足够大时，其容抗可忽略，即可视为短路，此时信号就可以几乎无损失地进行传递。耦合电容对于直流来讲相当于开路，可以隔离信号源与放大电路、放大电路与负载之间的直流量。单级阻容耦合共射放大电路如图 8－1 所示。

2) 电路参数的估算

(1) 静态工作点的估算。

在图 8－1 的电路中，当流过偏置电阻 R_{B1} 和 R_{B2} 的电流远大于晶体管 VT 的基极电流 I_B 时，该电路静态工作点的计算公式如下：

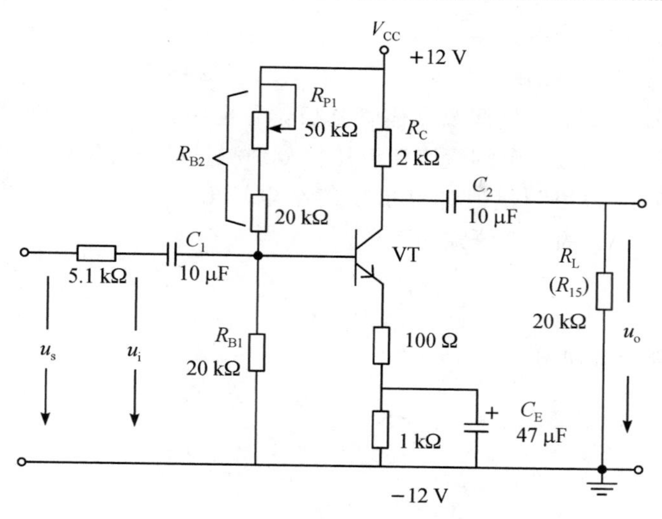

图 8－1　单级阻容耦合共射放大电路

$$V_B \approx \frac{R_{B1}}{R_{B1}+R_{B2}} \cdot V_{CC} \tag{8-1}$$

$$I_E \approx \frac{V_B - U_{BE}}{R_E} \approx I_C \tag{8-2}$$

$$U_{CE} = V_{CC} - I_C(R_C + R_E) \tag{8-3}$$

其中，R_E 为射极的总电阻，具体阻值应为实验电路中射极所有电阻的总和。

(2) 动态参数的估算。

分析放大电路的动态参数时，若耦合电容容量很大，则对交流信号可视为短路。单级阻容耦合共射放大电路的交流等效电路如图 8－2 所示。为提高实验电路的放大能力，实验中可将发射极电阻短接。

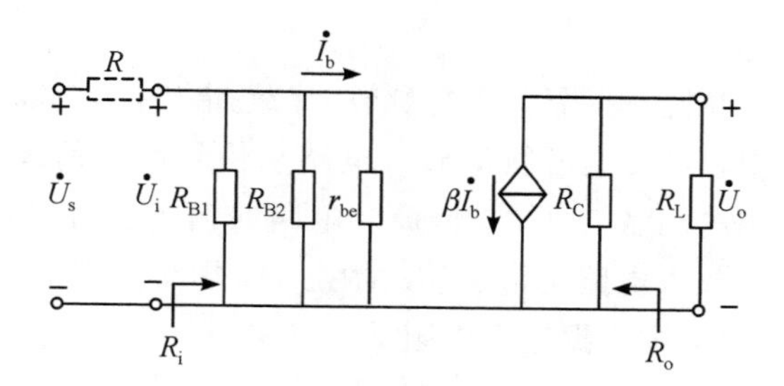

图 8－2　单级阻容耦合共射放大电路的交流等效电路

电压放大倍数为

$$\dot{A}_u = -\beta \frac{R_C \mathbin{/\!/} R_L}{r_{be}} \tag{8-4}$$

输入电阻为

$$R_i = R_{B1} \mathbin{/\!/} R_{B2} \mathbin{/\!/} r_{be} \tag{8-5}$$

输出电阻为

$$R_o \approx R_C \tag{8-6}$$

3）电路参数的测量方法

（1）静态工作点的测量。

将电路接入直流电源，通过调节晶体管基极偏置电阻，令晶体管工作在放大状态。保持静态工作点不变，选用数字万用表直流电压挡分别测量晶体管发射极电位 V_E、基极电位 V_B 和集电极电位 V_C。利用测量值计算出发射结电压 $U_{BE}=V_B-V_E$，集电结电压 $U_{CE}=V_C-V_E$。集电极电流 I_C 的计算公式如下：

$$I_C=\frac{V_{CC}-V_C}{R_C} \tag{8-7}$$

NPN 型晶体管管脚如图 8－3 所示。

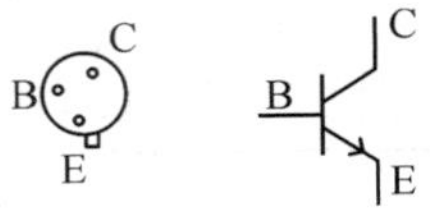

图 8－3　NPN 型晶体管的管脚排列

（2）动态指标测试。

放大电路的动态指标包括电压放大倍数、输入电阻、输出电阻、最大不失真输出电压（动态范围）和通频带等。

① 电压放大倍数 $\dot{A}_u$ 的测量。

调整放大电路到合适的静态工作点，在电路输入端加入交流电压 u_i，同时用示波器观察输出波形。在输出电压波形不失真的情况下，用交流毫伏表测出输出电压 u_o 的有效值。通过电压放大倍数的计算公式，求出该电路的电压放大倍数，计算公式如下：

$$\dot{A}_u=\frac{\dot{U}_o}{\dot{U}_i} \tag{8-8}$$

② 输入电阻 R_i 的测量。

在放大电路中，输入电阻是一个重要的参数，它是指当信号源将信号输入到放大电路时在输入端口产生的电阻，其大小可衡量放大电路从信号源或前级电路获取电流的多少。输入电阻可采用串联电阻法测量，即在被测放大电路的输入端与信号源之间串入一已知电阻 R，如图 8－4 所示。在放大电路正常工作的情况下，用交流毫伏表分别测出 U_s 和 U_i，R 两端的电压降 $U_R=U_s-U_i$，则根据输入电阻的定义可得

$$R_i=\frac{U_i}{I_i}=\frac{U_i}{U_R/R}=\frac{U_i}{U_s-U_i}R \tag{8-9}$$

③ 输出电阻 R_o 的测量。

输出电阻反映了放大电路带负载的能力。放大电路的输出端可以等效为一个理想电压源和输出电阻的串联，如图 8－4 所示。在放大电路正常放大的条件下，U_o' 为空载时输出电压的有效值，U_o 为带负载后输出电压的有效值，根据

$$U_o=\frac{R_L}{R_o+R_L}U_o'$$

即可求出

$$R_o = \left(\frac{U'_o}{U_o} - 1\right) R_L \tag{8-10}$$

在测量中应注意，必须保持 R_L 接入前后输入信号的大小不变。

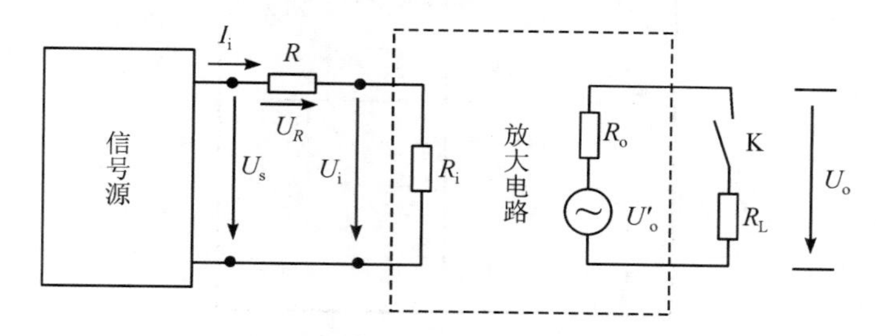

图 8－4　单级阻容耦合共射放大电路输入、输出电阻的测量电路

3. 实验内容

(1) 根据实验箱的型号，按照图 8－1 接线。

(2) 静态工作点的调整与测量。

接通＋12 V 直流电源，调节 R_{P1}(大致在负载线中央位置)，使晶体管 VT 的集电极电位 V_C＝6.95 V。用数字万用表直流电压挡分别测量晶体管的发射极电位 V_E、基极电位 V_B 和集电极电位 V_C，将测量数据记入表 8－1 中。

表 8－1　静态工作点的测量数据记录表

实 测 值			计 算 值		
V_C/V	V_E/V	V_B/V	U_{BE}/V	U_{CE}/V	I_C/mA

(3) 测量电压放大倍数。

将输入信号 u_i 连接到交流信号源，调节信号源，以使其输出一个频率 f＝1 kHz 且峰峰值为 300 mV 的正弦波波形。用示波器观察放大电路的输入和输出波形，在输出波形不失真的条件下，测量输出电压的峰峰值(或有效值)，将测量数据填入表 8－2 中。

表 8－2　电压放大倍数的测量数据记录表

R_L/kΩ	$U_{i,\,p\text{-}p}$/mV	$U_{o,\,p\text{-}p}$/mV	A_u
∞	300		
2	300		

(4) 用示波器观察放大电路的输入和输出波形，并将它们记录在图 8－5 中(注意它们之间的相位关系)。

(5) 测量输出电阻。

输入信号不变，用示波器观察输出波形，保持其不失真，用毫伏表分别测量放大电路接上负载电阻 R_L(R_L＝2 kΩ)时的输出电压 U_o 及空载时(R_L＝∞)的输出电压 U'_o。将所测数据及计算结果填入表 8－3 中。

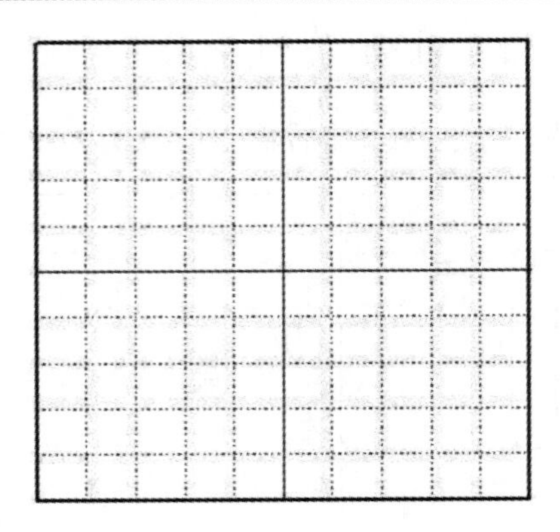

图 8-5

表 8-3　输出电阻的测量结果

U_o'/mV	U_o/mV	R_o/kΩ

注：示波器所测量的为峰峰值，万用表测量的为有效值。

4. 实验注意事项

(1) 实验过程中应确保实验设备的安全。使用交流信号源为放大电路提供输入信号时，应先按照输入信号参数调整信号源的设置，再打开信号源信号输出开关。

(2) 实验过程中注意每种仪表的功能，使用完毕后须关闭仪器电源。

5. 预习与思考题

(1) 阅读教材中有关单管共射放大电路的内容并估算实验电路的性能指标。

(2) 假设 3DG6 的 $\beta=100$，$R_{B1}=20$ kΩ，$R_{B2}=60$ kΩ，$R_C=2$ kΩ，$R_L=2$ kΩ，$R_E=1$ kΩ，$r_{be}=1$ kΩ，$V_{CC}=12$ V。估算实验放大电路的静态工作点，以及电压放大倍数 $\dot{A}_u$、输入电阻 R_i 和输出电阻 R_o。

6. 实验报告要求

(1) 在调试图 8-1 中放大电路的静态工作点时，输入电阻变化与否，为什么？

(2) 总结 R_C、R_L 对放大电路电压放大倍数、输出电阻的影响。

实验 8.2　电压串联负反馈放大电路的测试

1. 实验目的

(1) 掌握分立元件两级放大电路静态工作点的调整以及各项技术指标的测量方法。

(2) 验证电压串联负反馈对放大电路的电压放大倍数、输入电阻和输出电阻的影响。

2. 实验原理

负反馈在电子电路中有着广泛的应用，其目的是改善放大电路的工作性能。引入负反

馈电路虽然会造成放大电路的放大倍数降低，但能在多方面改善放大电路的动态指标，如稳定放大倍数，改变输入、输出电阻，减小非线性失真和展宽通频带等。因此几乎所有的放大电路都带有负反馈。

负反馈放大电路有四种组态，即电压串联、电压并联、电流串联和电流并联。本实验以电压串联负反馈为例，分析负反馈对放大电路各项性能指标的影响。在分析电压串联负反馈放大电路时，应遵循以下计算步骤：首先，分析基本放大电路(开环状态)，确定其各项技术指标，包括电压放大倍数、输入电阻和输出电阻等；其次，研究反馈网络，计算反馈系数(即反馈网络对输出信号的取样与反馈到输入端的比率)；最后，利用开环指标和反馈系数，计算闭环状态下的电压串联负反馈放大电路的各项性能指标，包括闭环放大倍数、输入电阻和输出电阻等，有效掌握负反馈对放大电路性能的影响。

图 8－6 为引入电压串联负反馈的两级阻容耦合放大电路。在电路中通过 R_f(R_{14} = 8.2 kΩ)把输出电压 U_o 引回到输入端，加在晶体管 VT_1 的发射极上，并在发射极电阻 R_7 上形成反馈电压 U_f。

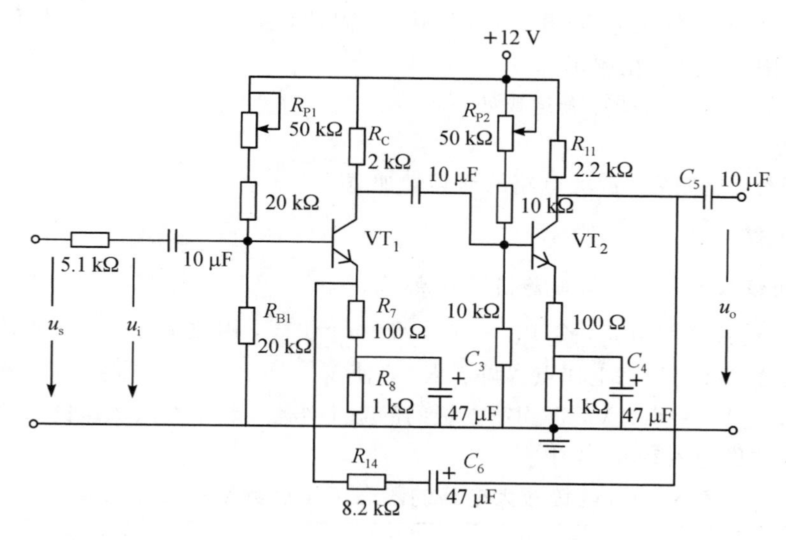

图 8－6　引入电压串联负反馈的两级阻容耦合放大电路

电压串联负反馈对放大电路性能指标的影响如下：

(1) 引入电压串联负反馈降低了闭环电压放大倍数 $\dot{A}_{u,f}$，即

$$\dot{A}_{u,f}=\frac{\dot{A}_u}{1+\dot{A}_u\dot{F}_u} \tag{8-11}$$

其中，$\dot{A}_u=\frac{\dot{U}_o}{\dot{U}_i}$是基本放大电路(无反馈)的电压放大倍数，即开环电压放大倍数；反馈系数 $\dot{F}_u=\frac{\dot{U}_f}{\dot{U}_o}$，可以反映反馈的程度；$1+\dot{A}_u\dot{F}_u$ 用于衡量反馈深度，它的大小决定了负反馈对放大电路性能改善的程度。

(2) 引入电压串联负反馈可以增加输入电阻，即

$$R_{i,f}=(1+A_uF_u)R_i \tag{8-12}$$

其中，R_i 为开环放大电路的输入电阻。

(3) 引入电压串联负反馈可以减小输出电阻，即

$$R_{o,f}=\frac{R_o}{1+A_uF_u} \tag{8-13}$$

其中，R_o 为开环放大电路的输出电阻。

(4) 引入负反馈可以展宽放大电路的通频带。

引入负反馈后，放大电路的上限截止频率 $f_{H,f}$ 和下限截止频率 $f_{L,f}$ 的计算表达式分别为

$$f_{H,f}=(1+A_uF_u)f_H \tag{8-14}$$

$$f_{L,f}=\frac{f_L}{1+A_uF_u} \tag{8-15}$$

其中，f_H、f_L 是基本放大电路(开环)的上限、下限截止频率；$f_{H,f}$、$f_{L,f}$ 是负反馈放大电路(闭环)的上限、下限截止频率。

放大电路的通频带的计算表达式如下：

$$f_{BW}=f_{H,f}-f_{L,f} \tag{8-16}$$

可见，引入负反馈后，放大电路的通频带加宽。

3. 实验内容

1) 测量两级放大电路各级的静态工作点

按图 8-6 连接实验电路，令 $V_{CC}=+12$ V，$u_i=0$ V，用数字万用表的直流电压挡分别测量第一级、第二级的静态工作点。调节 R_{P1}，使 $V_{C1}=6.9$ V，即得到第一级的静态工作点；调节 R_{P2}，使 $V_{C2}=6.9$ V，得到第二级的静态工作点。将两级放大电路各级静态工作点的测量和计算结果记入表 8-4 中。

表 8-4 两级放大电路的静态工作点测量数据记录表

级别	测量值			计算值		
	V_C/V	V_E/V	V_B/V	U_{BE}/V	U_{CE}/V	I_C/mA
第一级(VT_1)						
第二级(VT_2)						

2) 验证负反馈对电压放大倍数的影响

在保持静态工作点不变的情况下，分别测量开环电路(基本放大电路，即断开负反馈支路)和闭环电路(负反馈放大电路)两种情况下的输出电压值。调节交流信号源，令输入信号 u_i 的频率为 1 kHz，峰峰值为 30 mV。将该信号加在放大电路的输入端，用交流毫伏表或示波器分别测量以下四种条件下的输出电压，将测量和计算结果记入表 8-5 中。

注意：两级放大电路应按电路图连接起来。

表 8-5　负反馈对电压放大倍数的影响的测量数据记录表

测量条件	$R_L/k\Omega$	$U_{i,p\text{-}p}/mV$	$U_{o,p\text{-}p}/mV$	A_u
开环（无反馈）	∞	30		
	2	30		
闭环（有反馈）	∞	30		
	2	30		

3）验证负反馈对输入电阻 R_i 的影响

调节交流信号源，令输入信号 u_s 的频率为 1 kHz，峰峰值为 30 mV。将该信号加在放大电路的输入端，测量和计算值分别填入表 8-6 中(具体测试方法，见单级阻容耦合共射极放大电路实验内容)。

表 8-6　负反馈对输入电阻的影响的测量数据记录表

测量条件	$U_{s,p\text{-}p}/mV$	$U_{i,p\text{-}p}/mV$	$R_i/k\Omega$
开环	30		
闭环	30		

4）验证负反馈对输出电阻 R_o 的影响

由于在电压放大倍数的测量中已经测量了有无电阻和负反馈情况的输出电压，因此可直接将测量及计算结果填入表 8-7 中。

表 8-7　负反馈对输出电阻的影响的测量数据记录表

测量条件	$U'_{o,p\text{-}p}/mV(R_L=\infty)$	$U_{o,p\text{-}p}/mV(R_L=2\ k\Omega)$	$R_o/k\Omega$
开环			
闭环			

4. 实验注意事项

(1) 交流信号源应先完成参数设置，再连接到电路中，各测量仪表需要选择合适的量程。

(2) 使用完毕后应关闭实验设备的电源。

(3) 仪器探头的接地端只能接入电路接地，不能接入其他节点或悬空。

5. 预习与思考题

(1) 复习负反馈放大电路的相关内容。

(2) 复习判断放大电路反馈组态的方法。

6. 实验报告要求

(1) 将基本放大电路和负反馈放大电路动态参数的实测值和理论估算值列表并进行比较。

(2) 根据实验结果，总结电压串联负反馈对放大电路性能的影响。

实验 8.3 基于集成运放的模拟运算电路测试与设计

1. 实验目的

(1) 学习由集成运算放大器组成的反相比例运算放大电路和同相比例运算放大电路的原理和电路构成形式。

(2) 学会用双踪示波器观察电路的输入、输出波形并理解其相位关系。

(3) 掌握用集成运算放大器设计加减混合运算电路的方法。

2. 实验原理

集成运算放大器(又称为集成运放)是一种具有高电压放大倍数的直接耦合多级放大电路。集成运放最早的应用就是实现模拟信号的运算。在集成运放中采用不同的反馈元件，引入深度负反馈，能够实现模拟信号之间的各种运算。本实验所研究的几种模拟运算电路是最基本的电路形式。

集成运放是一种固体组件，具有高增益、高输入电阻、低输出电阻。本实验采用的集成运放的型号为 μA741，其引脚图如图 8-7 所示。3 脚和 2 脚为两个输入端子，6 脚为输出端子。在两个输入端子中，2 脚是反相输入端子，标有“－”号，表示输出电压与该输入端电压的相位相反；3 脚是同相输入端子，标有“＋”号，表示输出电压与该输入端电压的相位相同。7 脚接＋12V 电压源；4 脚接－12V 电压源；8 脚是空端；1 脚和 5 脚为调零端。

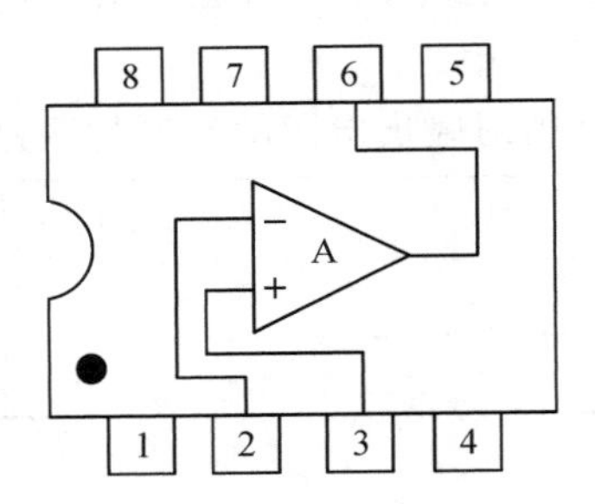

图 8-7 集成运放 μA741 的引脚图

基本运算电路主要有以下几种：

(1) 反相比例运算放大电路。

反相比例运算放大电路如图 8-8 所示。输入电压信号 u_I 经过电阻 R_1 加到集成运算放大器的反相输入端，R_f 是电压负反馈电阻，R_2 为电流平衡电阻。为了减小输入级偏置电流引起的运算误差，电流平衡电阻的阻值应满足条件 $R_2=R_1//R_f$。对于理想运放，反相比例运算放大电路的输出电压与输入电压之间的关系如下：

$$u_O=-\frac{R_f}{R_1}u_I \tag{8-17}$$

其电压放大倍数为

$$\dot{A}_u=-\frac{R_f}{R_1} \tag{8-18}$$

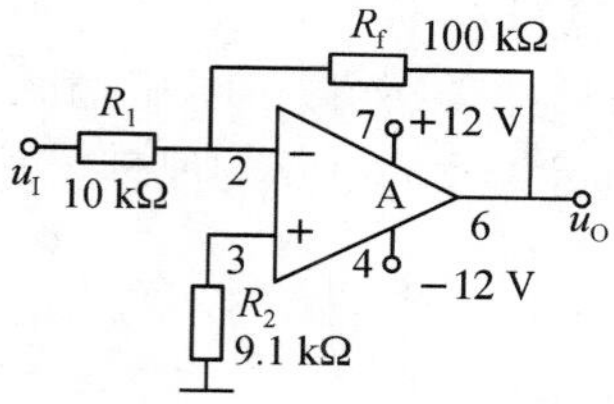

图 8-8　反相比例运算放大电路

（2）同相比例运算放大电路。

同相比例运算放大电路如图 8-9 所示。输入电压信号 u_I 经过电阻 R_2 加到集成运算放大器的同相输入端。为了减小输入级偏置电流引起的运算误差，应满足条件 $R_2=R_1//R_f$。对于理想运放，该电路的输出电压与输入电压之间的关系如下：

$$u_O=\left(1+\frac{R_f}{R_1}\right)u_I \tag{8-19}$$

其电压放大倍数为

$$\dot{A}_u=1+\frac{R_f}{R_1} \tag{8-20}$$

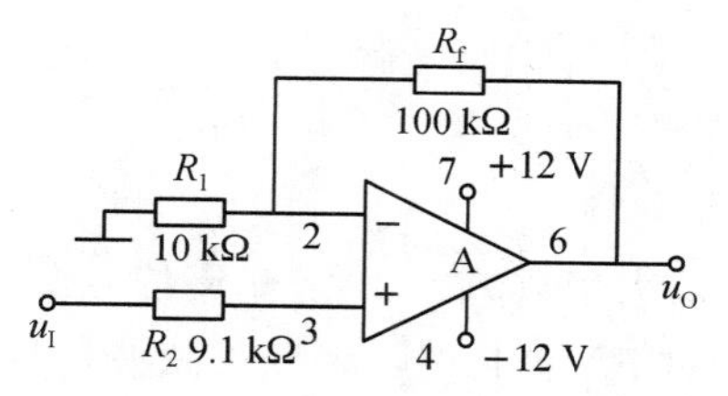

图 8-9　同相比例运算放大电路

（3）加法运算电路。

如果将两个或两个以上的电压信号同时加到集成运算放大器的反相或同相输入端，便构成了加法运算电路。两个输入电压信号加到反相输入端后构成反相加法运算电路，如图 8-10 所示，其中 $R_3=R_1//R_2//R_f$。

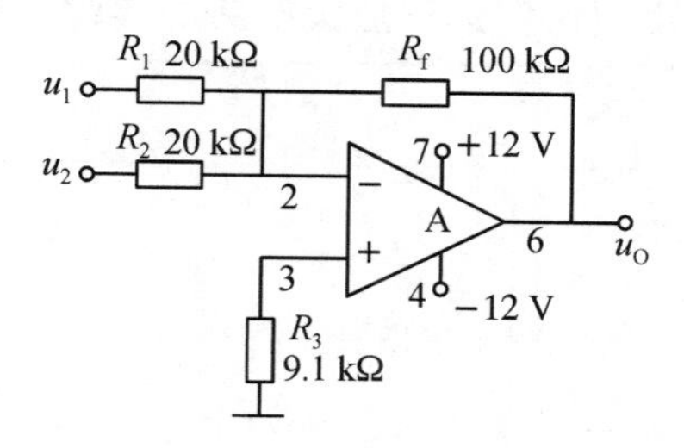

图 8-10　反相加法运算电路

输出电压与输入电压之间的关系如下：

$$u_O = -\left(\frac{R_f}{R_1}u_1 + \frac{R_f}{R_2}u_2\right) \tag{8-21}$$

(4) 差动放大电路(减法运算电路)。

两个输入电压信号分别加到反相输入端和同相输入端后构成减法运算电路，如图 8-11 所示。根据反相和同相比例运算放大电路的原理，可得到输出电压为

$$u_O = -\frac{R_f}{R_1}u_1 + \left(1 + \frac{R_f}{R_1}\right)\frac{R_3}{R_2 + R_3}u_2 \tag{8-22}$$

当 $R_1 = R_2$，$R_3 = R_f$ 时，输出电压为

$$u_O = \frac{R_f}{R_1}(u_2 - u_1) \tag{8-23}$$

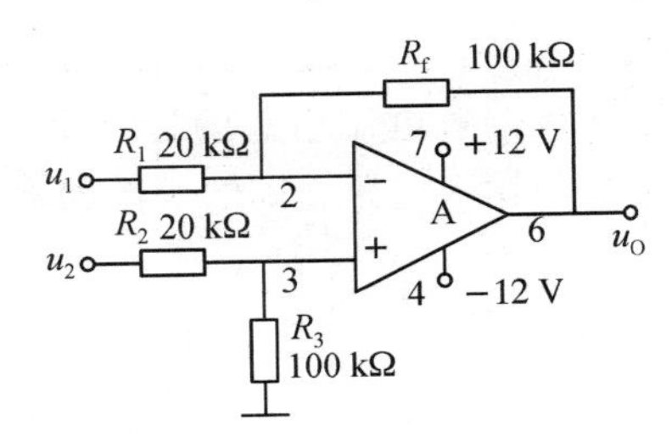

图 8-11　减法运算电路

3. 实验内容

1) 测量反相比例运算放大电路的参数

(1) 按照图 8-8 连接电路。

(2) 测量电路的中频电压放大倍数 A_u。设定交流信号源的目标参数，使其输出一个频率为 1 kHz、峰峰值为 30 mV 的正弦波信号。将该正弦波信号通过连接线接入放大电路的输入端，确保连接稳固可靠。输入信号经过放大后，使用交流毫伏表测量其输出电压值 U_o。根据测量得到的输出电压与输入电压的比值，计算出电路的中频电压放大倍数 A_u。将实验结果填入表 8-8 中。

(3) 观察并记录波形。用双踪示波器观察电路的输入、输出电压波形及它们之间的相位关系，并将输入、输出波形填入表 8-8 中。

表 8-8　反相比例运算放大电路的实验结果记录表

$U_{i,\,p\text{-}p}$/mV	$U_{o,\,p\text{-}p}$/mV	$A_u = \frac{U_{o,\,p\text{-}p}}{U_{i,\,p\text{-}p}}$			输入和输出波形
30		实测值	理论值	误差/%	

2）测量同相比例运算放大电路的参数

按照图8-9连接电路，测试内容、方法及要求同上，并将数据填入表8-9中。

表8-9　同相比例运算放大电路的实验结果记录表

$U_{\mathrm{i,\,p\text{-}p}}/\mathrm{mV}$	$U_{\mathrm{o,\,p\text{-}p}}/\mathrm{mV}$	$A_u=\dfrac{U_{\mathrm{o,\,p\text{-}p}}}{U_{\mathrm{i,\,p\text{-}p}}}$			输入和输出波形
30		实测值	理论值	误差/%	

3）加减混合运算电路的设计

利用加法器和减法器设计一个能实现$U_o=U_1+U_2-U_3$的运算电路。输入信号采用实验箱的“直流可调电源”，集成运放的型号为μA741，准备若干$R=10\ \mathrm{k\Omega}$的电阻。设计要求如下：

(1) 要求画出完整的设计电路图。

(2) 确定加减混合运算电路的输入电压值，计算输出电压的理论值，并将其与实测值进行比较，同时进行误差分析。要求误差控制在5%以内。

(3) 整理测量实验数据，并将数据填入表8-10中。

表8-10　加减混合运算电路的实验结果记录表

U_i			U_o		
U_1/V	U_2/V	U_3/V	实测值/V	理论值/V	误差/%

4. 实验注意事项

(1) 使用集成运放的过程中必须保证运放的电源正确连接。

(2) 各测量仪表需要选择合适的量程。

(3) 使用完毕后应关闭实验设备的电源。

5. 预习与思考题

(1) 反相、同相比例运算放大电路的放大倍数用公式如何表示？

(2) 基本运算放大电路的通频带的计算公式如何表示？

(3) 实验中电压放大倍数的相对误差公式如何表示？

6. 实验报告要求

(1) 实验数据的计算结果保留到小数点后1位数字。

(2) 绘制的输入和输出波形应准确反映波形的相位关系。

实验 8.4　基于集成运放的波形发生器测试

1. 实验目的

(1) 通过实验，进一步掌握积分、微分运算放大电路的工作原理。

(2) 学会利用双踪示波器观察积分、微分运算放大电路的输入与输出波形。

(3) 学习用集成运放构成正弦波、方波和三角波发生器的方法。

2. 实验原理

由集成运放构成的积分和微分运算放大电路广泛应用于模拟计算、信号处理和信号产生等领域。下面介绍积分运算放大电路、微分运算放大电路及波形发生器。

1) 积分运算放大电路

积分运算放大电路的原理电路如图8-12(a)所示。输入电压通过电阻R_1加在集成运放的反相输入端，在输出端通过电容C引入深度负反馈到反相输入端。根据反相运放的“虚短”“虚断”的特点以及电容的电流和电压的关系，可得积分运算放大电路的输出电压为

$$u_O(t)=-\frac{1}{RC}\int u_I \mathrm{d}t \tag{8-24}$$

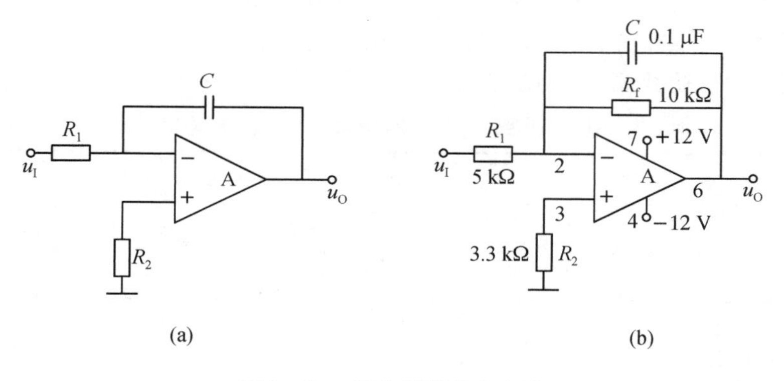

图8-12　积分运算放大电路

为防止低频信号增益过大，在实用电路中通常在电容C上并联一个较大的电阻R_f，如图8-12(b)所示。当输入信号为单位阶跃电压时，图8-12(b)中的输出电压为

$$u_O(t)=-\frac{R_f}{R_1}\left(1-e^{-\frac{1}{R_fC}t}\right) \tag{8-25}$$

最大电压放大倍数为

$$\dot{A}_{u1}=-\frac{R_f}{R_1} \tag{8-26}$$

式(8－25)中的 R_fC 为时间常数 τ_1，即

$$\tau_1=R_fC \tag{8-27}$$

时间常数的单位为秒(s)。它表示电容从完全放电到充电到其峰峰值的63.2%所需的时间。

在式(8－25)中，当 $t=\tau_1=R_fC$ 时，有

$$u_O(t)\approx -0.63U_{o,\ p\text{-}p} \tag{8-28}$$

其中，e 取 2.71828。积分运算放大电路输入、输出波形图如图 8－13 所示。

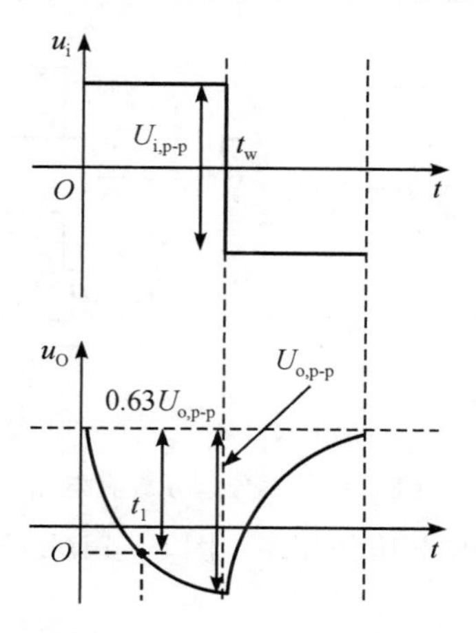

图 8－13　积分运算放大电路输入、输出波形

积分运算放大电路外部元件参数的计算应根据对积分电压放大倍数和时间常数的要求来进行。由式(8－26)和式(8－27)可知，如果已知积分电压放大倍数和时间常数，要确定三个元件参数 R_1、R_f 和 C，则需先选择一个元件参数，再计算其他两个。电容的数值应不超过 1 μF，电阻的阻值一般在几千欧到几百千欧之间。图 8－12(b)中，R_2 为平衡电阻，其值应满足如下条件：

$$R_2=\frac{R_1\times R_f}{R_1+R_f} \tag{8-29}$$

实际测试中，积分运算放大电路可采用方波作为输入信号，在积分电压放大倍数和时间常数的测试中，必须使方波的宽度 $t_w>>\tau_1$。这样，方波可近似看作阶跃信号，从而较完整地观察到积分器输出电压波形。接入方波信号后，输入、输出电压的波形及峰-峰值 $U_{i,\ p\text{-}p}$ 和 $U_{o,\ p\text{-}p}$ 如图 8－13 所示。通过观察波形可测出积分电压放大倍数为

$$\dot{A}_{u1}=-\frac{U_{o,\ p\text{-}p}}{U_{i,\ p\text{-}p}} \tag{8-30}$$

时间常数为 $u_O=0.63U_{o,\ p\text{-}p}$ 时所对应的时间 t_1，即

$$\tau_1=t_1 \tag{8-31}$$

2）微分运算放大电路

微分运算是积分运算的逆运算，只需将积分运算电路中反相输入端的电阻和反馈电容的位置互换就可以构成微分运算电路。微分运算放大电路的原理电路如图 8－14(a)所示。根据反相运放的“虚短”“虚断”的特点以及电容的电流和电压的关系，可得微分运算放大电路的输出电压为

$$u_O(t) = -RC\frac{\mathrm{d}u_I}{\mathrm{d}t} \tag{8-32}$$

为防止放大电路饱和或产生自激，在实际的微分运算放大电路中，会在输入端串接一个电阻 R_1，如图 8-14(b)所示。当输入信号为单位阶跃电压时，输出电压为

$$u_O(t) = -\frac{R_f}{R_1}e^{-\frac{1}{R_1C}t} \tag{8-33}$$

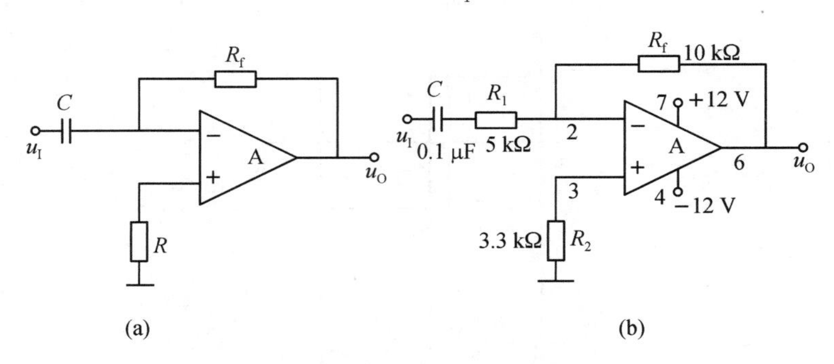

图 8-14　微分运算放大电路

式(8-33)说明，在单位阶跃电压作用下，图 8-14(b)的电路的输出电压随时间的增长是按指数规律变化的。

当 $t=0$ 时，$u_O = -U_{o,\max} = -\frac{R_f}{R_1}$。由于输入信号为单位电压，所以图 8-14(b)的最大电压放大倍数为

$$\dot{A}_{u2} = -\frac{R_f}{R_1} \tag{8-34}$$

式(8-33)中的 R_1C 为微分时间常数 τ_2，即

$$\tau_2 = R_1C \tag{8-35}$$

时间常数的单位为秒(s)，它表示电容从完全充电到最大值放电到其初始值的 36.8%所需的时间。

在式(8-33)中，当 $t=\tau_2=R_1C$ 时，有

$$u_O(t) \approx -0.37U_{o,\max} \tag{8-36}$$

式中，e 取 2.71828。微分运算放大电路输入、输出电压波形如图 8-15 所示。

微分运算放大电路外部元件参数的计算和选择原则与积分运算放大电路相同，电路测试所用仪器及方法也基本相同。

通过观察如图 8-15 所示的波形可测出微分运算放大电路的输出电压，并计算出电压放大倍数，其计算公式如下：

$$\dot{A}_{u2} = -\frac{U_{o,\max}}{U_{i,p\text{-}p}} \tag{8-37}$$

时间常数为 $u_O(t) = -0.37U_{o,\max}$ 时对应的时间 t_2，即

$$\tau_2 = t_2 \tag{8-38}$$

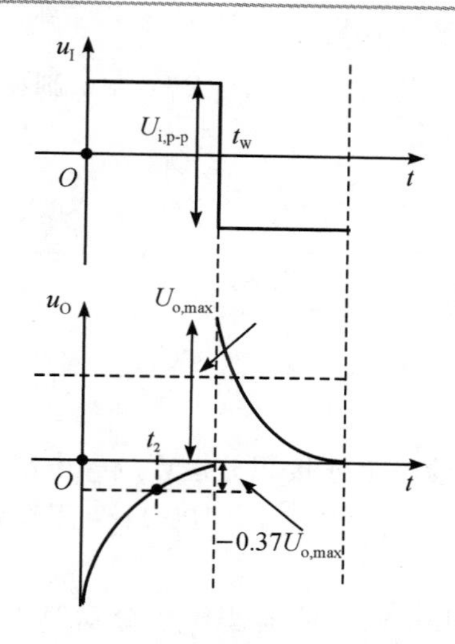

图 8-15　微分运算放大电路输入输出波形

3）波形发生器

由集成运放构成的方波发生器和三角波发生器，一般均包括比较器和 RC 积分电路两大部分。图 8-16 所示为由滞回比较器及简单 RC 积分电路组成的方波-三角波发生器，其特点是线路简单，但三角波的线性度较差，它主要用于产生方波或对三角波要求不高的场合。

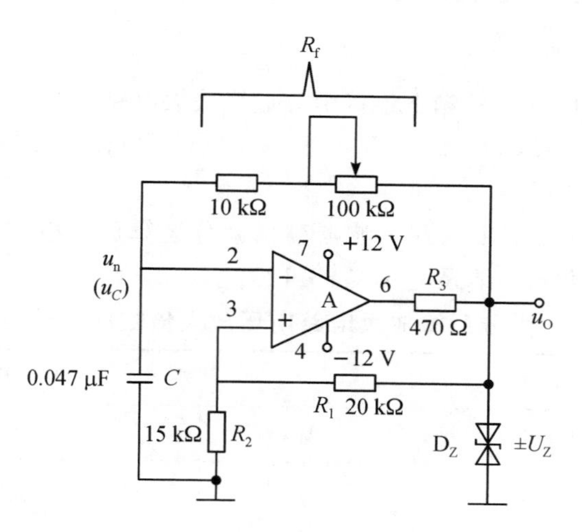

图 8-16　波形发生器

方波发生器是一种能产生方波或矩形波的非正弦波发生器。由于方波或矩形波包含着极丰富的谐波，因此这种电路又称为“多谐振荡器”。方波发生器是以比较器为基础的，由 R_2 和 R_1 组成正反馈支路，它将正反馈电压加到放大电路的同相端；R_f 和 C 组成积分电路，把另一个反馈电压加到反相端。R_3 为限流电阻。两个背靠背的硅稳压管组成双向限幅电路，输出电压为 $\pm U_Z$。

此时电路振荡频率为

$$f=\frac{1}{2R_fC\ln(1+2R_2/R_1)} \tag{8-39}$$

通过改变 R_f(或 C)可实现振荡频率的调节。

若适当选取 R_1 和 R_2 的值，使 $\ln(1+2R_2/R_1)=1$，则振荡频率为

$$f=\frac{1}{2R_fC} \tag{8-40}$$

方波输出幅值

$$U_{OM}=\pm U_Z \tag{8-41}$$

3. 实验内容

1) 积分运算放大电路

(1) 按照图 8-12(b)在实验箱上连接积分运算放大电路。

(2) 输入一个方波信号，$U_{i,p-p}=1$ V，$f=100$ Hz，用双踪示波器观察并记录积分运算放大电路的输入、输出波形。

(3) 保持输入信号不变，用双踪示波器测量积分运算放大电路的输出电压的峰峰值，并计算电路的电压放大倍数，结果记入表 8-11 中。

表 8-11 积分运算放大电路电压放大倍数的理论及测量值

测量值			理论计算	
$U_{i,p-p}$/V	$U_{o,p-p}$/V	A_u	A_u	误差/%
1				

2) 微分运算放大电路

(1) 按照图 8-14(b)在实验箱上连接微分运算放大电路。

(2) 输入一个方波信号，$U_{i,p-p}=1$ V，$f=100$ Hz，用双踪示波器观察并记录微分运算放大电路的输入、输出波形。

(3) 保持输入信号不变，用双踪示波器测量微分运算放大电路的输出电压的峰峰值，并计算电路的电压放大倍数，结果记入表 8-12 中。

表 8-12 微分运算放大电路电压放大倍数的理论及测量值

测量值			理论计算	
$U_{i,p-p}$/V	$U_{o,max}$/V	A_u	A_u	误差/%
1				

3) 波形发生器

(1) 按照图 8-16 连接线路。

(2) 打开电源，用双踪示波器观察输出电压 u_O 和反相输入端 u_n 的波形，并画出波形图。

(3) 调整电位器，使输出波形的频率 f 为 500 Hz，测量结果填入表 8-13 中，并计算相对误差。

表 8-13　波形发生器的理论值及测量值

频率 f/Hz	周期 T/ms	测量值 R_f/kΩ	理论值 R_f/ kΩ	误差/%
500				

4. 实验注意事项

(1) 使用集成运放的过程中必须保证正确连接运放的电源。

(2) 信号源输出方波的幅值不可以设置得过大。

(3) 使用完毕后应关闭实验设备的电源。

5. 预习与思考题

(1) 复习积分、微分运算放大电路的工作原理。利用理想运放的“虚断”和“虚短”，写出图 8-12(a)和图 8-14(a)的输出电压 u_O 的表达式。

(2) 积分运算电路可以实现哪些功能？

(3) 熟练掌握实验内容要求的各参数的测量方法。

6. 实验报告要求

(1) 正确计算电路的时间常数，保留到小数点后两位数字。

(2) 绘制的输入和输出波形应准确反映波形的相位关系。

实验 8.5　电压比较器的分析与设计

1. 实验目的

(1) 复习单限比较器和滞回比较器的工作原理及电路形式。

(2) 观测单限比较器和滞回比较器的输入、输出波形，并分析两种比较器的异同。

(3) 自主设计同相滞回比较器。

2. 实验原理

电压比较器是一种能进行电压幅度比较和幅度鉴别的电路。当它的输入电压超过某一个或两个比较电平时，其输出电压将发生由一个状态翻转为另一个状态的突变。因此，输出电压状态的变化可反映其输入电压是否超过比较电平。输出电压的两种状态或两种可能的数值分别称为输出高电平(记为 U_{OH})和输出低电平(记为 U_{OL})。电压比较器有两个输入端，一般情况下，一端加的是被比较的模拟信号 u_I，另一端加的是固定的参考电压 U_R。图 8-17 给出了电压比较器的输入、输出波形。

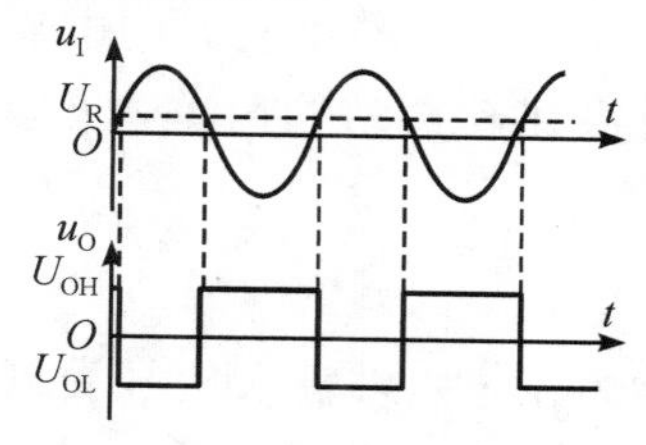

图 8-17　电压比较器的输入、输出波形

电压比较器可由通用集成运算放大电路组成，也可由专用电压比较器组成，其电路形式很多。比较器可以组成非正弦波形变换电路及应用于模拟与数字信号转换等领域。本实验主要研究由通用集成运算放大电路组成的单限比较器和滞回比较器。

1）单限比较器

所谓单限比较器，是指只有一个门限电平（参考电压，用 U_R 表示）的比较器，U_R 的值可正、可负，也可为零。将集成运放的一个输入端接“地”，另一个输入端通过电阻 R_1 接入输入信号 u_I，就构成了参考电压为零（$U_R=0$ V）的单限比较器，又称为过零比较器，如图 8-18 所示。

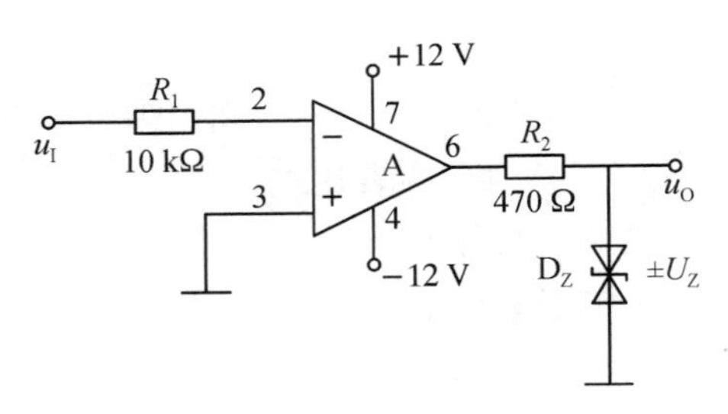

图 8-18 单限比较器

输出端对地接一个双稳压二极管，其型号为 2DW232，外形和管脚如图 8-19 所示。其端电压为 $|U_Z+U_D|\approx 6$ V，用以对输出电压进行限幅。其中，U_Z 为稳压管的稳定电压值，U_D 为一个稳压管的正向电压值。

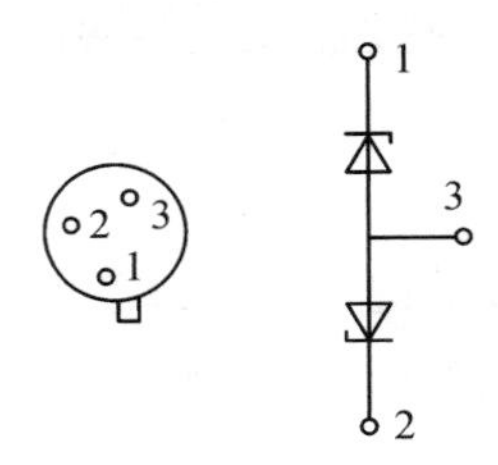

图 8-19 2DW232 外形和管脚图

根据电路的连接方式，当 $u_I>0$，即 $u_n>u_p=U_R=0$，输出电压就呈低电平。其值为

$$U_{OL}=-(U_Z+U_D) \tag{8-42}$$

当输入信号 $u_I<0$ 时，即 $u_n<u_p=U_R=0$，输出电压则转为高电平，其值为

$$U_{OH}=+(U_Z+U_D) \tag{8-43}$$

式(8-42)和式(8-43)表明，该比较器在输入信号 u_I 过零点时由一个状态翻转为另一个状态。过零比较器的电压传输特性如图 8-20 所示。这种过零比较器结构简单，灵敏度高，但抗干扰能力差。

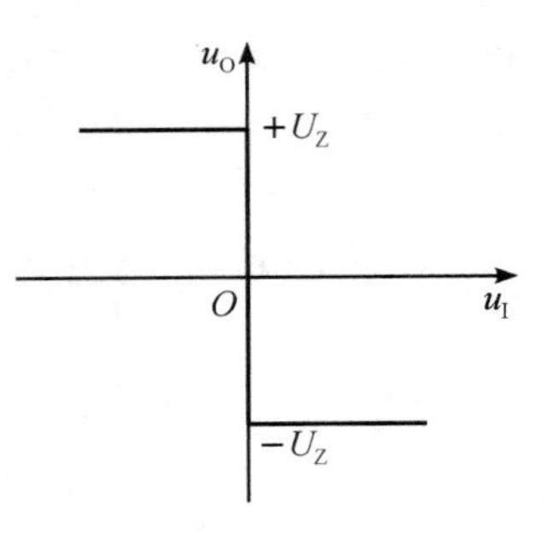

图 8-20 过零比较器的电压传输特性

2）滞回比较器

由于单限比较器的抗干扰能力差，如果输入信号受到干扰，即在门限电平上下波动，则输出电压将在高、低电平之间

反复跳变。为了解决以上问题，可以采用具有滞回特性的电压比较器。反相滞回比较器及滞回特性波形如图 8-21 所示。输入电压 u_I 加在集成运放的反相输入端，输出电压 u_O 通过电阻 R_2 引入正反馈到同相输入端，$u_O = \pm U_{OM}$。

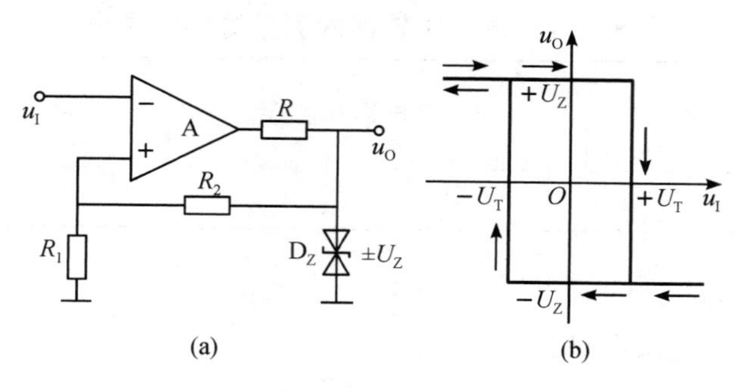

图 8-21　反相滞回比较器和滞回特性波形

反相输入端电位 $u_n = u_I$，同相输入端电位 u_p 的计算公式如下：

$$u_p = \frac{R_1}{R_1 + R_2} u_O = \pm \frac{R_1}{R_1 + R_2} U_{OM} \tag{8-44}$$

令 $u_n = u_p$，可得阈值电压为

$$\pm U_T = \pm \frac{R_1}{R_1 + R_2} U_{OM} \tag{8-45}$$

若 u_O 改变状态，u_p 点也随之改变。当 $u_O = +U_{OM}$ 时，$u_p = U_{T+} = \frac{R_1}{R_1 + R_2} U_{OM}$，则当 $u_I > U_{T+}$ 后，u_O 即由正变负，即 $u_O = -U_{OM}$，此时 U_{T+} 变为 $U_{T-} = -\frac{R_1}{R_1 + R_2} U_{OM}$。故只有当 $u_I < U_{T-}$ 时，才能使 u_O 再度回升到 $+U_{OM}$，于是出现图 8-22 所示的滞回特性。U_{T+} 与 U_{T-} 之差称为回差，即 $\Delta U_T = U_{T+} - U_{T-}$，改变反馈电路中各个电阻的数值，可以改变回差的大小。实验中可利用示波器测量回差电压，方法如图 8-22 所示。

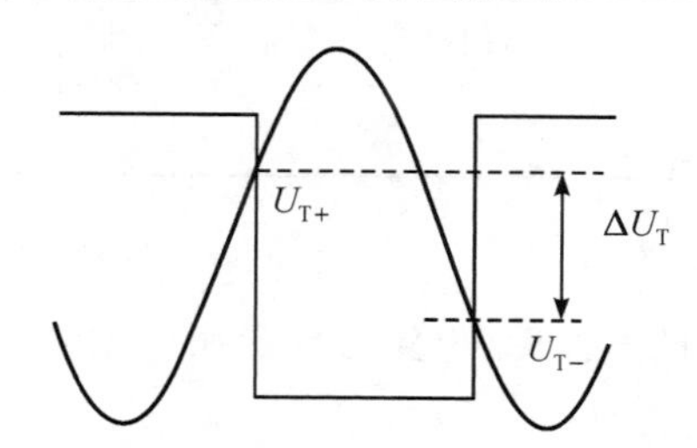

图 8-22　回差测试示意图

3. 实验内容

1）单限比较器

（1）按照图 8-18 连接线路。

（2）输入 $U_{i,\,p\text{-}p} > 2$ V(3 V)、$f = 500$ Hz 的正弦波信号，用双踪示波器观察并画出电路的输入、输出电压波形。

注意：测量时示波器的输入端要采用直流耦合方式(D 耦合)；输出波形与输入波形需

要同轴触发。

（3）输入信号不变，分别测量输出高电平 U_{OH} 和低电平 U_{OL} 的值，并将测量结果填入表 8－14 中。

表 8－14　单限比较器的测量数据记录表

输入电压 $U_{i,\ p\text{-}p}$/V	输出高电平 U_{OH}/V	输出低电平 U_{OL}/V
3		

2）反相滞回比较器

（1）按照图 8－23 连接电路。

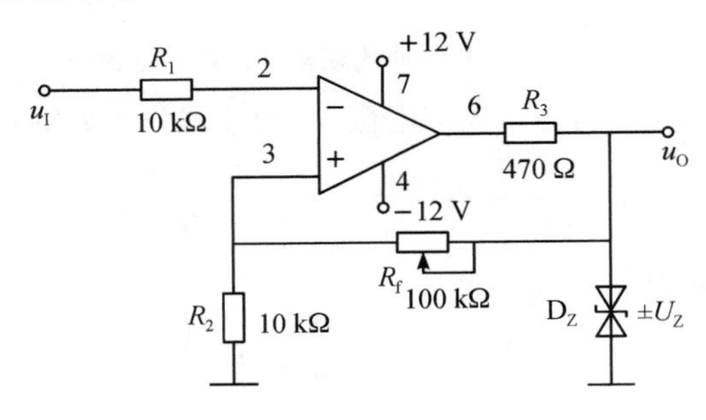

图 8－23　反相滞回比较器

（2）输入 $U_{i,\ p\text{-}p}>2V$、$f=500$ Hz 的正弦信号，用双踪示波器观察并画出电路的输入、输出电压波形。

（3）输入信号不变，分别测量输出高电平 U_{OH} 和低电平 U_{OL} 的值，并将测量结果填入表 8－15 中。

表 8－15　反相滞回比较器的测量数据记录表

输入电压 $U_{i,\ p\text{-}p}$/V	输出高电平 U_{OH}/V	输出低电平 U_{OL}/V
3		

3）设计同相滞回比较器电路

（1）画出同相滞回比较器的电路图(电路参数参照反相滞回比较器)。

（2）自拟实验步骤。

（3）在实验箱上连接并测试电路，实验结果填写在表 8－16 中。

表 8－16　同相滞回比较器的测量数据记表

输入电压 $U_{i,\ p\text{-}p}$/V	输出高电平 U_{OH}/V	输出低电平 U_{OL}/V
3		

4．实验注意事项

（1）双稳压二极管必须配合电阻使用。

（2）利用示波器测量实验数据时需放大波形，减小读数误差。

(3) 使用完毕后应关闭实验设备的电源。

5. 预习与思考题

(1) 复习由运算放大电路构成单限比较器和滞回比较器的方法及工作原理。

(2) 掌握实验内容要求的各参数的测量方法。

(3) 设计同相滞回比较器(电路参数参照反相滞回比较器)。

6. 实验报告要求

(1) 正确测量阈值电压与输出电压，数值保留到小数点后两位数字。

(2) 总结各种比较器的工作特点。

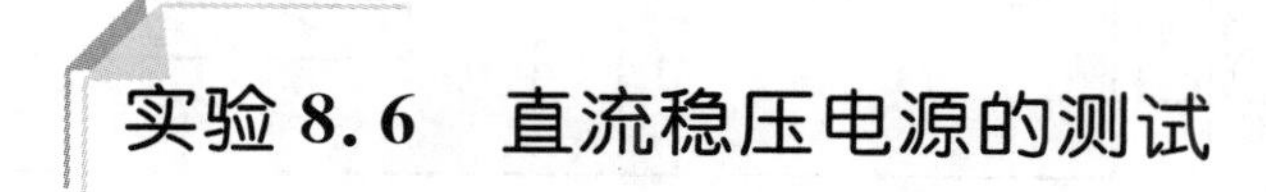

实验 8.6　直流稳压电源的测试

1. 实验目的

(1) 掌握集成直流稳压电源的实验方法。

(2) 掌握用变压器、整流二极管、滤波电容和集成稳压器来设计直流稳压电源的方法。

(3) 掌握直流稳压电源的主要性能指标及参数的测试方法。

2. 实验原理

1) 直流稳压电源的组成及各部分的作用

在电子电路及设备中，一般都需要稳定的直流电源供电。常用的小功率直流稳压电源一般由电源变压器、整流电路、滤波电路及稳压电路组成，如图 8-24 所示。

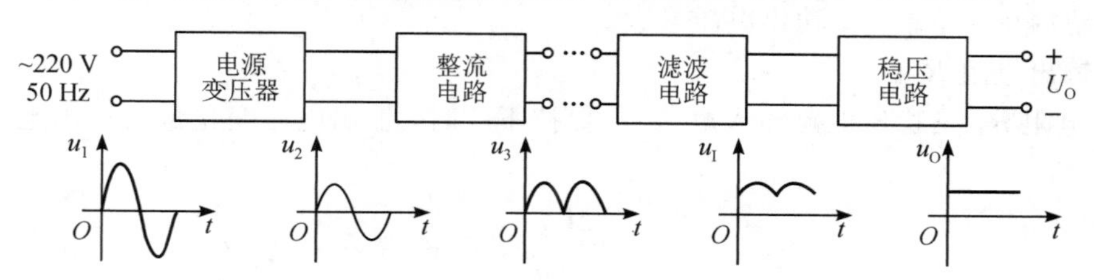

图 8-24　直流稳压电源结构框图

各部分的作用如下：

电源变压器的作用是将频率为 50 Hz 的交流电压 u_1(220 V)转变成整流电路所需要的交流电压 u_2。

整流电路利用二极管的单相导电性将交流电压转变为单向的脉动的直流电压 u_3。

滤波电路利用电容能够存储能量和释放能量的性质，将整流电路输出的脉动直流电压中的交流成分滤掉，输出比较平滑的直流电压 u_I。

稳压电路利用稳压二极管的稳压特性来达到稳定输出电压 u_O 的目的。

本次实验采用串联型反馈式稳压电源，具体电路如图 8-25 所示。电源电路中，采用应用最多的单相桥式整流电路，可以提高变压器的利用率，减少输出电压的脉动。电容滤波电路利用电容对交流分量的阻碍作用，可滤掉整流电路输出电压中的交流成分，令波形变得平滑。稳压部分为串联型稳压电路，是一个具有电压串联负反馈的闭环系统。电路由调整管(晶体管 VT)、比较放大器 A、采样电路(包括 R_1、R_{P1}、R_2)、D_Z、R_3 等组成。整个稳压电路的稳压过程如下：当电网电压波动或负载变动引起输出直流电压发生变化时，采样电路取出输出电压的一部分送入比较放大器，并与基准电压进行比较，产生的误差信号送至调整管 VT 的基极，使调整管改变其管压降，以补偿输出电压的变化，从而达到稳定输出电压的目的。

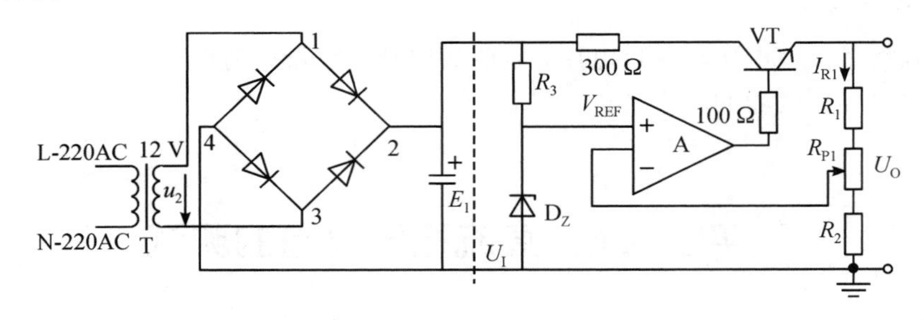

图 8-25　串联型反馈式稳压电源实验电路

2) 直流稳压电源的主要性能指标

(1) 输出电压的调节范围。

输出电压的计算公式如下：

$$U_O=\frac{R_1+R_2+R_{P1}}{R_2+R''_{P1}}V_{REF} \tag{8-46}$$

式中，V_{REF} 为稳压二极管的稳定电压，R_{P1} 为电位器电阻，R''_{P1} 为电位器下端电阻。调节电位器 R_{P1} 可以改变输出电压 U_O。当电位器 R_{P1} 的滑动端在最上端时，输出电压最小；当 R_{P1} 的滑动端在最下端时，输出电压最大。

(2) 输出电阻 R_o。

输出电阻 R_o 是稳压电路输入电压 U_I 保持不变时，输出电压变化量与输出电流变化量之比，即

$$R_o=\frac{\Delta U_O}{\Delta I_O}\bigg|_{U_I=常数} \tag{8-47}$$

R_o 用于衡量负载电阻对稳压性能的影响。

(3) 稳压系数 S_r(电压调整率)。

当负载一定时，稳压电路输出电压相对变化量与输入电压相对变化量之比就称为稳压系数，即

$$S_r=\frac{\Delta U_O/U_O}{\Delta U_I/U_I}\bigg|_{R_L=常数}=\frac{U_I}{U_O}\times\frac{\Delta U_O}{\Delta U_I}\bigg|_{R_L=常数} \tag{8-48}$$

S_r 用于衡量电网电压波动的影响，其值愈小，电网电压变化时输出电压的变化愈小。

(4) 纹波电压。

纹波电压是指在额定负载条件下，输出电压中所含交流分量的有效值(或峰峰值)，它反映了输出电压的脉动程度。一般情况下，稳压系数较小的稳压电路，输出的纹波电压也较小。

3）三端集成稳压器

顾名思义，三端集成稳压器(三端稳压IC)是指稳压用的集成电路芯片，它只有三条引脚，分别是输入端、接地端和输出端。电子产品中，常见的三端集成稳压器有负电压输出的79××系列和正电压输出的78××系列，其外形及引脚图如图8-26所示。用78/79××系列三端稳压IC来组成稳压电源时所需的外围元件极少，电路内部还有过流、过热及调整管的保护电路，使用起来可靠、方便，而且价格便宜。该系列稳压IC的型号中78或79后面的数字代表该三端集成稳压器的输出电压，如7806表示输出电压为正6 V，7909表示输出电压为负9 V。78/79××系列三端集成稳压器的输出电压是固定的，在使用中不能进行调整。使用三端集成稳压器7905构成的实验电路图中，滤波电容一般选取几百至几千微法。三端集成稳压器7905的输入端必须接入0.1 μF的电容，用以抵消线路的电感效应，防止产生自激振荡；输出端也需接入0.1 μF的电容，用以滤除输出端的高频信号，改善电路的暂态响应。

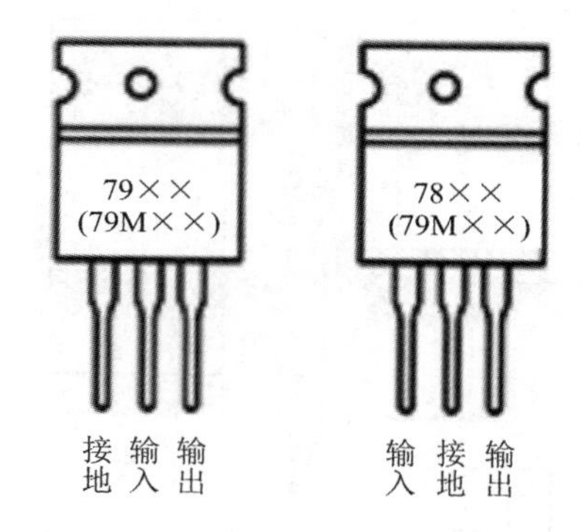

图8-26　78/79××系列三端集成稳压器的外形及引脚图

3. 实验内容

1）半波整流电路测试

(1) 按照图8-27连接电路。

(2) 调整变压器，使其输出6 V的电源，用双踪示波器观测变压器输出电压u_2和整流输出电压的波形(即二极管两端的波形)。

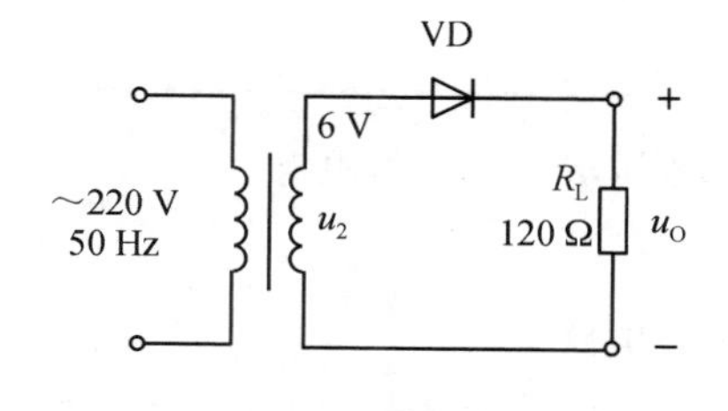

图8-27　半波整流电路

2）桥式整流滤波电路测试

(1) 按图8-28连接实验电路，取可调工频电源12 V电压作为整流电路输入电压u_2。

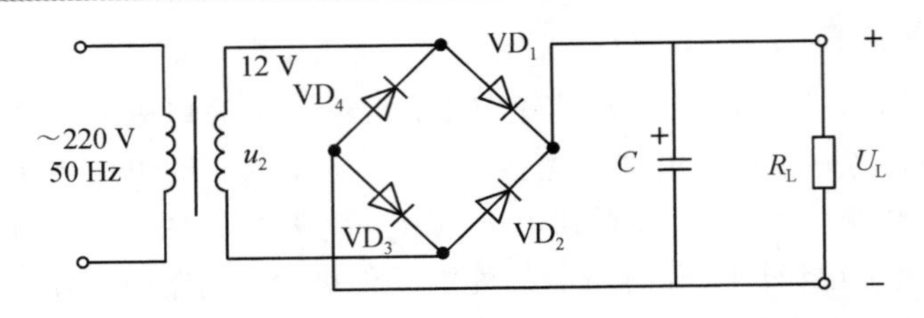

图 8 - 28　整流滤波电路

（2）接通工频电源，根据表 8 - 17 要求的电路形式及参数，分别测量输出端直流电压 U_L 及纹波电压 $\widetilde{U}_L$，并把数据记入表 8 - 17 中。

（3）用示波器观察 u_2 和 U_L 的波形，并把输出电压 U_L 的波形记入表 8 - 17 中。

表 8 - 17　输出电压测量值

电路形式		U_L/V	$\widetilde{U}_L$/V	U_L 的波形
$R_L=1\ k\Omega$	~			U_L　t
$R_L=1\ k\Omega$ $C=470\ \mu F$	~			U_L　t
$R_L=120\ \Omega$ $C=470\ \mu F$	~			U_L　t

注意：每次改接电路时，必须切断变压器电源。

3）集成稳压器性能测试

（1）按照图 8 - 29 连接实验电路。

（2）关闭系统电源。打开变压器开关，接入 12 V 变压器输出电源，负载 R_L 暂不接入电路，观察并测量开路情况下的输出电压 U_O 的值；接入负载 $R_L=120\ \Omega$，观察并测量带载情况下输出电压 U_O 的值，测量值填入表 8 - 18 中。

（3）改变变压器输出电源为 6 V，重复以上的实验过程，测量值填入表 8 - 18。

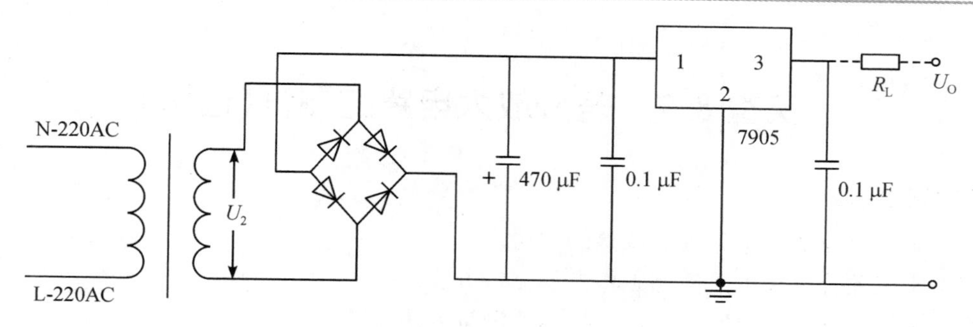

图 8-29　集成稳压器性能测试电路

表 8-18　输出电压测量值

U_2/V	U_I/V	U_O/V(R_L=120 Ω)	U_O/V(R_L=∞)
12			
6			

(4) 测量稳压系数 S_r。

分别在连接负载 R_L 和断开负载 R_L 的情况下，在整流电路输入电压 U_2 为 6 V 和 12 V 时求出 S_r。

根据所测得的数据，计算 $S_r = \frac{\Delta U_O/U_O}{\Delta U_I/U_I}\Big|_{R_L=120\ \Omega} =$ ________；$S_r = \frac{\Delta U_O/U_O}{\Delta U_I/U_I}\Big|_{R_L=\infty} =$ ________。

4. 实验注意事项

(1) 改接电路时，必须切断工频电源。

(2) 在观察输出电压波形的过程中，“Y 轴灵敏度”旋钮位置调好以后，不要再变动，否则将无法比较各波形的脉动情况。

5. 预习与思考题

(1) 复习教材中有关直流电源的内容。

(2) 了解电容滤波电路的工作原理

(3) 了解稳压电路中稳压管的作用。

(4) 变压器副边输出电压是交流值还是直流值?

(5) 在稳压电路中，负载上的输出电压是直流值还是交流值?

6. 实验报告要求

(1) 整理实验数据，总结桥式整流、电容滤波电路的特点。

(2) 分析实验中出现的故障及其排除方法。

实验 8.7 差分放大电路的测试(选做)

1. 实验目的

(1) 了解差分放大电路零点调整的方法。

(2) 掌握差分放大电路静态工作点的测量方法。

(3) 掌握差分放大电路主要性能指标的测量方法。

2. 实验原理

差分放大电路又称为差动放大电路，当该电路的两个输入端的电压有差别时，输出电压会有变动，因此称为差动。图 8-30 所示的电路为典型的差分放大电路，由两个元件参数一致的基本共射放大电路构成。电路结构具有对称性，即 $R_{B1}=R_{B2}$，$R_{C1}=R_{C2}$，晶体管 VT_1、VT_2 在各种环境下也具有相同的特性，称为差分对管。调节电位器 R_{P1} 滑动端的位置，可令输入信号 $u_i=0$ 时，双端输出电压 $u_o=0$，R_{P1} 常称为调零电位器。R_E 为两管共用的发射极电阻，它对差模信号无负反馈作用，因此不影响差模电压放大倍数，但对共模信号有较强的负反馈作用，故可以有效地抑制零漂，稳定静态工作点。

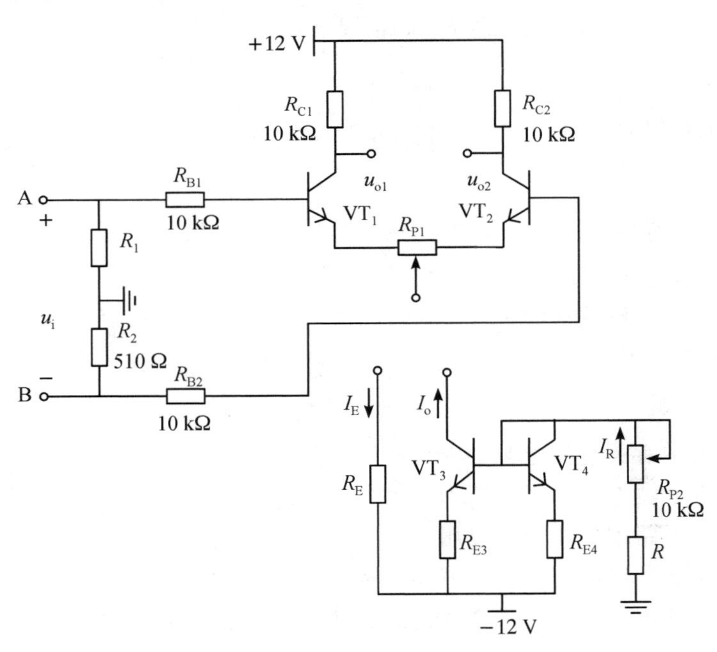

图 8-30 差分放大电路

此外，由晶体管 VT_3、VT_4 与电阻 R_{E3}、R_{E4}、R 和 R_{P2} 共同组成镜像恒流源电路，该电路为差分放大器提供恒定电流 I_o。R_1 和 R_2 为均衡电阻，且 $R_1=R_2$，给差分放大器提供对称的差模输入信号。由于电路参数完全对称，当外界温度变化或电源电压波动时，对电路的影响是一样的，因此差分放大器能有效地抑制零点漂移。利用工作点稳定电路来取代反射极电阻，就构成具有恒流源的差分放大电路，有效提高电路抑制共模信号的能力。

（1）典型的差分放大电路静态工作点的估算如下：忽略 R_B 上的电压，$U_{BQ}\approx 0$，$U_{EQ}\approx U_{BEQ}$，发射极的静态电流为

$$I_{EQ}\approx\frac{V_{EE}-U_{BEQ}}{2R_E} \tag{8-49}$$

集电极电流为

$$I_{CQ}\approx I_{EQ} \tag{8-50}$$

基极电流为

$$I_{BQ}\approx\frac{I_{EQ}}{1+\beta}$$

管压降为

$$U_{CEQ}=U_{CQ}-U_{EQ}\approx V_{CC}-I_{CQ}R_C+U_{BEQ} \tag{8-52}$$

（2）差模电压放大倍数 A_d 和共模电压放大倍数 A_c 的计算如下：

A_d、A_c 仅由输出方式决定，与输入方式无关。R_E 对差模信号无反馈作用，相当于短路。R_{P1} 调置中心位置时，对于双端输出，有

$$A_d=\frac{\Delta U_{od}}{\Delta U_{id}}=-\beta\frac{R_C}{R_B+r_{be}+\frac{1}{2}(1+\beta)R_{P1}} \tag{8-53}$$

$$A_c\approx 0 \tag{8-54}$$

对于单端输出，有

$$A_{d1}=A_{d2}=\frac{1}{2}A_d \tag{8-55}$$

$$A_c=-\beta\frac{R_C}{R_B+r_{be}+(1+\beta)\left(\frac{1}{2}R_{P1}+2R_E\right)} \tag{8-56}$$

（3）共模抑制比 K_{CMR}。

差分放大电路对差模信号有放大作用，对共模信号有抑制作用，共模抑制比就是用来评价这两方面性能的综合指标，即

$$K_{CMR}=\left|\frac{A_d}{A_c}\right| \tag{8-57}$$

3. 实验内容

1）典型差分放大电路静态工作点的测量

（1）按照图 8-30 连接实验电路，开关拨向左边构成典型差分放大电路。

（2）调零。不接入信号源的情况下，将放大电路输入端 A、B 与地短接，接通±12 V 直流电源，用万用表测量输出电压 U_O，调节调零电位器 R_{P1}，使 $U_O=0$。

（3）测量静态工作点。零点调好以后，用万用表分别测量 VT_1、VT_2 管各极电位及射极电阻 R_E 两端的电压 U_{RE}，记入表 8-19。

表 8-19　静态工作点的测量及计算结果

测量值							计算值		
VT_1			VT_2						
U_{C1}/V	U_{B1}/V	U_{E1}/V	U_{C2}/V	U_{B2}/V	U_{E2}/V	U_{RE}/V	I_C/mA	I_B/mA	U_{CE}/V

2）测量差模电压放大倍数

将交流信号源提供的频率 $f=1$ kHz、幅度约为 30 mV 的正弦信号作为输入信号，并接入 A 端，同时 B 端接地构成单端输入方式。用示波器分别观察集电极 C_1 或 C_2 输出波形，在不失真情况下，用交流毫伏表分别测量输入信号 u_i 及输出 u_{c1} 和 u_{c2}，并计算差分放大电路的差模电压增益 A_d，实验结果记入表 8-20 中。

3）测量共模电压放大倍数

将 B 端与地断开，再将 A 端与 B 端短接，将 $f=1$ kHz、幅度 300 mV 的正弦信号接到 A 端与地之间，构成共模输入。在输出电压不失真的情况下，测量 u_{c1}、u_{c2} 的值并记入表 8-20 中。计算差分放大电路的 A_c，并计算共模抑制比 K_{CMR}。

4）带恒流源的差分放大电路的测试

开关拨到右边，将电路改接成带恒流源的差分放大电路，重复上述实验内容，并将实验数据填入表 8-20 中。

表 8-20　放大电路动态性能指标测量及计算结果

测量/计算项	典型差分放大电路		具有恒流源的差分放大电路	
	差模输入	共模输入	差模输入	共模输入
u_i	30 mV	300 mV	30 mV	300 mV
u_{c1}/V				
u_{c2}/V				
$A_{d1}=\frac{u_{c1}}{u_i}$		—		—
$A_d=\frac{u_o}{u_i}$		—		—
$A_{c1}=\frac{u_{c1}}{u_i}$	—		—	
$A_c=\frac{u_o}{u_i}$	—		—	
$K_{CMR}=\left\|\frac{A_d}{A_c}\right\|$				

4. 实验注意事项

（1）为保证输入端的对称性，两个输入信号的幅度和相位都应该相同。

（2）要避免输出端的共模反馈，这可以通过在输出端增加电容来实现。

(3) 要选择合适的电源电压，以避免电源噪声对电路性能的影响。

(4) 如果静态工作点设置不当，可能会导致电路的输出失真或者自激振荡。因此，在进行电路设计和调试时需要注意观察输出波形，并调整静态工作点使其符合要求。

(5) 要避免输入端的短路，以免损坏电路元件。

(6) 要避免输入端的开路，以免引起信号失真。

(7) 要避免输出端的过载，以免损坏电路元件或者影响电路的性能。

5. 预习与思考题

(1) 根据实验电路参数，估算典型差分放大电路和具有恒流源的差分放大电路的静态工作点及差模电压放大倍数(取 $\beta_1=\beta_2=100$)。

(2) 怎样进行静态调零点？用什么仪表测 U_O？

6. 实验报告要求

(1) 整理实验数据，列表比较实验结果和理论估算值，分析误差产生的原因。

(2) 根据实验结果，总结电阻 R_E 和恒流源的作用。

实验 8.8　有源滤波电路的测试(选做)

1. 实验目的

(1) 熟悉集成运放构成的有源低通、高通、带通、带阻滤波电路。

(2) 了解低通、高通滤波电路的原理及特性。

(3) 掌握滤波电路幅频特性的测试方法。

2. 实验原理

滤波器是一种能够对信号进行选择的电路。由 R、C 元件与运算放大器组成的滤波器称为 RC 有源滤波器，其功能是让一定频率范围内的信号通过，抑制或急剧衰减此频率范围以外的信号。工程上常将滤波器用于信号处理、数据传送和抑制干扰等方面。根据对频率范围的选择不同，有源滤波器可分为低通滤波器(LPF)、高通滤波器(HPF)、带通滤波器(BPF)与带阻滤波器(BEF)四种。理想的高通滤波器允许高于截止频率 f_x 的信号无衰减地通过，而不让低于 f_x 的信号通过，低通滤波器则相反。带通滤波器只允许特定频段的信号通过，带阻滤波器则相反。

理想滤波器的幅频特性如图 8－31 所示。

非理想滤波器在截止频率处并不呈现无限陡峭的过渡特性，但近于理想的实际滤波器是可以做到的。具有理想幅频特性的滤波器是很难实现的，只能用实际的幅频特性去逼近理想的幅频特性。实际上，对于大多数应用来说，宽度等于或大于十倍频程的过渡带完全够了。

一般来说，滤波器的幅频特性越好，其相频特性越差，反之亦然。目前由各种形式的一阶与二阶有源滤波电路构成的滤波器的应用最为广泛，它们结构简单，调整方便，也易于实现集成化。一阶电路比较简单，也可由 RC 无源网络实现，但性能不够完善，应用不多。滤波器的阶数越高，幅频特性衰减的速率越快，但 RC 网络的阶数越多，元件参数计算越烦

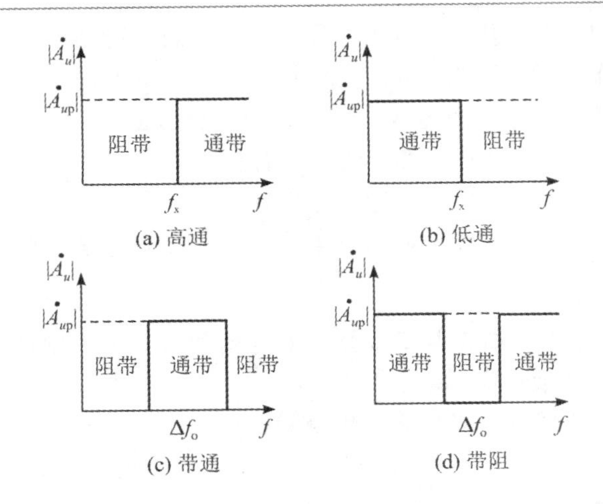

图 8-31　理想滤波器的幅频特性

琐，电路调试越困难。任何高阶滤波器均可以用较低的二阶 RC 有源滤波器级联实现。

1）低通滤波器(LPF)

低通滤波器是用来通过低频信号、衰减或抑制高频信号的。

典型的二阶有源低通滤波电路如图 8-32 所示。它由两级 RC 滤波环节与同相比例运算电路组成，其中第一级的电容 C_1 接至输出端，引入适量的正反馈，以改善幅频特性。

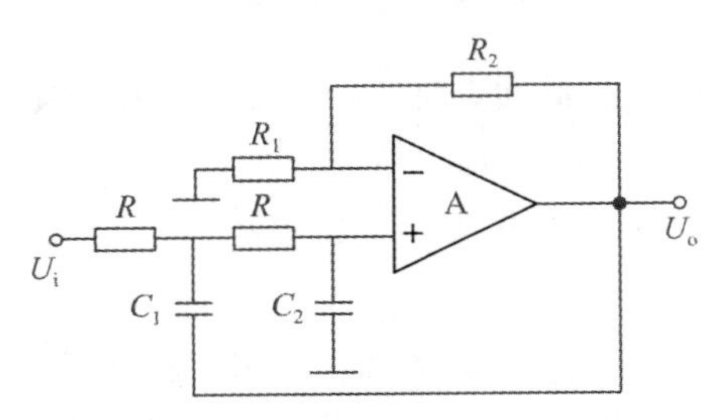

图 8-32　二阶低通滤波电路

引入了负反馈的理想运放，具有“虚短”和“虚断”的特点。在分析运算关系时，可利用节点电流法列出那些与输入电压和输出电压产生关系的节点的电流方程，再根据“虚短”和“虚断”的原则进行整理，求出输出电压与输入电压的关系。电压放大倍数的表达式如下：

$$\dot{A}_u=\frac{\dot{A}_{up}}{1-\left(\frac{f}{f_0}\right)^2+\mathrm{j}(3-\dot{A}_{up})\frac{f}{f_0}} \tag{8-58}$$

其中，$f_0=\frac{1}{2\pi RC}$，称为特征频率。

$\dot{A}_{up}$ 为 $f=0$ 时二阶低通滤波器的通带放大倍数，其计算公式如下

$$\dot{A}_{up}=1+\frac{R_2}{R_1} \tag{8-59}$$

若令品质因数 $Q=\left|\frac{1}{3-\dot{A}_{up}}\right|$，则 $f=f_0$ 时，Q 为电压放大倍数与通带放大倍数之

比，即

$$Q=\frac{|\dot{A}_u|_{f=f_0}}{|\dot{A}_{up}|} \tag{8-60}$$

Q 的大小影响低通滤波器在截止频率处幅频特性的形状。图 8-33 所示为 Q 值不同时二阶低通滤波电路的幅频特性。

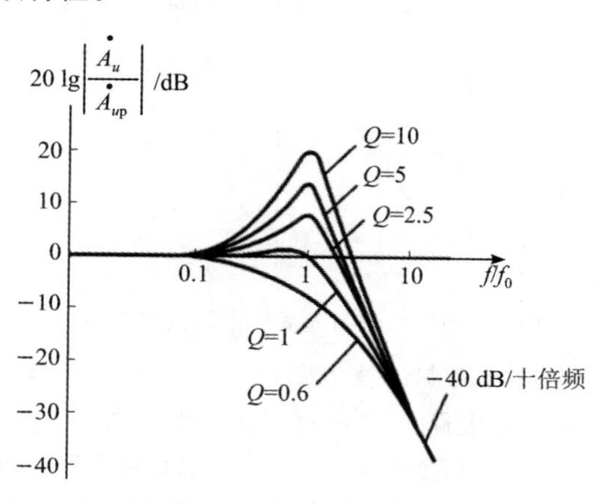

图 8-33　二阶低通滤波电路的幅频特性

2）高通滤波器(HPF)

高通电路与低通电路具有对偶性。高通滤波器用来通过高频信号，衰减或抑制低频信号，与低通滤波器相反。

只要将图 8-32 所示的低通滤波电路中的电容与电阻互换，即可变成二阶高通滤波电路，如图 8-34 所示。高通滤波器的性能与低通滤波器相反，其频率响应和低通滤波器是“镜像”关系，仿照 LPF 分析方法，不难求得 HPF 的幅频特性。

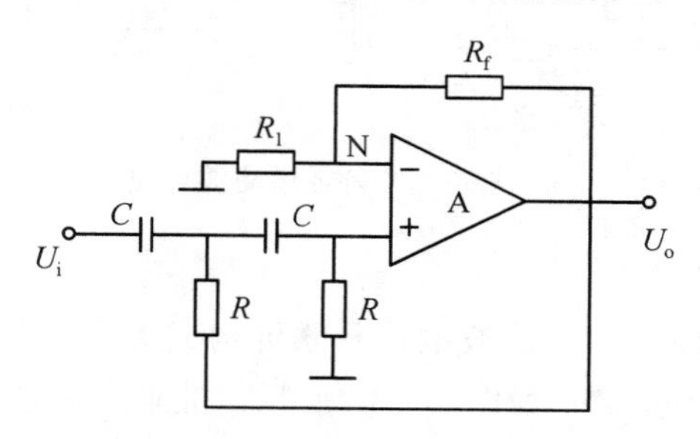

图 8-34　二阶高通滤波电路

二阶高通滤波电路的幅频特性曲线如图 8-35 所示，可见它与二阶低通滤波电路的幅频特性曲线有“镜像”关系。

电路性能参数 $\dot{A}_{up}$、f_0、Q 各量的含义同二阶低通滤波器。

3）带通滤波器(BPF)

带通滤波器的作用是只允许在某一个通频带范围内的信号通过，比通频带下限频率低和比上限频率高的信号均加以衰减或抑制。

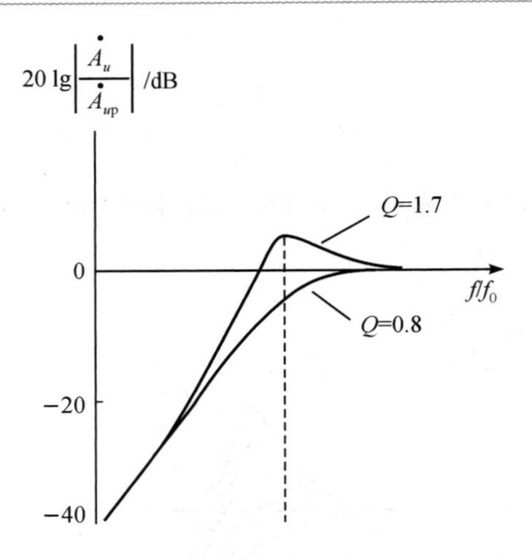

图 8－35　二阶高通滤波电路的幅频特性

带通滤波器可以由一个低通有源滤波电路和一个高通有源滤波电路串联组成，电路如图8－36(a)所示。低通有源滤波电路的截止频率 f_{x1} 要比高通有源滤波电路的截止频率 f_{x2} 大，其通频带为($f_{x1}－f_{x2}$)，这种滤波器的通频带宽的调节很方便，只需改变高通和低通有源滤波电路的截止频率即可。二阶带通滤波电路的幅频特性如图 8－36(b)所示。Q 值愈大，通带的放大倍数数值愈大，频带越窄，选频特性愈好。

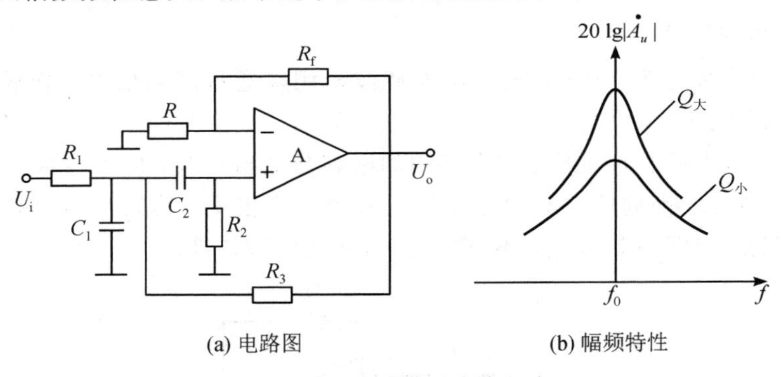

图 8－36　二阶带通滤波电路

4）带阻滤波器(BEF)

利用无源低通滤波电路和高通滤波电路并联可构成无源带阻滤波电路，然后将两个电路的输出接入同相比例运算电路，如图 8－37 所示。带阻有源滤波电路的性能和带通滤波

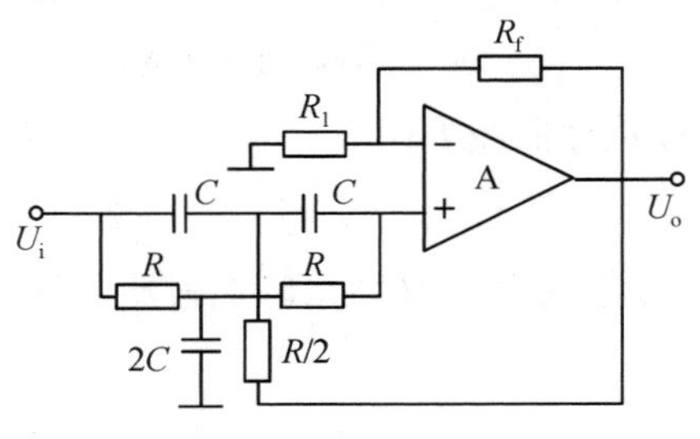

图 8－37　二阶带阻滤波电路

器相反，它可阻止某一频段的信号通过(或受到很大衰减或抑制)，而允许该频段外的信号顺利通过，常用于抗干扰的设备中。

由于低通有源滤波电路的截止频率 f_{x1} 要比高通有源滤波电路的截止频率 f_{x2} 小，因此低于高通滤波电路截止频率 f_{x1} 的信号由低通有源滤波电路通过，高于 f_{x2} 频率的信号由高通有源滤波电路通过。在 f_{x1} 与 f_{x2} 之间的信号同时为低通有源滤波电路和高通有源滤波电路的阻带，带阻有源滤波电路的阻带宽度为($f_{x2}-f_{x1}$)，除了这一频段的信号不能通过滤波电路，其他信号都能通过，所以带阻有源滤波电路又称为陷波器。二阶带阻滤波电路的幅频特性如图 8 - 38 所示。

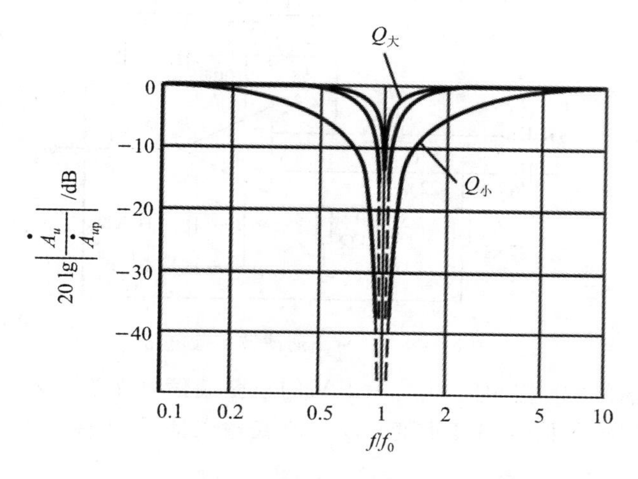

图 8 - 38　二阶带阻滤波电路的幅频特性

3. 实验内容

1) 二阶低通滤波电路

(1) 按照图 8 - 39 连接电路，检查电路无误后接通±12 V 电源。

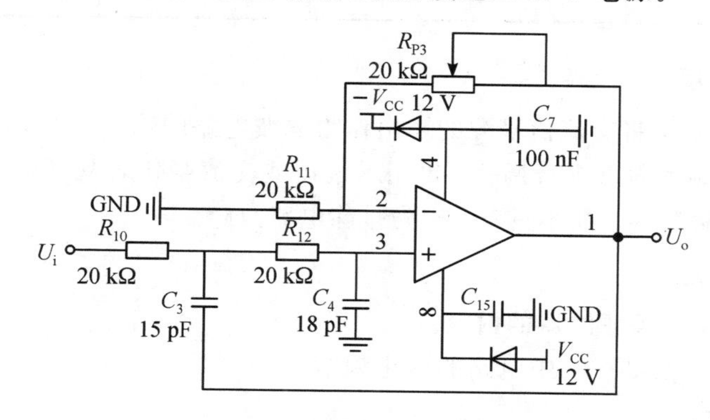

图 8 - 39　二阶低通滤波实验电路

(2) 调节交流信号源，输出的 $U_{i,\,p\text{-}p}=1$ V 的正弦波信号作为输入信号。在输出波形不失真的条件下，维持输入信号幅度不变，逐点改变输入信号频率，测量输出电压，记入表 8 - 21 中。

(3) 描绘频率特性曲线。

表 8－21　低通滤波器实验数据

f/Hz	20	50	80	110	140	170	200	230	260	290
U_o/V										

2）二阶高通滤波电路

（1）按照图 8－40 连接电路，检查电路无误后接通±12 V 电源。

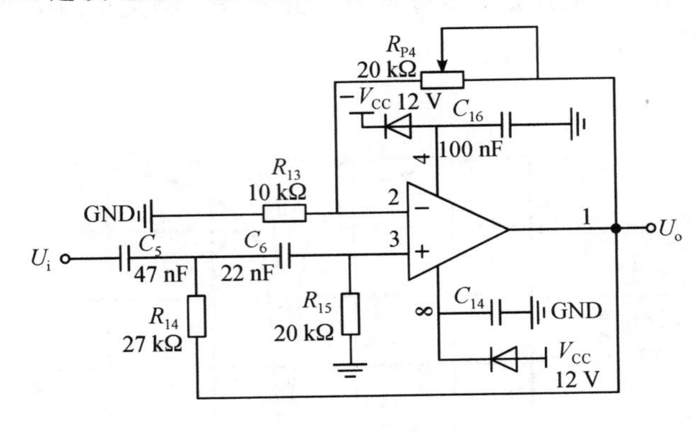

图 8－40　二阶高通滤波实验电路

（2）调节交流信号源，输出的 $U_{i,\ p\text{-}p}=1$ V 的正弦波信号作为输入信号。在输出波形不失真的条件下，维持输入信号幅度不变，逐点改变输入信号频率，测量输出电压，记入表 8－22 中。

（3）描绘频率特性曲线。

表 8－22　高通滤波器实验数据

f/Hz	50	100	150	200	250	300	350	400	450	500
U_o/V										

4. 实验注意事项

接通±12 V 电源，将交流信号源的输出作为滤波电路的输入信号，输入信号的频率应选择在滤波器截止频率附近进行调整，再用示波器或交流毫伏表观察输出电压幅度的变化是否具备低通或高通特性，如不具备，应先排除电路故障。

5. 预习与思考题

（1）复习教材中有关滤波器的内容。

（2）计算图 8－32、8－34 中电路的截止频率。

6. 实验报告要求

（1）整理实验数据，画出各电路实测的幅频特性。

（2）总结有源滤波电路的特性。

第 9 章

数字电子线路实验

数字电子线路实验是一门实践性很强的课程，旨在通过实验使学生掌握数字电路的基本概念、原理和设计方法。实验内容包括门电路逻辑功能测试、组合逻辑电路的设计及功能测试、时序逻辑电路的设计及功能测试等。数字电子线路实验是数字系统应用的基础实验内容，通过实验，学生可熟悉各种数字系统的结构及工作原理，掌握数字系统的基本搭建方法和测量方法，还可以加深对数字电路的理解，提高实践能力和创新思维能力，为后续的数字系统设计和应用打下基础。

实验 9.1 门电路的逻辑功能测试

1. 实验目的

(1) 熟悉门电路逻辑功能、逻辑电平的含义。

(2) 熟悉数字电路实验箱及双踪示波器的使用方法。

(3) 熟悉集成门电路的功能及测试方法，能够通过测试判断器件的好坏。

(4) 熟悉集成门电路功能的相互转换方法。

2. 实验原理

实现基本逻辑关系(与、或、非)和复合逻辑关系(与非、或非、异或和同或)的单元电路，称为门电路。每种门电路都有特定的输入和输出端口，输入端口接收输入信号，输出端口产生输出信号。门电路在满足特定条件时，会按照一定的逻辑规律输出信号，起到开关的作用。门电路根据输入信号的逻辑状态进行运算，然后根据运算结果产生输出信号，并用高电平和低电平分别表示逻辑代数中的 1 和 0。

实验中用到的部分基本门电路的逻辑符号如图 9-1 所示。

以与非门为例，其逻辑功能是：在输入信号全为高电平时，输出才为低电平。这一逻辑功能可以通过逻辑表达式 $Y=\overline{AB}$ 来描述。这个表达式表示，先对输入变量 A 和 B 进行与运算，再将得到的结果进行取反，最终结果为 Y。

对于异或门电路，其逻辑功能是：当两个输入端相异(即一个为“0”，另一个为“1”)时，输出为“1”；当两个输入端相同时，输出为“0”。异或门的逻辑表达式为 $Y=A\oplus B$。

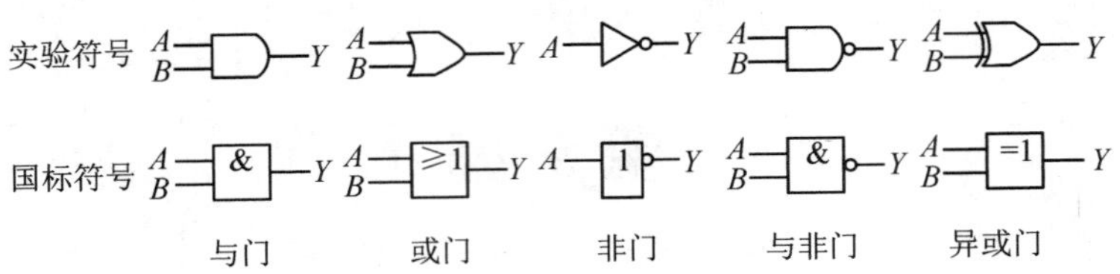

图 9-1 基本门电路逻辑符号

在进行门电路逻辑功能测试时，通常会设置输入电平开关，然后通过测量输出电压和逻辑状态来验证门电路是否符合预期的功能。这些测试可以帮助我们理解门电路的工作原理和性能，并为进一步的应用提供基础。

3. 实验内容

选择实验所用的集成芯片并插入实验箱中对应的IC座，按实验电路接好连线。注意集成芯片不能插反。线接好并经检查无误后方可通电实验。实验中改动接线前须先断开电源，接好线后再通电实验。

1）与非门逻辑功能测试

选用双四输入与非门74LS20一片，芯片引脚图如图9-2所示。将74LS20芯片插入实验箱芯片插座，按图9-3接线，输入端A、B、C、D分别接电平开关$S_9 \sim S_0$中的任意四个，输出端接二极管电平指示灯$D_9 \sim D_0$中的任意一个。将电平开关按表9-1置位，分别测试输出端Y的逻辑状态，并用数字万用表直流电压挡测试Y端的输出电压值。

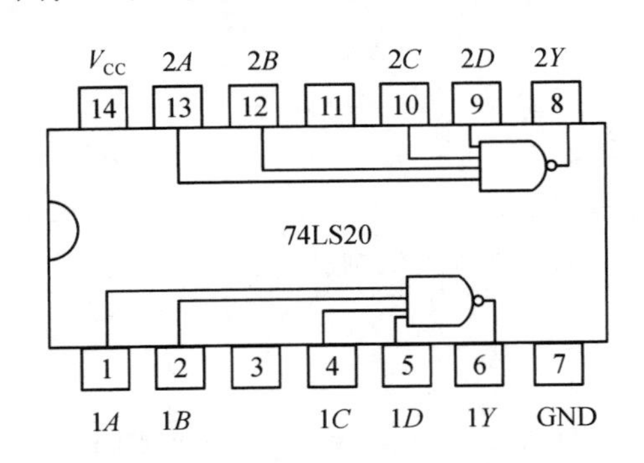

图 9-2 74LS20 双四输入与非门

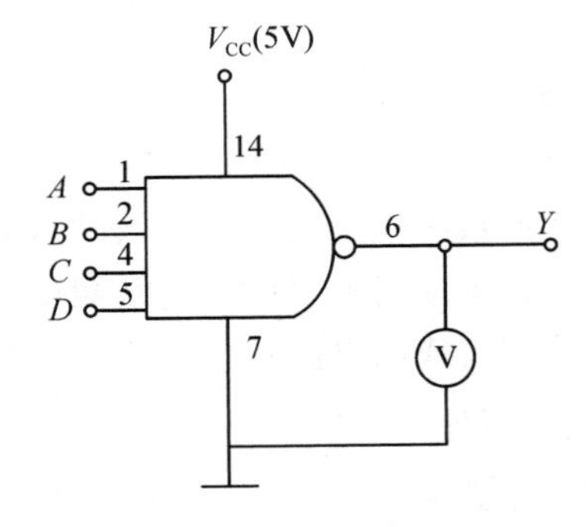

图 9-3 与非门逻辑功能测试电路

表 9-1 双四输入与非门 74LS20 的逻辑功能测试数据

输入				输出	
A	B	C	D	Y	电压/V
1	1	1	1		
0	1	1	1		
0	0	1	1		
0	0	0	1		
0	0	0	0		

2）异或门逻辑功能测试

选用二输入四异或门 74LS86 一片，芯片引脚图如图 9－4 所示。按图 9－5 接线，输入端 A、B、C、D 分别接电平开关 $S_9 \sim S_0$ 中的任意四个，输出端 X、Z、Y 分别接二极管电平指示灯 $D_9 \sim D_0$ 中的任意三个。将电平开关按表 9－2 置位，测试输出端 X、Z、Y 的逻辑状态，以及 Y 的输出电压值，并将结果填入表 9－2 中。

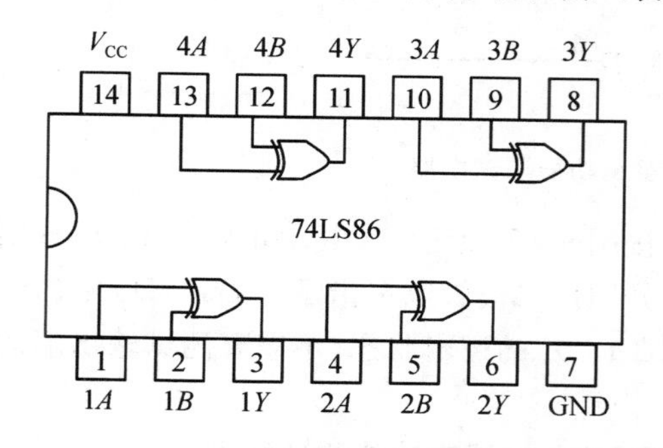

图 9－4　74LS86 二输入四异或门

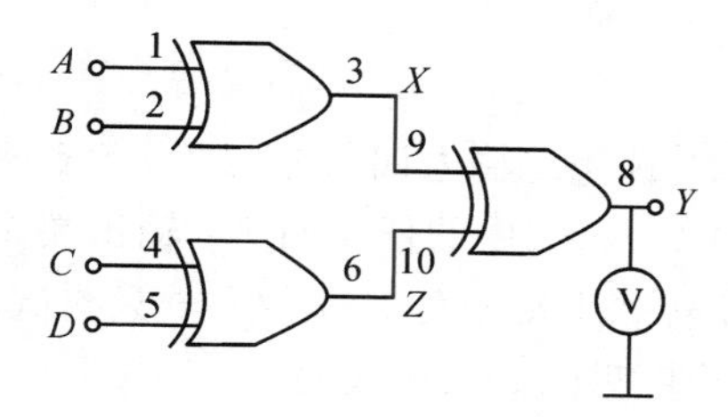

图 9－5　异或门逻辑功能测试电路

表 9－2　二输入四异或门 74LS86 的逻辑功能测试数据

输 入				输 出			
A	B	C	D	X	Z	Y	电压/V
0	0	0	0				
1	0	0	0				
1	1	0	0				
1	1	1	0				
1	1	1	1				
0	1	0	1				

3）测试逻辑电路的逻辑函数关系

74LS00 芯片为二输入四与非门，芯片引脚图如图 9－6 所示。

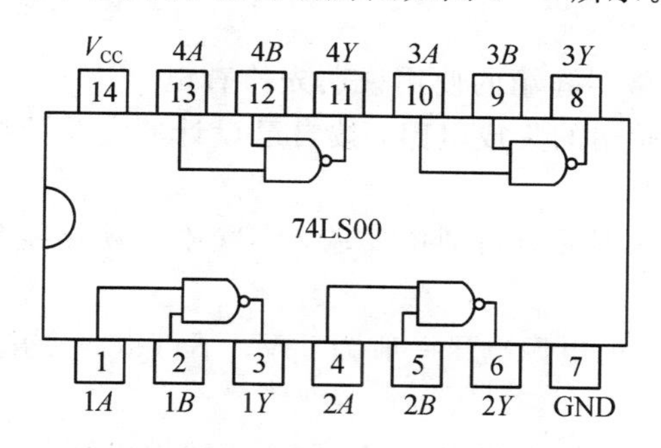

图 9－6　74LS00 二输入四与非门

（1）分别写出图 9－7 所示电路中两个输出变量 Y、Z 与输入变量 A、B 的逻辑表达式。

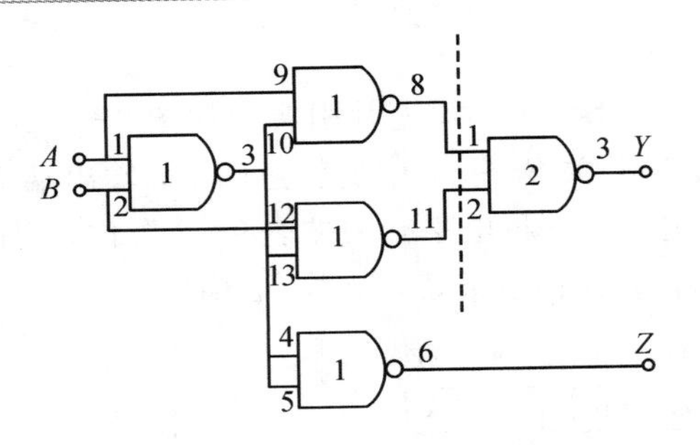

图 9－7　与非门逻辑功能测试电路

(2) 选用二输入四与非门 74LS00 两片，按图 9－7 接线。其中，输入端 A、B 分别接电平开关 $S_0 \sim S_9$ 中的任意两个，输出端 Y、Z 分别接二极管电平指示灯 $D_0 \sim D_9$ 中的任意两个。将电平开关按表 9－3 置位，只测试输出端 Y、Z 的逻辑状态(不需要测试输出端的电压值)，并将测试结果填入表 9－3 中。

表 9－3　二输入四与非门 74LS00 的逻辑功能测试数据

输　入		输　出	
A	B	Y	Z
0	0		
0	1		
1	0		
1	1		

4) 与非门实现控制输出的功能测试

选用一片 74LS00 芯片，按图 9－8 接线，S 端接任一电平开关，A 端接 25 kHz 的固定连续脉冲。用示波器观察并记录当 S 分别置为高、低电平时输入端 A 和输出端 Y 的波形，分析 S 对输出脉冲的控制作用。

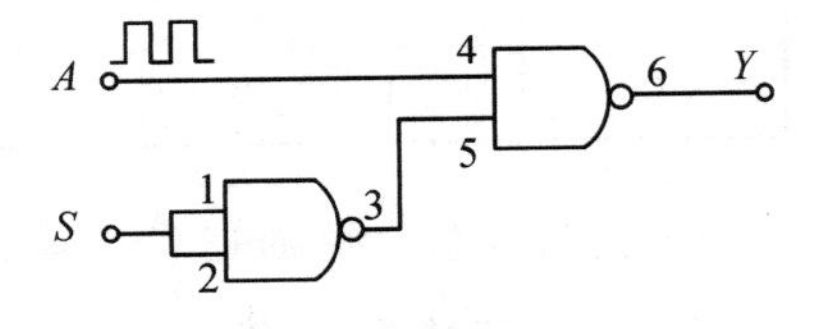

图 9－8　与非门控制输出测试电路

4. 实验注意事项

(1) 实验前按数字电路实验箱的使用说明先检查电源是否正常，然后选择实验用的集成电路，按自己设计的实验接线图接好连线，特别注意 V_{CC} 及地线不能接错。

(2) 线接好并经检查无误后方可通电实验，实验中改动接线前需断开电源，接好线后再通电实验。

(3) 实验过程中，芯片的电源电压一般为 5 V，不可以改变电压值，防止损坏 TTL 集成电路芯片。

(4) 不同门电路的输出端不能连在一起，防止烧毁输出级。

5. 预习与思考题

(1) 复习门电路工作原理及相应的逻辑表达式。

(2) 熟悉所用集成电路的引线位置及各引线用途。

(3) 了解双踪示波器的使用方法。

(4) 异或门又称可控反相门，为什么？

(5) 输出的高电平为什么不等于电源电压值？

6. 实验报告要求

(1) 按各步骤要求填表并画逻辑图，正确测量输出结果。

(2) 根据实验结果，分析当与非门的一个输入端接连续脉冲时，其余输入端在什么状态下允许脉冲通过？在什么状态下禁止脉冲通过？

实验 9.2　组合逻辑电路的设计及功能测试

1. 实验目的

(1) 掌握组合逻辑电路的功能测试方法。

(2) 验证半加器和全加器的逻辑功能。

(3) 学会二进制数的运算规律。

(4) 熟悉组合逻辑电路的分析方法。

2. 实验原理

在数字电路中，根据逻辑功能的不同，可以将数字电路分成两大类，一类叫作组合逻辑电路，另一类叫作时序逻辑电路。组合逻辑电路是构成数字系统的基础，它在任意时刻的输出仅取决于当时的输入，与电路的状态无关。结构上，门电路是组合逻辑电路的基本构成单元，电路中没有记忆单元，也没有反馈通路。

算数运算是数字系统的基本功能，是计算机中重要的组成部分。加法器是算术运算电路的核心。加、减、乘、除四则运算经常分解并转化成加法运算。本次实验的任务是了解组合逻辑电路中加法器的构成，并掌握其主要功能。加法器包括半加器和全加器。设有两个一位二进制数 A 和 B 相加，加法结果用 S 表示，可能产生的进位信号用 CO 表示。如果加法器不考虑来自低位的进位信号，则称为半加器，其逻辑符号如图 9-9(a)所示。全加器在完成两个一位二进制数 A 和 B 相加的同时需考虑来自低位的进位信号 CI，其逻辑符号如图 9-9(b)所示。

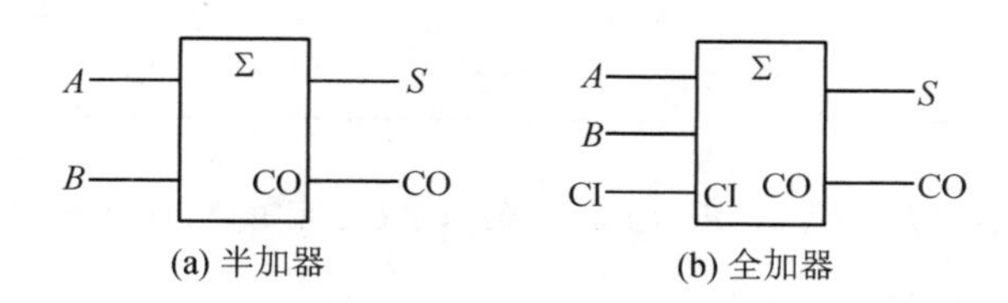

图 9-9　加法器的逻辑符号

3. 实验内容

1）组合逻辑电路的功能测试

用两片74LS00组成如图9-10所示的逻辑电路。为便于接线和检查，在图中已经注明了芯片编号及对应引脚的编号。

(1) 图中输入端A、B、C接电平开关S_9～S_0中的任意三个，输出端Y_1、Y_2接二极管电平指示灯D_9～D_0中的任意两个。

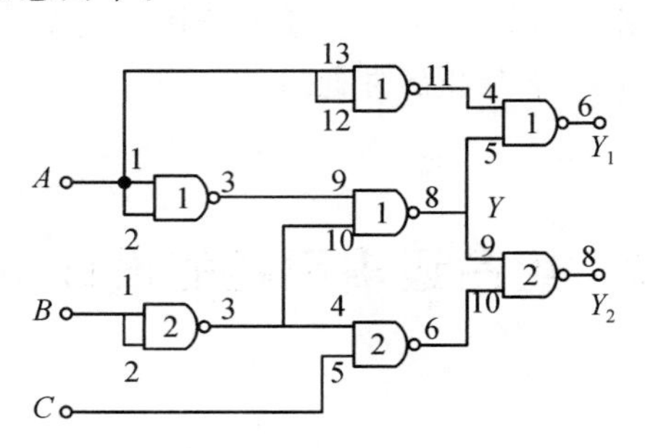

图9-10 功能测试电路

(2) 按照表9-4改变输入端A、B、C的逻辑状态，测试输出端Y_1、Y_2的值，并将测试结果填入表9-4中。

表9-4 组合逻辑电路的功能测试结果

输入			输出	
A	B	C	Y_1	Y_2
0	0	0		
0	0	1		
0	1	1		
1	1	1		
1	1	0		
1	0	0		
1	0	1		
0	1	0		

(3) 分别写出输出端Y_1、Y_2与输入端A、B、C的与或逻辑表达式。

2）测试半加器的逻辑功能

半加器可用一个集成异或门(74LS86)和两个与非门(74LS00)组成，如图9-11所示。

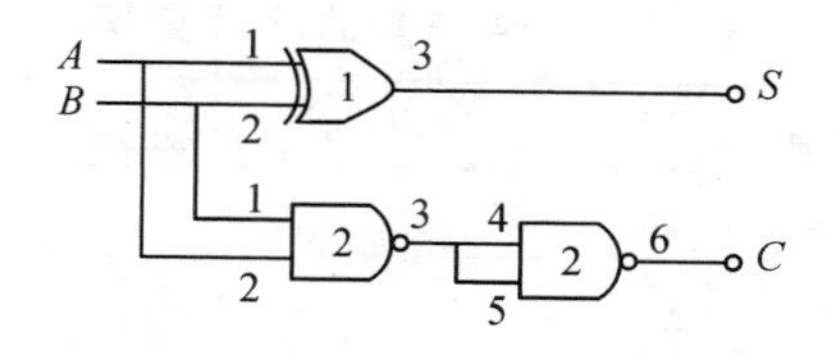

图 9-11　半加器

(1) 在数字电路实验箱上用异或门和与非门按照图 9-11 的电路接线。其中，输入端 A、B 接电平开关 $S_9 \sim S_0$ 中的任意两个，输出端 S、C 接二极管电平指示灯 $D_9 \sim D_0$ 中的任意两个。

(2) 按照表 9-5 改变输入端 A、B 的逻辑状态，测试输出端 S、C 的逻辑状态，并将测试结果填入表 9-5 中。

表 9-5　半加器的测试结果

输入		输出	
A	B	S	C
0	0		
1	0		
0	1		
1	1		

3) 测试与非门组成的全加器的逻辑功能

(1) 在数字电路实验箱上用与非门按照图 9-12 的电路接线。其中，输入端 A_i、B_i 和 C_{i-1} 接电平开关 $S_9 \sim S_0$ 中的任意三个，输出端 S_i、C_i 接二极管电平指示灯 $D_9 \sim D_0$ 中的任意两个。

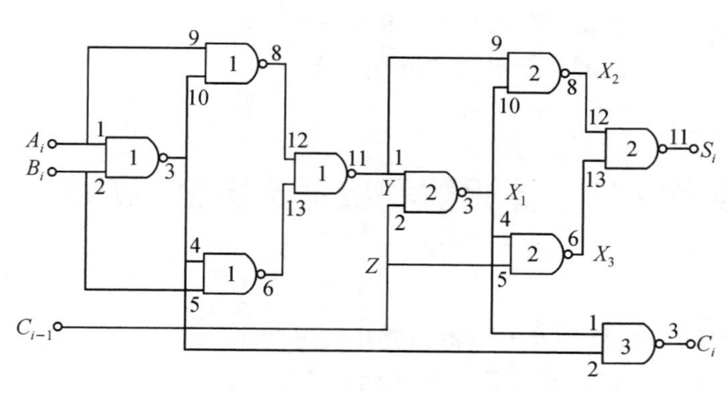

图 9-12　全加器

(2) 按照表 9-6 改变输入端 A_i、B_i 和 C_{i-1} 的逻辑状态，分别测试输出端 X_1、X_2、X_3、S_i、C_i 的逻辑状态，并将测试结果填入表 9-6 中。

表 9-6 全加器的测试结果

A_i	B_i	C_{i-1}	X_1	X_2	X_3	S_i	C_i
0	0	0					
0	0	1					
0	1	0					
0	1	1					
1	0	0					
1	0	1					
1	1	0					
1	1	1					

(3) 根据真值表填写逻辑函数 S_i 和 C_i 的卡诺图，并根据卡诺图分别写出图 9-12 所示电路输出端 S_i 和 C_i 与输入端 A_i、B_i 和 C_{i-1} 的最简与或式。

4. 实验注意事项

(1) 实验过程中，使用的每片芯片都需要连接电源，芯片电源电压应为 5 V。

(2) 不同门电路的输出端不能连在一起，防止烧毁输出级。

(3) 逻辑门的输入端应接入相应信号，随意悬空可能会影响逻辑结果。

5. 预习与思考题

(1) 预习组合逻辑电路的分析方法。

(2) 预习二进制数的运算。

(3) 预习用与非门和异或门构成的半加器、全加器的工作原理及相应的逻辑表达式。

(4) 用与非门设计一个 A、B、C 三人表决电路，需列出逻辑真值表，写出与非表达式。要求当表决某个提案时，若多数人同意，则提案通过，但 A 具有否决权。

6. 实验报告要求

(1) 整理实验数据、图表，并对实验结果进行分析讨论。

(2) 总结组合逻辑电路的分析过程和设计过程。

实验 9.3 译码器和数据选择器的功能测试

1. 实验目的

(1) 熟练掌握 3-8 线译码器的逻辑功能和使用方法。

(2) 学会使用 74LS138 译码器实现逻辑函数的方法。

(3) 掌握中规模集成数据选择器的逻辑功能及使用方法。

2. 实验原理

译码是指将输入的二进制码翻译成高、低电平信号，是编码的逆过程。实现译码功能的电路称为译码器。常用的译码器有二进制译码器、二-十进制译码器和七段显示译码器。

将 n 位二进制码输入二进制译码器后，可输出 2^n 个高/低电平，如图 9－13 所示。二进制译码器包括 2－4 线译码器、3－8 线译码器等。

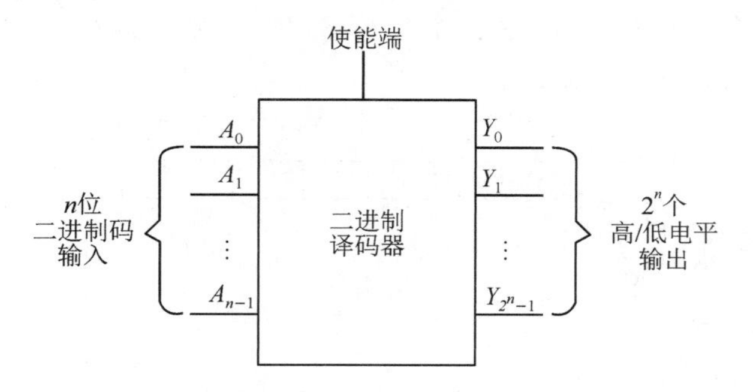

图 9－13　二进制译码器的框图

中规模 3－8 线译码器集成芯片 74HC138，由 3 个输入端（A_2、A_1、A_0）、8 个不同的输出端（$\overline{Y}_0 \sim \overline{Y}_7$），以及使能控制端（$\overline{E}_1$、$\overline{E}_2$、$E_3$）组成。只有在使能控制端为有效电平时，译码器才处于工作状态，即对于每一组输入代码 $A_2A_1A_0$，有且仅有一个由 $A_2A_1A_0$ 指定的输出端输出有效电平（低电平）。74HC138 译码器的输出 $\overline{Y}_0 \sim \overline{Y}_7$ 是 3 个输入变量组成的全部最小项，所以又称这种译码器为最小项译码器。74HC138 引脚排列图如图 9－14 所示。

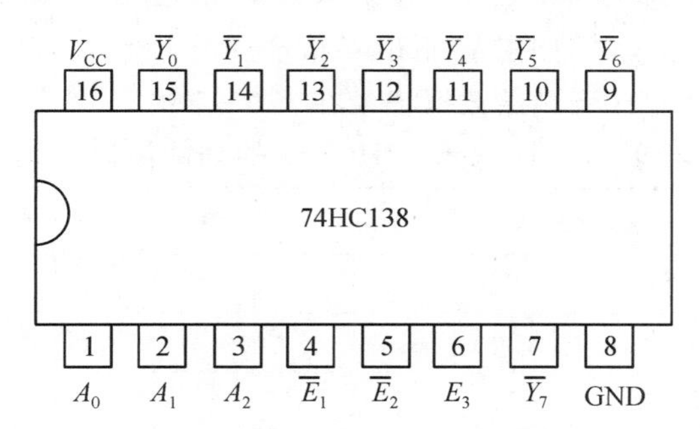

图 9－14　74HC138 译码器的引脚排列图

了解了译码器的工作原理，若将输入端 A_2、A_1、A_0 作为 3 个输入逻辑变量，则 8 个输出端给出的就是这 3 个输入变量组成的全部最小项。利用附加的门电路将这些最小项适当地组合起来，可产生任何形式的三变量组合逻辑函数。由于 74HC138 的输出端 $\overline{Y}_0 \sim \overline{Y}_7$ 已包含 3 个输入变量组成的全部最小项，因此，对逻辑函数表达式不需要化简。

数据选择器是可以从多路输入数据中根据不同的地址码选择一路数据传送到唯一的输出端的逻辑电路。数据选择器一般有 2^n 个数据输入端、n 位地址码，但仅有 1 个输出端。数据选择器相当于一个多输入的单刀多掷开关，其工作原理如图 9－15 所示。

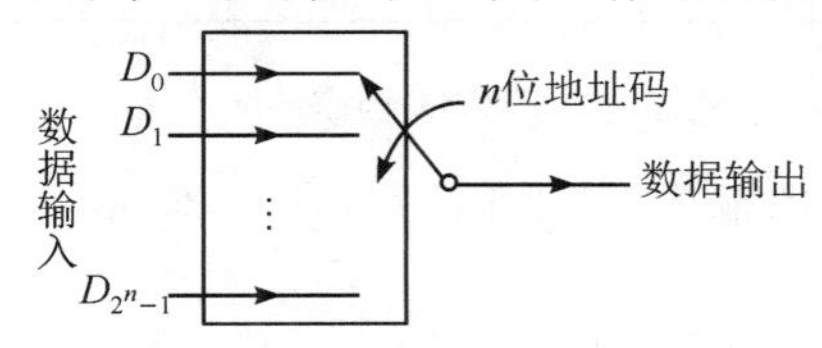

图 9－15　数据选择器的工作原理示意图

本实验选择的是8选1数据选择器集成芯片74LS151。74LS151是一种典型的集成数据选择器，有3个地址输入端(S_0、S_1、S_2)、1个选通端($\bar{E}$，低电平有效)、8个数据输入端($D_0 \sim D_7$)，以及两个互补输出端。这两个互补输出端分别是同相输出端Y和反相输出端$\bar{Y}$。74LS151的引脚排列图如图9-16所示。

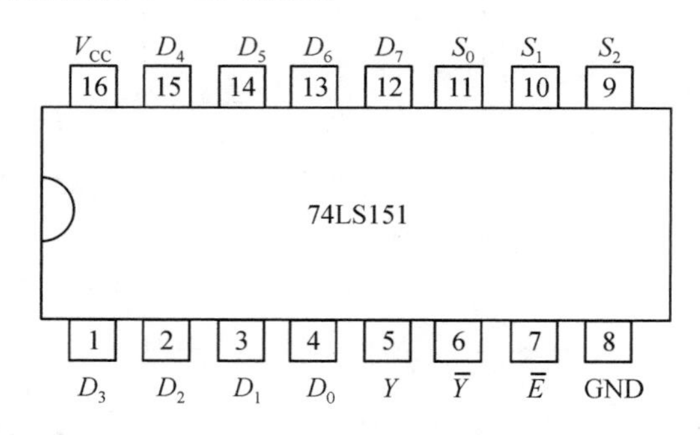

图9-16 74LS151数据选择器的引脚排列图

3. 实验内容

1) 译码器74HC138的逻辑功能测试

将译码器的使能控制端$\bar{E}_1$、$\bar{E}_2$、E_3及输入端A_2、A_1、A_0分别接至逻辑开关输出插口上，输出端$\bar{Y}_0 \sim \bar{Y}_7$依次接在LED逻辑电平指示灯上，然后参照表9-7，拨动逻辑电平开关，逐项测试其逻辑功能并将测试数据记录在表9-7中。

表9-7 译码器74HC138的功能测试数据

使能端			输入端			输出端							
E_3	$\bar{E}_1$	$\bar{E}_2$	A_2	A_1	A_0	$\bar{Y}_7$	$\bar{Y}_6$	$\bar{Y}_5$	$\bar{Y}_4$	$\bar{Y}_3$	$\bar{Y}_2$	$\bar{Y}_1$	$\bar{Y}_0$
0	×	×	×	×	×								
×	1	1	×	×	×								
1	0	0	0	0	0								
1	0	0	0	0	1								
1	0	0	0	1	0								
1	0	0	0	1	1								
1	0	0	1	0	0								
1	0	0	1	0	1								
1	0	0	1	1	0								
1	0	0	1	1	1								

2) 使用74HC138译码器实现三变量逻辑函数

通过译码器74HC138和四输入"与非门"74LS20实现下列组合逻辑函数的电路设计。已知逻辑函数：

$$\begin{cases} Y_1 = AC \\ Y_2 = \bar{B}\bar{C} + AB\bar{C} \end{cases}$$

要求：

（1）写出设计过程；

（2）画出设计电路图，并在实验箱上验证其功能；

（3）将验证结果填写到表9-8中。

表9-8　使用译码器74HC138实现逻辑函数的测试结果

输入			输出	
$A_2(A)$	$A_1(B)$	$A_0(C)$	Y_1	Y_2
0	0	0		
0	0	1		
0	1	0		
0	1	1		
1	0	0		
1	0	1		
1	1	0		
1	1	1		

3）数据选择器74LS151的功能测试

选择一片8选1数据选择器74LS151，并将3个地址输入端S_0、S_1、S_2和选通端$\bar{E}$接逻辑电平开关，输出端Y接LED逻辑电平指示灯，然后按表9-9将相应端子的电平开关置位，测试输出端Y的逻辑状态并记录在表9-9中。

表9-9　数据选择器的功能测试数据

<table>
<tr><th>使能端</th><th colspan="3">地址输入端</th><th colspan="8">数据输入端</th><th>输出</th></tr>
<tr><td>$\bar{E}$</td><td>S_2</td><td>S_1</td><td>S_0</td><td>D_0</td><td>D_1</td><td>D_2</td><td>D_3</td><td>D_4</td><td>D_5</td><td>D_6</td><td>D_7</td><td>Y</td></tr>
<tr><td>1</td><td>×</td><td>×</td><td>×</td><td>×</td><td>×</td><td>×</td><td>×</td><td>×</td><td>×</td><td>×</td><td>×</td><td></td></tr>
<tr><td rowspan="2">0</td><td rowspan="2">0</td><td rowspan="2">0</td><td rowspan="2">0</td><td>0</td><td rowspan="2">×</td><td rowspan="2">×</td><td rowspan="2">×</td><td rowspan="2">×</td><td rowspan="2">×</td><td rowspan="2">×</td><td rowspan="2">×</td><td></td></tr>
<tr><td>1</td><td></td></tr>
<tr><td rowspan="2">0</td><td rowspan="2">0</td><td rowspan="2">0</td><td rowspan="2">1</td><td rowspan="2">×</td><td>0</td><td rowspan="2">×</td><td rowspan="2">×</td><td rowspan="2">×</td><td rowspan="2">×</td><td rowspan="2">×</td><td rowspan="2">×</td><td></td></tr>
<tr><td>1</td><td></td></tr>
<tr><td rowspan="2">0</td><td rowspan="2">0</td><td rowspan="2">1</td><td rowspan="2">0</td><td rowspan="2">×</td><td rowspan="2">×</td><td>0</td><td rowspan="2">×</td><td rowspan="2">×</td><td rowspan="2">×</td><td rowspan="2">×</td><td rowspan="2">×</td><td></td></tr>
<tr><td>1</td><td></td></tr>
<tr><td rowspan="2">0</td><td rowspan="2">0</td><td rowspan="2">1</td><td rowspan="2">1</td><td rowspan="2">×</td><td rowspan="2">×</td><td rowspan="2">×</td><td>0</td><td rowspan="2">×</td><td rowspan="2">×</td><td rowspan="2">×</td><td rowspan="2">×</td><td></td></tr>
<tr><td>1</td><td></td></tr>
</table>

续表

使能端	地址输入端			数据输入端								输出
$\overline{E}$	S_2	S_1	S_0	D_0	D_1	D_2	D_3	D_4	D_5	D_6	D_7	Y
0	1	0	0	×	×	×	×	0	×	×	×	
								1				
0	1	0	1	×	×	×	×	×	0	×	×	
									1			
0	1	1	0	×	×	×	×	×	×	0	×	
										1		
0	1	1	1	×	×	×	×	×	×	×	0	
											1	

4. 实验注意事项

(1) 使用仪器和实验箱前必须了解其性能、操作方法及注意事项，并在使用时严格遵守相关要求。

(2) 实验过程中，芯片的电源电压一般为 5 V，不可以改变电压值，防止损坏 TTL 集成电路芯片。

(3) 实验过程中，接线、拆线前应关断电源。

(4) 逻辑门的输入端应接入相应信号，随意悬空可能会影响逻辑结果。

5. 预习与思考题

(1) 预习译码器的工作原理及逻辑表达式。

(2) 写出实验内容中第二部分的逻辑函数的最小项之和的形式，并转换为与非式。

(3) 写出 8 选 1 数据选择器输出的逻辑表达式。

6. 实验报告要求

(1) 整理实验报告，记录相应数据并对实验结果进行分析讨论。

(2) 分别总结译码器和数据选择器的作用。

实验 9.4　触发器的设计与应用

1. 实验目的

(1) 掌握 RS 触发器、D 触发器和 JK 触发器的构成、工作原理和功能测试方法。

(2) 学会正确使用触发器集成芯片。

(3) 熟悉不同逻辑功能的触发器的相互转换方法。

2. 实验原理

触发器是数字电路中最基本的存储器件，是能够存储 1 位二进制信号的基本单元电路。也就是说，存储电路具有两个能自行保持的稳定状态，可以用来表示逻辑状态的0和1，或二进制数的0和1，也可以根据不同的输入信号置1或置0。

触发器按触发方式分为电平触发器、脉冲触发器和边沿触发器；按逻辑功能方式分为SR锁存器、JK触发器、D触发器、T触发器、$\overline{\mathrm{T}}$触发器；按结构分为基本SR锁存器、同步SR触发器、主从触发器、维持阻塞触发器、边沿触发器等。

1）基本RS触发器

由两个与非门交叉耦合，可构成基本RS触发器，它是无时钟控制且由低电平直接触发的触发器。基本RS触发器具有置“0”、置“1”和“保持”三种功能。通常称$\overline{S}_{\mathrm{D}}$为置“1”端，$\overline{R}_{\mathrm{D}}$为置“0”端。当$\overline{S}_{\mathrm{D}}=\overline{R}_{\mathrm{D}}=1$时，状态保持；当$\overline{S}_{\mathrm{D}}=\overline{R}_{\mathrm{D}}=0$时，触发器状态不定。

2）边沿触发的D触发器

边沿触发器只在CLK的某一边沿(上升沿或下降沿)时刻才能对输入信号产生响应，即只有在CLK的边沿时刻输入信号才有效(输出状态与输入有关)，其他时间触发器都处于保持状态。可见，这种触发器不会有空翻现象，并且抗干扰能力增强，工作更可靠。边沿触发器有上升沿触发和下降沿触发两种。D触发器具有置“0”和置“1”的功能。例如，设触发器的初始状态为$Q=0$、输入端$D=1$，当CLK(↑/↓)来到后，触发器将置“1”；设触发器的初始状态为$Q=1$、输入端$D=0$，当CLK(↑/↓)来到后，触发器将置“0”。如果需要在CLK的有效状态到来之前预先将触发器置成指定的状态，D触发器还需设置异步置1端$\overline{S}_{\mathrm{D}}$和异步置0端$\overline{R}_{\mathrm{D}}$。当$\overline{S}_{\mathrm{D}}$或$\overline{R}_{\mathrm{D}}$端加低电平时，可立即将触发器置1或置0，而不受时钟信号和输入信号的控制。边沿触发的D触发器的逻辑符号如图9-17所示。

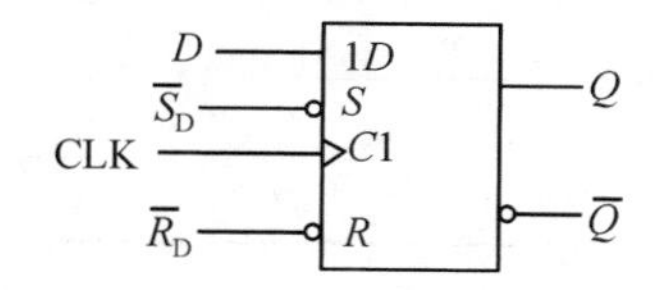

图9-17　边沿触发的D触发器的逻辑符号

3）边沿触发的JK触发器

边沿触发的JK触发器的逻辑符号如图9-18所示。其中，J端和K端为信号输入端，CLK为时钟脉冲端(逻辑符号图中CLK一端若标有小圆圈，则表示脉冲下降沿有效)，$\overline{S}_{\mathrm{D}}$、$\overline{R}_{\mathrm{D}}$端分别为异步置1端、置0端(或称异步置位、复位端)。

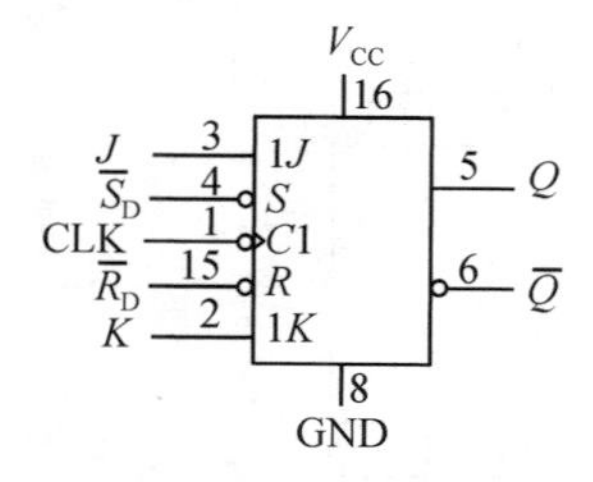

图9-18　边沿触发的JK触发器的逻辑符号

JK触发器除了具有置0、置1和保持三种功能，还增加了翻转功能。JK触发器彻底解决了RS触发器的约束问题。

3. 实验内容

1）基本 RS 触发器的功能测试

实验所用芯片为二输入端四与非门 74LS00，其引脚图如图 9－19(a)所示。图 9－19(b)为由两个与非门交叉耦合构成的基本 RS 触发器的逻辑图。

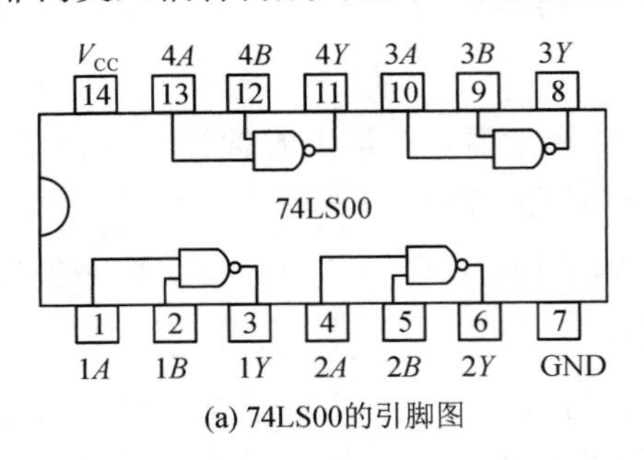

(a) 74LS00的引脚图

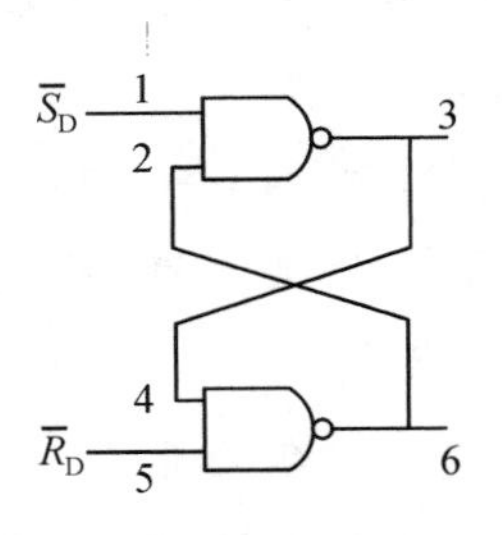

(b) 基本RS触发器的逻辑图

图 9－19　74LS00 的引脚图和基本 RS 触发器的逻辑图

(1) 按照表 9－10 所示的顺序分别在 $\overline{S}_D$、$\overline{R}_D$ 端加逻辑电平信号，同时观察并记录触发器的 Q、$\overline{Q}$ 端的 LED 指示灯的状态，将结果填入表 9－10 中，并说明在以下各种输入状态下，触发器执行的功能。

表 9－10　基本 RS 触发器功能测试数据

$\overline{S}_D$	$\overline{R}_D$	Q	$\overline{Q}$	逻辑功能
0	1			
1	1			
1	0			
1	1			

(2) $\overline{S}_D$ 端接低电平，$\overline{R}_D$ 端加固定连续脉冲，观察并记录 Q 及 $\overline{Q}$ 端的状态。

(3) $\overline{S}_D$ 端接高电平，$\overline{R}_D$ 端加固定连续脉冲，观察并记录 Q 及 $\overline{Q}$ 端的状态。

2）维持-阻塞型 D 触发器的功能测试

74LS74 芯片为上升沿触发的双 D 型维持-阻塞型触发器，其引脚图如图 9－20(a)所示。由 74LS74 构成的 D 触发器的逻辑符号如图 9－20(b)所示。

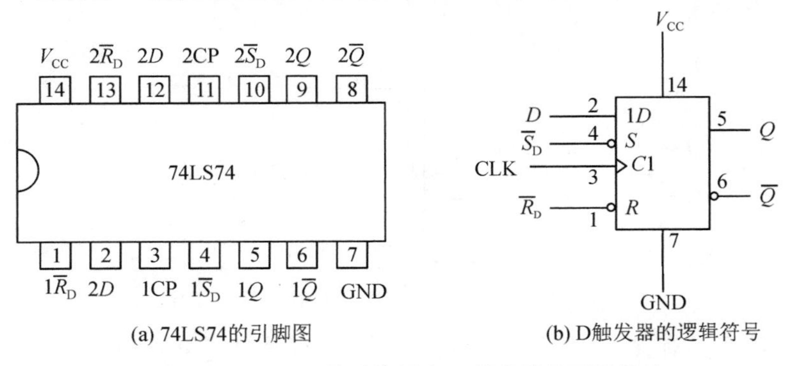

(a) 74LS74的引脚图　　(b) D触发器的逻辑符号

图 9－20　74LS74 的引脚图和 D 触发器的逻辑符号

D 触发器功能测试的实验步骤如下：

(1) 分别在 $\overline{S}_D$、$\overline{R}_D$ 端加低电平，观察并记录 Q 端的状态。

(2) 令 $\overline{S}_D$、$\overline{R}_D$ 端为高电平，D 端分别接高、低电平，用点动脉冲(单脉冲)作为 CLK，观察并记录 Q 端的状态变化。

(3) 令 $\overline{S}_D=\overline{R}_D=1$，CLK＝0(或 CLK＝1)，改变 D 端信号，观察 Q 端的状态是否变化。

整理上述实验数据，将结果填入表 9－11 中。

表 9－11　D 触发器功能测试数据

$\overline{S}_D$	$\overline{R}_D$	CLK	D	Q^*(次态)
0	1	×	×	
1	0	×	×	
1	1	↑	0	
1	1	↑	1	

(4) 观察并记录波形。令 $\overline{S}_D=\overline{R}_D=1$，将 D 和 $\overline{Q}$ 端相连，CLK 加固定连续脉冲，用双踪示波器观察并记录触发器输出端 Q 与时钟 CLK 的波形。

3) 负边沿 JK 触发器的功能测试

74LS112 芯片为负边沿触发的双 JK 触发器，其引脚图及其构成的 JK 触发器逻辑符号如图 9－21 所示。

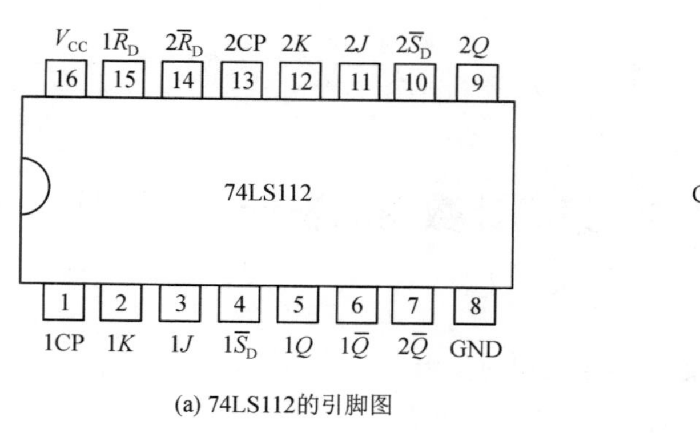

(a) 74LS112的引脚图

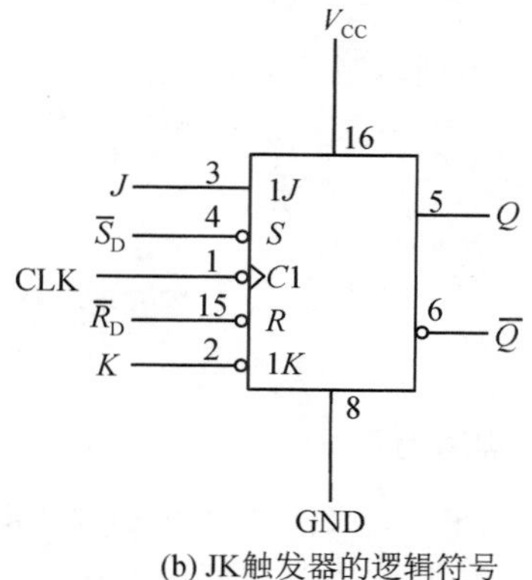

(b) JK触发器的逻辑符号

图 9－21　74LS112 的引脚图和 JK 触发器的逻辑符号

(1) JK 触发器的功能测试实验步骤同上，测试其功能并将结果填入表 9－12 中。

(2) 令 $J=K=1$，CLK 端加固定连续脉冲，用双踪示波器观察并记录 CLK 和 Q 端的波形。

表 9-12　JK 触发器功能测试数据

$\overline{S}_D$	$\overline{R}_D$	CLK	J	K	Q^*（次态）
0	1	×	×	×	
1	0	×	×	×	
1	1	↓	0	×	
1	1	↓	1	×	
1	1	↓	×	0	
1	1	↓	×	1	

4. 实验注意事项

（1）实验过程中使用的单脉冲信号应该由实验者利用按键开关产生。

（2）实验过程中，芯片的电源电压一般为 5 V，不可以改变电压值，防止损坏 TTL 集成电路芯片。

（3）不同门电路的输出端不能连在一起，防止烧毁输出级。

5. 预习与思考题

（1）预习各类触发器的逻辑功能及逻辑功能表达式。

（2）预习触发器异步输入端的功能。

（3）观察 JK 触发器的输出波形，与将 D 触发器的 D 和 $\overline{Q}$ 端相连接时产生的波形比较，有何异同点？

（4）将 D 触发器和 JK 触发器转换成 $\overline{\text{T}}$ 触发器，列出表达式，画出实验电路图。

6. 实验报告要求

（1）整理实验数据并填表。

（2）掌握各类触发器相互转化的方法。

实验 9.5　集成计数器的设计

1. 实验目的

（1）熟悉集成计数器的逻辑功能和各控制端的作用。

（2）掌握计数器的使用方法。

2. 实验原理

1）异步计数器 74LS90 的功能

74LS90 是集成异步二-五-十进制计数器，其内部逻辑框图如图 9-22 所示，其引脚图如图 9-23 所示。

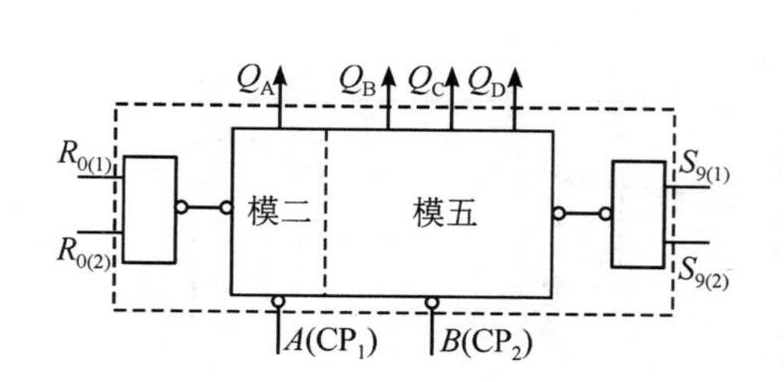

图 9 - 22　集成异步二-五-十进制计数器 74LS90

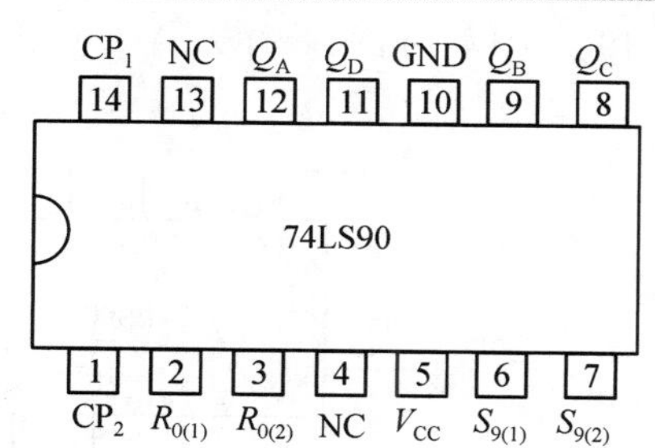

图 9 - 23　74LS90 的引脚图

74LS90 由两个独立的计数器构成，具有下述功能：

(1) 异步清零。当 $R_{0(1)} \cdot R_{0(2)}=1$，$S_{9(1)} \cdot S_{9(2)}=0$ 时，计数器的输出状态将被直接置零，即 $Q_DQ_CQ_BQ_A=0000$。

(2) 异步置 9。当 $S_{9(1)} \cdot S_{9(2)}=1$，$R_{0(1)} \cdot R_{0(2)}=0$ 时，计数器的输出状态将被直接置 9，即 $Q_DQ_CQ_BQ_A=1001$。

(3) 加法计数。当 $R_{0(1)} \cdot R_{0(2)}=0$，$S_{9(1)} \cdot S_{9(2)}=0$ 时，在计数脉冲的作用下 74LS90 处于加法计数功能。

74LS90 的功能表如表 9 - 13 所示。

表 9 - 13　74LS90 的功能表

复位输入		置位输入		时钟	输出				工作模式
$R_{0(1)}$	$R_{0(2)}$	$S_{9(1)}$	$S_{9(2)}$	CP	Q_D	Q_C	Q_B	Q_A	
1	1	0	×	×	0	0	0	0	异步清零
1	1	×	0	×	0	0	0	0	
0	×	1	1	×	1	0	0	1	异步置 9
×	0	1	1	×	1	0	0	1	
0	×	0	×	↓	计数				加法计数
0	×	×	0	↓	计数				
×	0	0	×	↓	计数				
×	0	×	0	↓	计数				

2) 异步计数器 74LS90 的应用

74LS90 的使用灵活，可以实现以下几种输出方式：

(1) 二进制计数：CP_1 输入，Q_A 输出。

(2) 五进制计数：CP_2 输入，$Q_DQ_CQ_B$ 输出。

(3) 十进制计数：两种接法分别如图 9 - 24(a)、(b)所示。

(4) 构成十以上进制的计数器时可将多片级联使用。

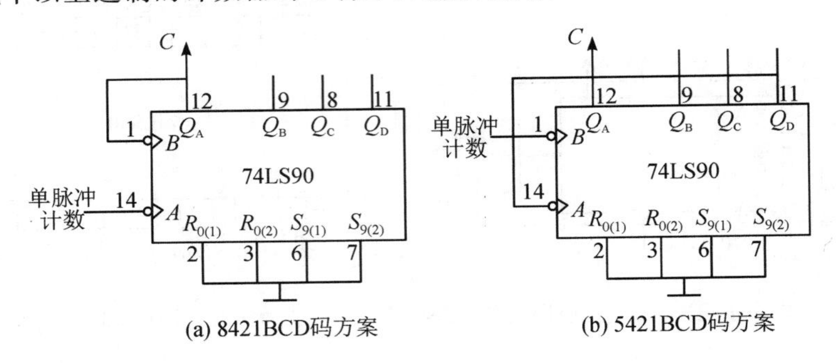

图 9-24　采用 74LS90 构成十进制计数器的两种方案

3. 实验内容

1) 由 74LS90 构成异步十进制计数器

用 74LS90 计数器分别连成 8421BCD 码计数器和 5421BCD 码计数器。

(1) 8421BCD 码计数器。按图 9-24(a)接线，将输出端接到二极管电平指示灯 D_0～D_9 中的任意四个，用单脉冲作为输入脉冲，并将测试结果填入表 9-14 中。

表 9-14　8421BCD 码计数器的功能表

计数	输　出				进　位
	Q_D	Q_C	Q_B	Q_A	C
0					
1					
2					
3					
4					
5					
6					
7					
8					
9					

(2) 5421BCD 码计数器。按图 9-24(b)接线，将输出端接到二极管电平指示灯 D_0～D_9 中的任意四个，用单脉冲作为输入脉冲，并将测试结果填入表 9-15 中。

表 9-15　5421BCD 码计数器的功能表

计　数	输　出				进　位
	Q_A	Q_D	Q_C	Q_B	C
0					
1					
2					
3					
4					
5					
6					
7					
8					
9					

2) 任意进制计数器的设计方法

先由 74LS90 芯片构成十进制计数器，然后采用异步复位法或异步置 9 法，可用 74LS90 组成任意进制(M)计数器。

(1) $M<10$。

下面要验证模为 7，即 $M=7$ 的计数器的实现方法。

① 异步置 0(复位)法的电路如图 9-25 所示。在该方法中，计数到 M 时，异步清零；用单脉冲作为输入脉冲，并将输出端 $Q_DQ_CQ_BQ_A$ 接到二极管电平指示灯 $D_0 \sim D_9$ 中的任意四个。

② 异步置 9 法的电路如图 9-26 所示。在该方法中，计数到 $M-1$ 时异步置 9。实验方法同上。

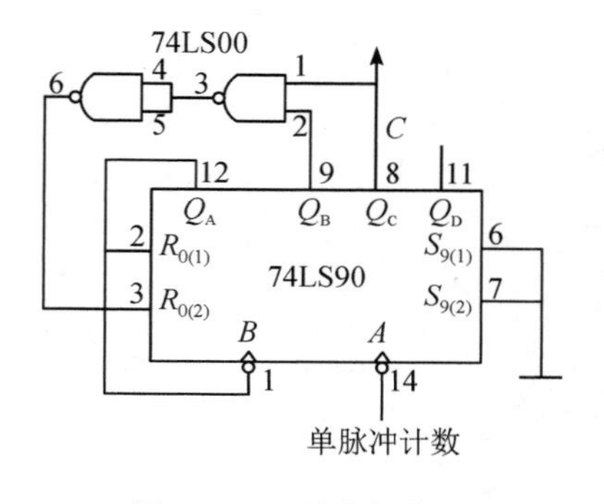

图 9-25　异步复位法

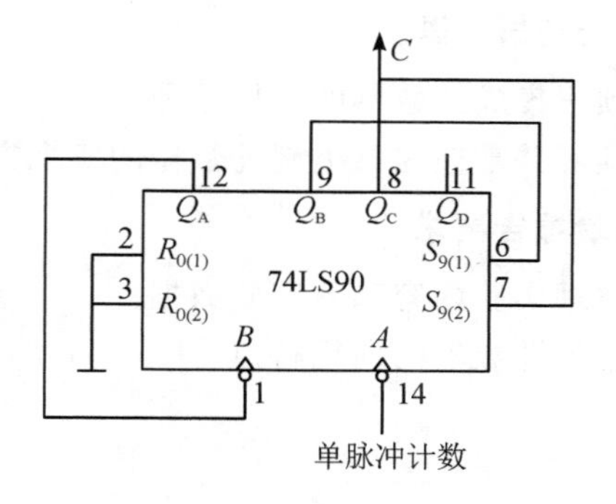

图 9-26　异步置 9 法

分别画出以上两种七进制计数器的状态转换图，要标注进位端 C 的状态。

(2) $M>10$。

若要实现十以上进制的计数器，应先将计数器的容量扩展，再改接成 M 进制。

① 按图 9-27 接线，用单脉冲作为输入脉冲，并将输出端接到二极管电平指示灯 D_0～D_9 中的任意八个或显示数码管。

② 观察并记录该计数器的状态转换图，以及进位端 C 的状态。

③ 此计数器为__________进制。

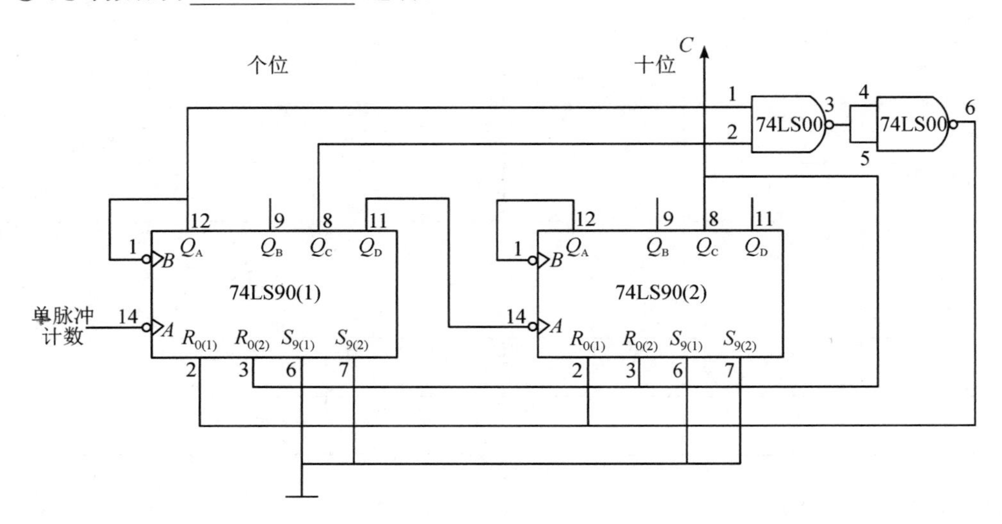

图 9-27 利用 74LS90 级联实现 M 进制计数器

4. 实验注意事项

(1) 使用仪器和实验箱前必须了解其性能、操作方法及注意事项，并在使用时严格遵守相关要求。

(2) 实验过程中接线要认真，仔细检查，确定无误后才能接通电源。

(3) 实验过程中，芯片的电源电压一般为 5 V，不可以改变电压值，防止损坏 TTL 集成电路芯片。

(4) 不同门电路的输出端不能连在一起，防止烧毁输出级。

5. 预习与思考题

(1) 预习集成计数器的工作原理。

(2) 预习并掌握任意进制计数器的实现方法。

6. 实验报告要求

(1) 整理实验内容和各实验数据。

(2) 总结计数器的使用特点。

实验 9.6　555 定时器的设计与应用

1. 实验目的

(1) 掌握 555 定时器的结构和工作原理。

(2) 掌握芯片 NE556 的正确使用方法。

(3) 分析和测试用 555 定时器构成的多谐振荡器、单稳态触发器。

2. 实验原理

1) 555 定时器

本实验所用的 555 定时器芯片为 NE556，同一芯片上集成了两个各自独立的 555 时基电路，芯片引脚图如图 9-28 所示。图 9-29 为 555 定时器的电路结构图，各管脚的功能简述如下：

(1) OUT：输出端。

(2) DISC：放电端，其导通或关断可为 RC 回路提供放电或充电的通路。

(3) $\overline{R}_D$：复位端，当 $\overline{R}_D=0$ 时，OUT 端输出低电平，DISC 端导通。

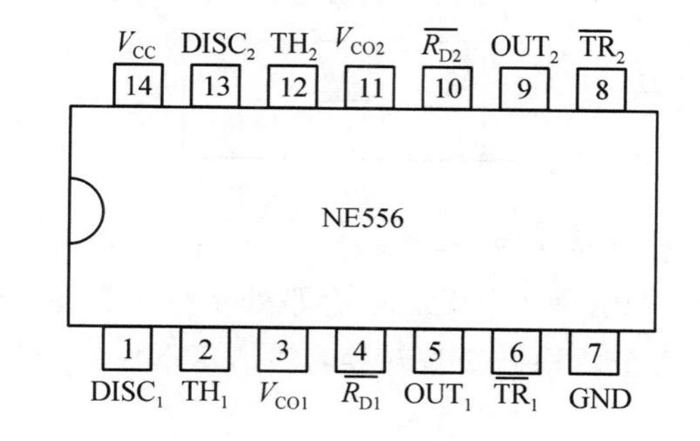

图 9-28　NE556 引脚图

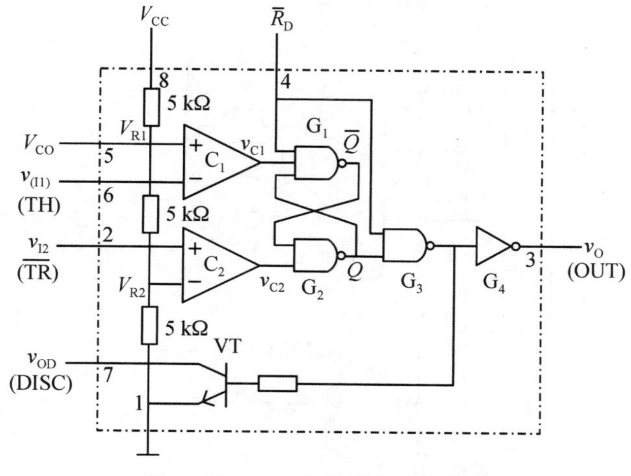

图 9-29　555 定时器电路结构图

(4) TH：高电平触发端，当 TH 端的电平大于 $2V_{CC}/3$ 时，OUT 端呈低电平，DISC 端导通。

(5) $\overline{TR}$：低电平触发端，当 $\overline{TR}$ 端的电平小于 $V_{CC}/3$ 时，OUT 端呈高电平，DISC 端关断。

(6) V_{CO}：控制电压端，V_{CO} 接不同的电压值时可以改变 TH 和 $\overline{TR}$ 的触发电平值。

555 定时器的功能表如表 9-16 所示。

表 9-16 555 定时器功能表

输入			输出	
$\bar{R}_D$	TH	$\overline{TR}$	v_O	VT 状态
0	×	×	0	导通
1	$>\frac{2}{3}V_{CC}$	$>\frac{1}{3}V_{CC}$	0	导通
1	$<\frac{2}{3}V_{CC}$	$>\frac{1}{3}V_{CC}$	原状态	原状态
1	$<\frac{2}{3}V_{CC}$	$<\frac{1}{3}V_{CC}$	1	截止
1	$>\frac{2}{3}V_{CC}$	$<\frac{1}{3}V_{CC}$	1	截止

2) 由 555 定时器构成的多谐振荡器

多谐振荡器没有稳态，只有两个暂稳态。电路处于一个暂稳态时，经过一段时间会自行翻转到另一个暂稳态。两个暂稳态交替转换，输出矩形波。多谐振荡器电路如图 9-30 所示。

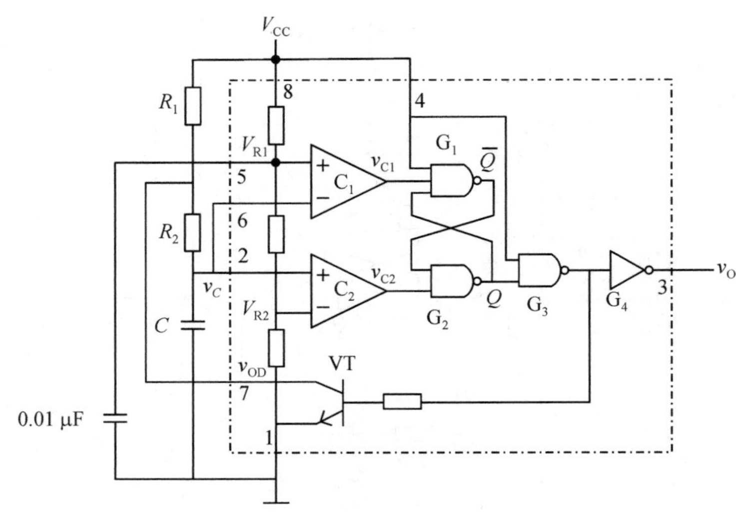

图 9-30 多谐振荡器电路结构图

当接通电源以后，电容上的初始电压为0 V，输出为高电平。经电阻 R_1、R_2 向电容 C 充电，当充电到输入电压为 V_{T+} 时，输出跳变为低电平，此时电容 C 经过电阻 R_2 开始放电；当放电至 V_{T-} 时，输出电压又跳变成高电平，此时电容又开始充电。伴随着充电和放电过程的反复进行，输出矩形波。多谐振荡器的工作波形如图 9－31 所示。

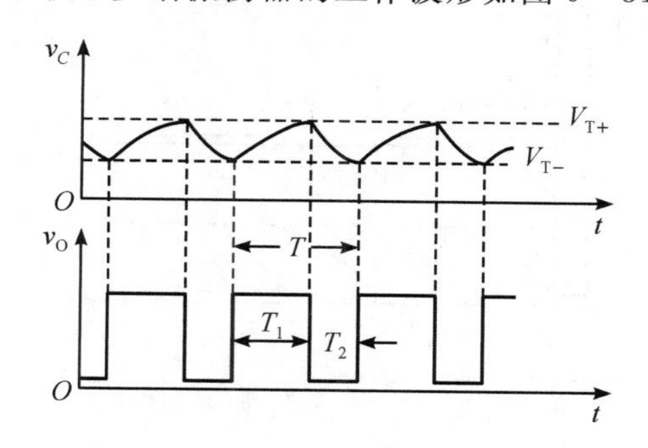

图 9－31　多谐振荡器的工作波形

根据一阶电路的三要素法，可以求出振荡周期，即

$$T = 0.7(R_1 + 2R_2)C_1 \tag{9-1}$$

振荡频率为

$$f = \frac{1}{T} = \frac{1}{0.7(R_1 + 2R_2)C_1} \tag{9-2}$$

3）由 555 定时器构成的单稳态触发器

单稳态电路是只有一个稳定状态的脉冲整形电路。由 555 定时器构成的单稳态触发器，如图 9－32 所示。

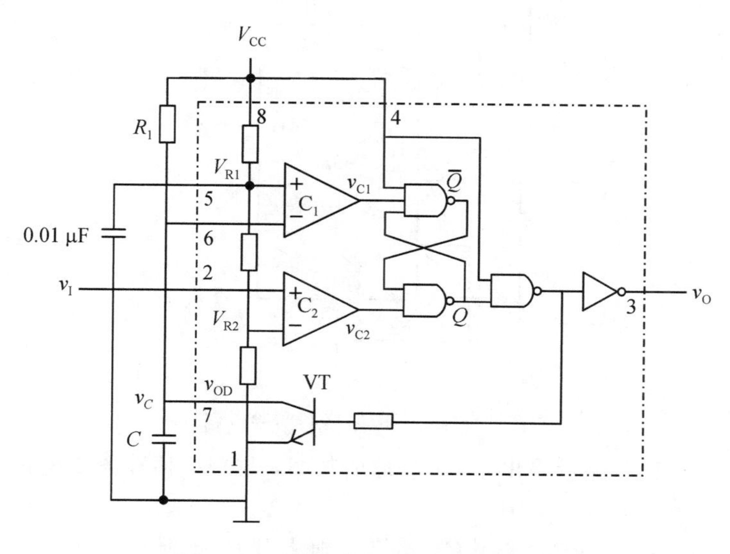

图 9－32　单稳态触发器电路结构图

单稳态触发器的特点如下：在没有外部触发脉冲作用时，电路处于稳态；在外部触发脉冲作用下，电路从稳态跳变到暂稳态，经过一段时间后会自动返回到稳态；电路的结构和参数可决定暂稳态维持的时间 t_W。单稳态触发器的工作波形如图 9－33 所示。

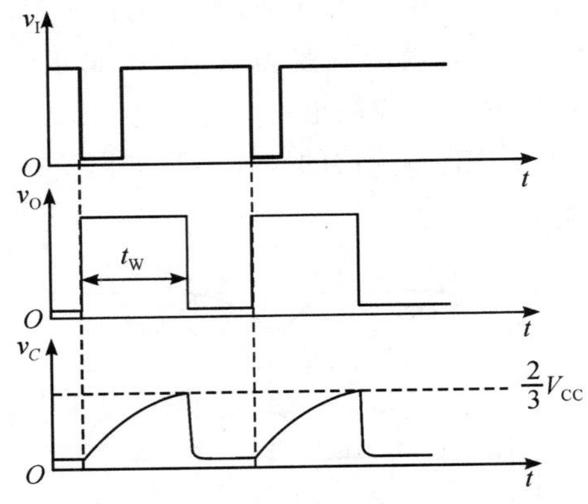

图 9-33 单稳态触发器的工作波形

暂稳态维持的时间 t_W，即输出脉冲的宽度，其理论公式为

$$t_W = 1.1R_1C \tag{9-3}$$

3. 实验内容

1）多谐振荡器的功能测试

（1）按图 9-34 接线。元件参数如下：$R_1=15$ kΩ，$R_2=5.1$ kΩ，$C_1=0.033$ μF，$C_2=0.1$ μF。

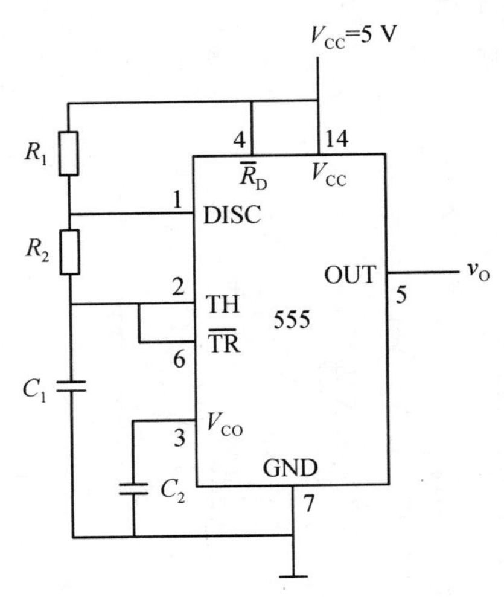

图 9-34 多谐振荡器实验电路

（2）用示波器观察并测量输出端 v_O 波形的频率，与理论估算值比较，并算出频率的相对误差值，将结果填入表 9-17 中。

（3）若将 R_2 改为 10 kΩ，R_1、C_1 不变，则上述的数据有何变化？将结果填入表 9-17 中。

表 9－17　多谐振荡器功能测试结果

R_1/kΩ	R_2/kΩ	C_1/μF	T/ms		f/ kHz		
			理论值	实测值	理论值	实测值	相对误差/%
15	5	0.033					
15	10	0.033					

2）单稳态触发器的功能测试

（1）按图 9－35 接线，其中，$R=10\ \text{k}\Omega$，$C_1=0.01\ \mu\text{F}$，$C_2=0.1\ \mu\text{F}$。v_I 是频率为 25 kHz 的固定脉冲，用双踪示波器观察并记录输出端 v_O 相对于 v_I 的波形，并测出输出脉冲的宽度 t_W。

（2）将 v_I 的频率调节为 50 kHz，观察并记录输出端 v_O 的波形的变化。

（3）若想使 $t_\text{W}=30\ \mu\text{s}$，应怎样调整电路？测出此时相关的参数值。

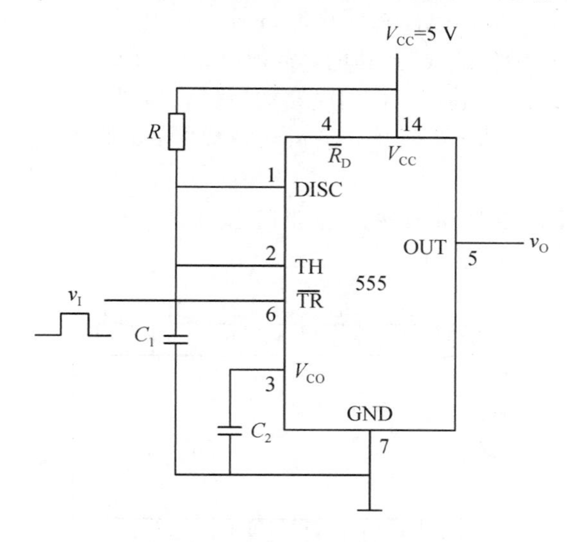

图 9－35　单稳态触发器电路

4．实验注意事项

（1）使用仪器和实验箱前必须了解其性能、操作方法及注意事项，并在使用时严格遵守相关要求。

（2）实验过程中，应将示波器探头的负极接地。

（3）不同门电路的输出端不能连在一起，防止烧毁输出级。

5．预习与思考题

（1）预习 555 定时器的工作原理。

（2）预习利用 555 定时器实现施密特触发器、单稳态触发器、多谐振荡器的方法。

6．实验报告要求

（1）按实验内容要求整理实验数据。

（2）画出实验内容中单稳态触发器的相应波形图。

(3) 总结 555 定时器的基本电路及使用方法。

实验 9.7 OC 门和三态门的应用

1. 实验目的

(1) 掌握集电极开路门(OC 门)的逻辑功能和使用方法。

(2) 掌握 R_L 对 OC 电路的影响。

(3) 掌握三态门的逻辑功能与使用方法。

2. 实验原理

集电极开路门和三态门是两种特殊的 TTL 门电路。

1) 集电极开路门——OC 门

在数字电路中，推拉式输出电路在使用时具有一定的局限性，其输出端不允许直接并接使用。为使 TTL 门电路实现“线与”功能，常把电路中的输出级改为集电极开路结构，简称 OC(Open Collector)结构。利用 OC 门电路的“线与”特性，可以实现某些特定的逻辑功能，如把两个以上 OC 结构的与非门“线与”可转换成“与或非”的逻辑功能，还可以实现电平的转换等任务。

本实验采用集电极开路两输入端四与非门芯片 74LS01，芯片引脚排列如图 9-36 所示。

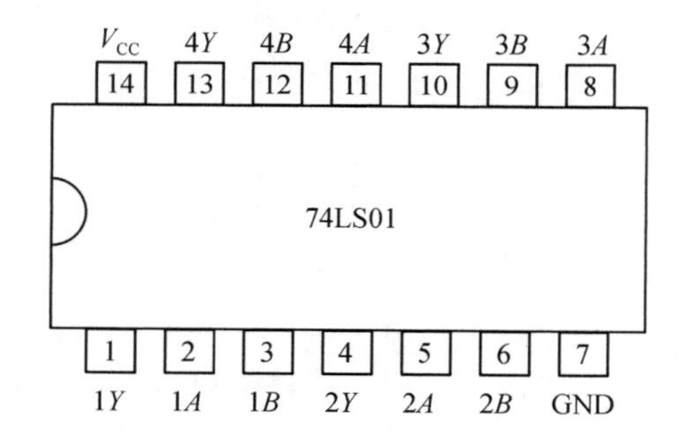

图 9-36 74LS01 的引脚图

2) 三态门

三态门的输出有三种状态：高电平、低电平和高阻态。三态门处于高阻态时，电路与负载之间相当于开路。为了实现三态控制，电路除原有的输入端外，又增加了一个三态控制端(称为使能端)$\overline{EN}$。以三态输出反相器为例，电路符号如图 9-37 所示。

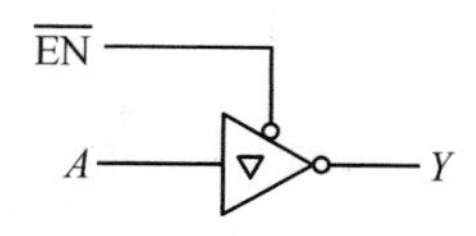

图 9-37 三态输出反相器电路符号

当$\overline{EN}=1$时，禁止三态门工作，Y呈高阻态；当$\overline{EN}=0$时，三态门正常工作，$Y=A$。

在数字系统中，为了能在同一条线路上分时传递若干个门电路的输出信号，减少各个单元电路之间的连线数目，常采用总线结构实现多路信息的采集，即用一个传输通道(或称总线)以选通的方式传送多路信号。

本实验选用三态输出四总线缓冲器 74LS125(三态门)进行实验论证，其芯片引脚排列如图 9－38 所示。

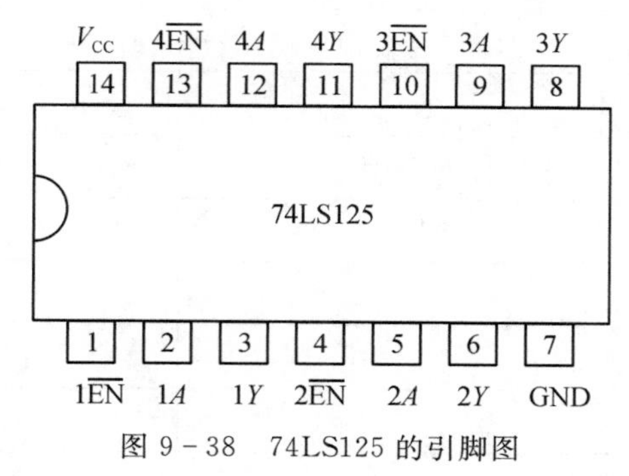

图 9－38　74LS125 的引脚图

3. 实验内容

1) OC 门的应用

(1) 用集电极开路与非门 74LS01 实现线与。参照芯片引脚图，按图 9－39 连接实验电路，其中 $V_{CC}=5$ V，$R=1$ kΩ，输入端 A、B、C、D 接逻辑开关，输出 Y 接 LED 指示灯。

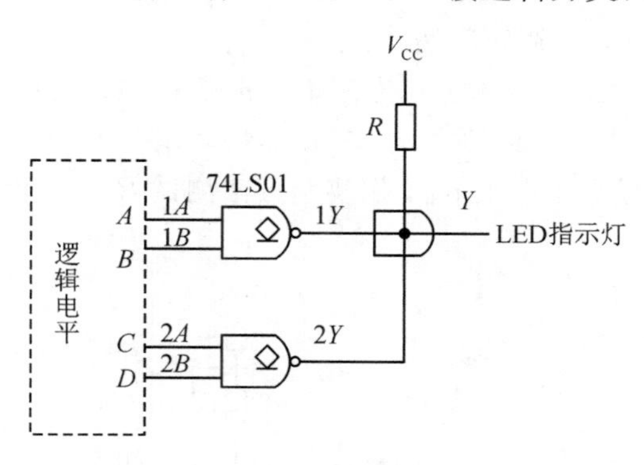

图 9－39　OC 门线与应用

按表 9－18 设置输入端 A、B、C、D 的状态，观察指示灯的亮暗情况，将结果记录于表 9－18 中。

表 9－18　OC 门线与应用测试数据

输入逻辑状态				输出逻辑状态
A	B	C	D	Y
0	0	0	0	
0	0	0	1	
0	0	1	0	

续表

输入逻辑状态				输出逻辑状态
A	B	C	D	Y
0	0	1	1	
0	1	0	0	
0	1	0	1	
0	1	1	0	
0	1	1	1	
1	0	0	0	
1	0	0	1	
1	0	1	0	
1	0	1	1	
1	1	0	0	
1	1	0	1	
1	1	1	0	
1	1	1	1	

根据真值表写出输出 Y 的逻辑表达式。

(2) 集电极开路与非门 74LS01 上拉电阻 R_L 的确定。按图 9-40 连接实验电路，用两个集电极开路与非门"线与"后驱动一个 TTL 非门，用一只 $R=200\ \Omega$ 的电阻和 $R_W=100\ k\Omega$ 的电位器串联构成上拉电阻 R_L，用实验方法测试 $R_{L,max}$ 和 $R_{L,min}$ 的阻值。

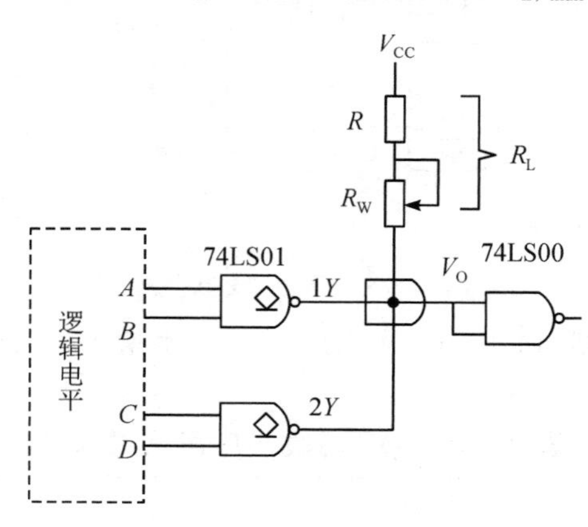

图 9-40　OC 门线与应用

具体方法如下：

设 $V_{CC}=5$ V，$V_{OH}=3.5$ V，$V_{OL}=0.3$ V。

令 OC 门输入端为"1"，调节 R_W，使 $V_{OH}=3.5$ V，此时测得的 R 即为 $R_{H,max}$；令 OC 门输入端为"0"，调节 R_W，使 $V_{OL}=0.3$ V，此时测得的 R 即为 $R_{L,max}$。将测试结果与理论

计算值比较，并填入表 9－19 中。

表 9－19　上拉电阻的测试

V_O	R_L	理论值	实测值
$V_{OH}=3.5$ V	$R_{L,max}$		
$V_{OL}=0.3$ V	$R_{L,min}$		

2）三态门的测试

利用 74LS125 三态缓冲器实现总线传输，实验电路如图 9－41 所示。

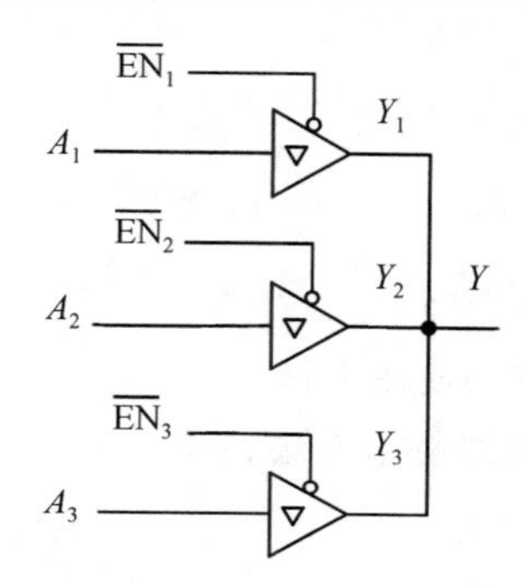

图 9－41　三态门接成总线结构

将三个三态门的输入端分别接高电平、低电平和连续脉冲，并根据三个使能端$\overline{EN}_1$、$\overline{EN}_2$ 和$\overline{EN}_3$ 的不同状态(每次只允许有一个为低电平)，观察输出端指示灯 LED 的变化情况，分析三态门是如何实现总线传输的。

注意事项：用逻辑开关使实验中的三个三态门的使能端全部置于高电平(即三态门全处于高阻状态)后，才允许接通电源。实验过程中只允许一个三态门工作，用于观测总线的逻辑状态。观测结束后，先使工作的三态门转换到高阻状态，再让另一个门开始工作；否则，将损坏器件。将测试结果填入表 9－20 中。

表 9－20　三态门测试结果

使能端			输入端			输出端	
$\overline{EN}_1$	$\overline{EN}_2$	$\overline{EN}_3$	A_1	A_2	A_3	状态	电压
1	1	1	×	×	×		
1	1	0	×	×	1		
			×	×	0		
1	0	1	×	⊓⊓	×		
0	1	1	1	×	×		
			0	×	×		

4．实验注意事项

（1）使用仪器和实验箱前必须了解其性能、操作方法及注意事项，并在使用时严格遵守相关要求。

（2）多余的输入端不可直接悬空，防止出现逻辑错误。

（3）实验过程中，芯片的电源电压一般为 5 V，不可以改变电压值，防止损坏 TTL 集成电路芯片。

（4）不同门电路的输出端不能连在一起，防止烧毁输出级。

5．预习与思考题

（1）什么是“线与”？

（2）上拉电阻的计算公式是什么？

6．实验报告要求

（1）整理实验报告，填写实验表格。

（2）总结 OC 门的功能及正确的使用方法。

（3）总结三态门的功能及正确的使用方法。

实验 9.8　移位寄存器的功能测试

1．实验目的

（1）掌握移位寄存器的逻辑功能。

（2）掌握移位寄存器的应用——环形计数器。

（3）了解串/并行转换技术。

2．实验原理

1）寄存器的分类及功能

寄存器是一种用于存储二进制数码或指令的时序逻辑部件，在数字系统和数字计算机中得到了广泛的应用。寄存器具有清除数码、接收数码、存放数码和传送数码的功能，它主要分为数码寄存器和移位寄存器。

（1）数码寄存器：由 SR 触发器或 SR 锁存器、D 触发器或 D 锁存器、JK 触发器构成，可存放数据，但不具备移位功能，其数码输入和输出都是并行的。

（2）移位寄存器：具有移位功能的寄存器。所有触发器共用一个时钟脉冲源，构成同步时序电路，上一级触发器的输出端连接到下一级触发器的控制输入端。在移位脉冲的作用下，通过改变左右移的控制信号便可实现移位寄存器中存储的二进制信息的双向移位。根据寄存器存取信息的方式不同分为串入串出、并入并出、串入并出、并入串出四种形式。

本实验采用四 D 触发器（74LS175）组成移位寄存器，其芯片引脚排列如图 9－42 所示。

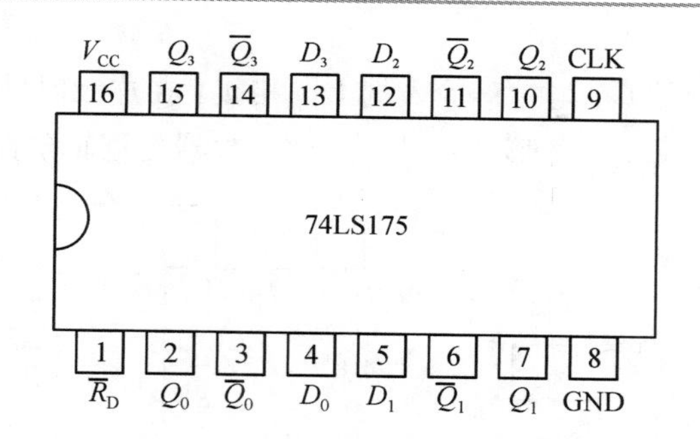

图 9－42　四 D 触发器 74LS175 引脚图

此外，本实验还采用 4 位双向移位寄存器 74HC194，进一步实现环形计数器及验证数据的串并行转换功能，芯片引脚排列如图 9－43 所示。74HC194 的功能较完善，包括复位(异步置零)、左移、右移、并行输入和保持功能，其具体功能表如表 9－21 所示。

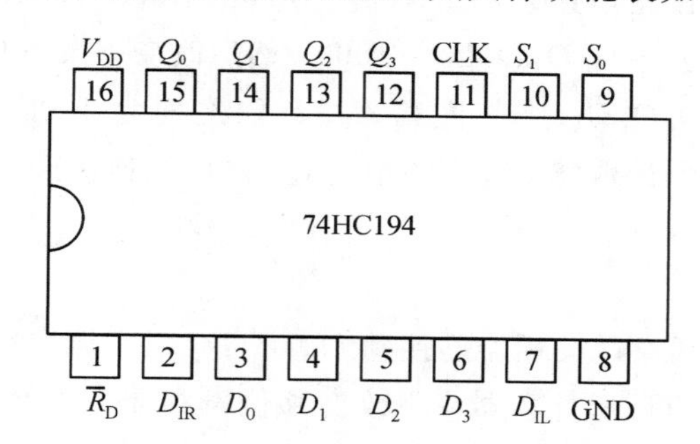

图 9－43　4 位双向移位寄存器 74HC194 引脚图

表 9－21　4 位双向移位寄存器 74HC194 的功能表

输入										输出				功能
清零	工作模式控制端		时钟脉冲	右移	左移	并行数据输入端				并行数据输出端				
$\overline{R}_D$	S_1	S_0	CLK	D_{IR}	D_{IL}	D_3	D_2	D_1	D_0	Q_3	Q_2	Q_1	Q_0	
0	×	×	×	×	×	×	×	×	×	0	0	0	0	清零
1	1	1	↑	×	×	d	c	b	a	d	c	b	a	并行输入
1	0	1	↑	D_{IR}	×	×	×	×	×	Q_2	Q_1	Q_0	D_{IR}	右移
1	1	0	↑	×	D_{IL}	×	×	×	×	D_{IL}	Q_3	Q_2	Q_1	左移
1	0	0	↑	×	×	×	×	×	×	Q_3	Q_2	Q_1	Q_0	保持
1	×	×	非↑	×	×	×	×	×	×	Q_3	Q_2	Q_1	Q_0	保持

2) 移位寄存器的应用

利用移位寄存器可构成环形计数器、扭环形计数器，也可实现串行数据和并行数据的相互转换。

(1) 环形计数器。

把移位寄存器的输出端 Q_0 与左移输入端 D_{IL} 相接，在连续时钟的作用下，寄存器的数据就会实现循环左移，构成左移环形计数器。环形计数器的逻辑电路如图 9-44 所示。

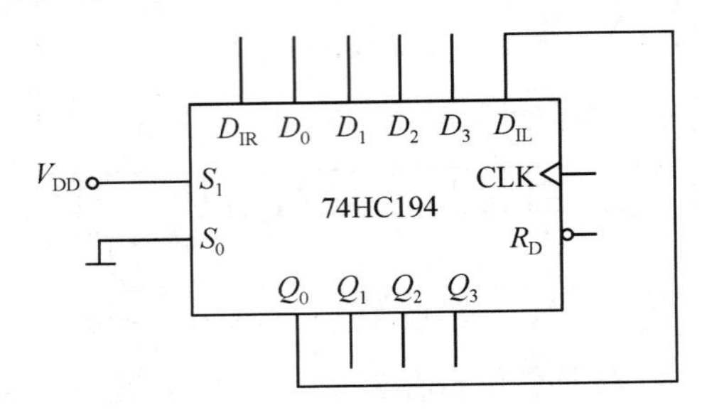

图 9-44 环形计数器

具体实现方法如下：首先预置数，令 $S_1S_0=11$，$D_0D_1D_2D_3=1000$，预置数并行进入寄存器，则输出 $Q_0Q_1Q_2Q_3=D_0D_1D_2D_3=1000$；然后改变 S_1、S_0 的电平，使 $S_1S_0=10$，在有效 CLK 的作用下，$Q_0Q_1Q_2Q_3$ 将左移，并且依次变为 1000→0001→0010→0100→1000，从而实现 4 进制环形计数器。若将图中的 Q_3 输出端连接到 D_{IR} 端，则可得到右移环形计数器。

(2) 扭环形计数器。

若将图中的 Q_0 输出端通过反相器连接到 D_{IR} 或 D_{IL} 端，则可得到扭环形计数器，其逻辑电路如图 9-45 所示。扭环形计数器在不改变移位寄存器内部结构的条件下可提高环形计数器的电路状态利用率，并且其各个输出端的输出脉冲在时间上是有先后顺序的，因此扭环形计数器又可以作为顺序脉冲发生器。

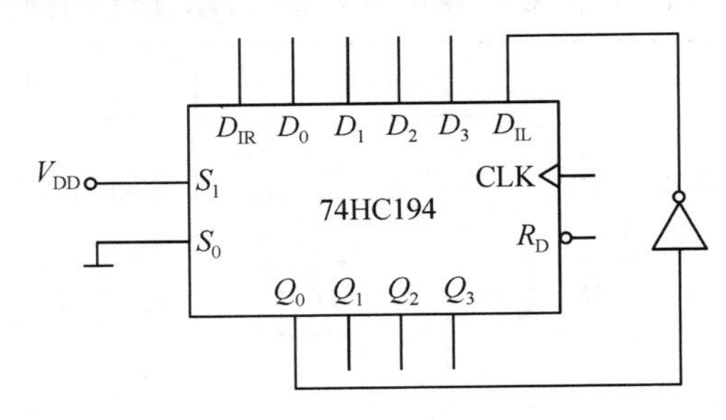

图 9-45 扭环形计数器

(3) 数据串/并行转换。

串/并行转换是指数码由串行输入端输入，经电路转换后并行输出；并/串行转换是指数码由并行输入端输入，经电路转换后串行输出。

3. 实验内容

1) 用 4 个 D 触发器(74LS175)构成移位寄存器

(1) 右移移位寄存器的功能测试。按图 9-46 接线，设初始值 $Q=0$。在移位脉冲的作用下，观察输出状态的变化，并把实验数据记录到表 9-22 中。

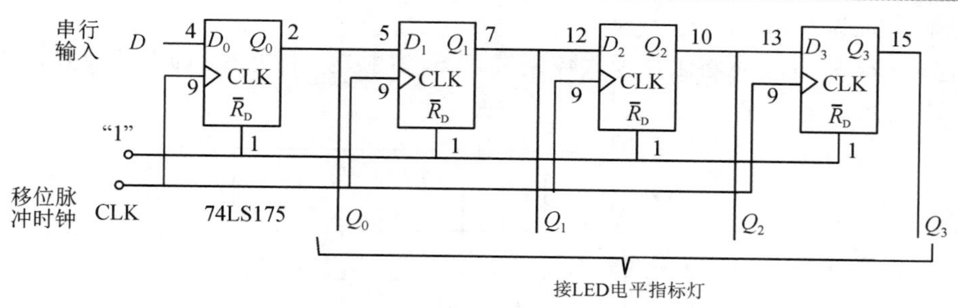

图 9-46　右移移位寄存器

表 9-22　移位寄存器功能测试表(一)

移位脉冲 CLK	异步复位 $\bar{R}_D$	串行输入 $D(D_0)$	并行输出				串行输出 Q_3
			Q_0	Q_1	Q_2	Q_3	
×	0	×					
↑	1	1					
↑	1	0					
↑	1	1					
↑	1	1					
↑	1	0					

(2) 左移移位寄存器的功能测试。自主修改实验电路，并将实验数据记录到表 9-23 中。

表 9-23　移位寄存器功能测试表(二)

移位脉冲 CLK	异步复位 $\bar{R}_D$	串行输入 $D(D_3)$	并行输出				串行输出 Q_0
			Q_3	Q_2	Q_1	Q_0	
×	0	×					
↑	1	1					
↑	1	0					
↑	1	0					
↑	1	1					
↑	1	0					

2) 双向移位寄存器(74HC194)的应用

(1) 环形计数器。

① 利用 74HC194 组成环形计数器。

② 将 $D_0D_1D_2D_3$ 置为 1000，令工作模式控制端 $S_1S_0=11$，用并行预置数法，将寄存

器的初始状态置为 $Q_0Q_1Q_2Q_3=1000$。

③ 连接 D_0 和 Q_3，再将工作模式控制端 S_1S_0 转换为01状态，即右移模式，具体电路如图9-47所示。

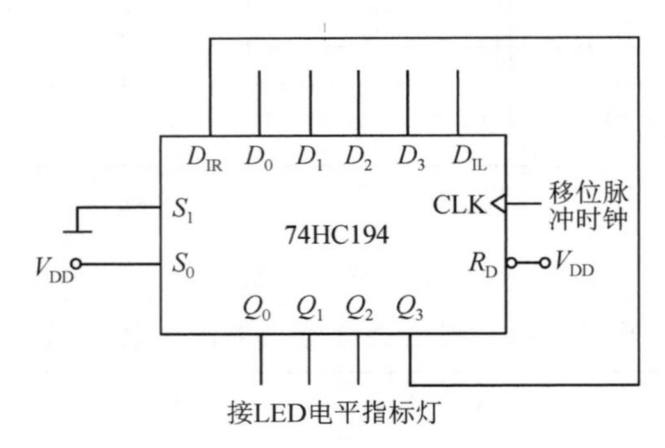

图9-47　环形计数器

④ 用单脉冲计数，用状态转换图表示各触发器状态。

⑤ 将 $D_0D_1D_2D_3$ 置为1100，重复以上步骤，用状态转换图记录各触发器状态。

(2) 扭环形计数器。

利用74HC194和反相器组成扭环形计数器，自主设计实验电路，根据输出状态画出状态转化图。

4. 实验注意事项

(1) 使用仪器和实验箱前必须了解其性能、操作方法及注意事项，并在使用时严格遵守相关要求。

(2) 实验过程中接线要认真，仔细检查，确定无误才能接通电源。

(3) 实验过程中，芯片的电源电压一般为5 V，不可以改变电压值，防止损坏TTL集成电路芯片。

(4) 不同门电路的输出端不能连在一起，防止烧毁输出级。

5. 预习与思考题

(1) 预习采用移位寄存器构成计数器的方法。

(2) 举例说明环形计数器和扭环形计数器的差异。

6. 实验报告要求

(1) 整理实验报告，填写实验表格。

(2) 根据环形计数器、扭环形计数器的实验结果画出状态转换图。

实验9.9　A/D和D/A转换器的功能测试

1. 实验目的

(1) 了解A/D和D/A转换器的基本工作原理和基本结构。

(2) 掌握DAC0832和ADC0809的功能及典型应用。

2. 实验原理

在数字电子技术的很多应用场合，需要将模拟信号与数字信号进行转换。模/数转换器(ADC)就是能够把模拟量转换为数字量的器件；数/模转换器(DAC)就是能够把数字量转换为模拟量的器件。本实验采用大规模集成电路 DAC0832 实现 D/A(数/模)转换，采用 ADC0809 实现 A/D(模/数)转换。

1) D/A 转换器 DAC0832

DAC0832 是一款 8 位数/模转换器芯片，可将数字信号转换为相应的模拟电流输出；其在使用中通常需要外接一个集成运算放大器，以将电流转换为电压。DAC0832 由 8 位输入寄存器、8 位 DAC 寄存器、8 位 D/A 转换器及逻辑控制单元等功能电路构成，其内部结构框图如图 9-48 所示。DAC0832 的引脚排列如图 9-49 所示。

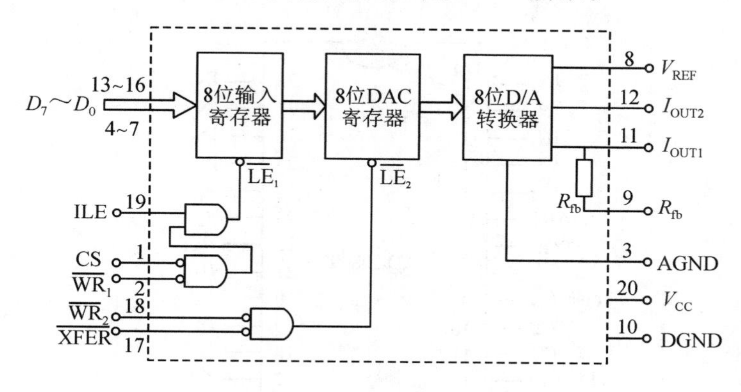

图 9-48　DAC0832 的内部结构框图

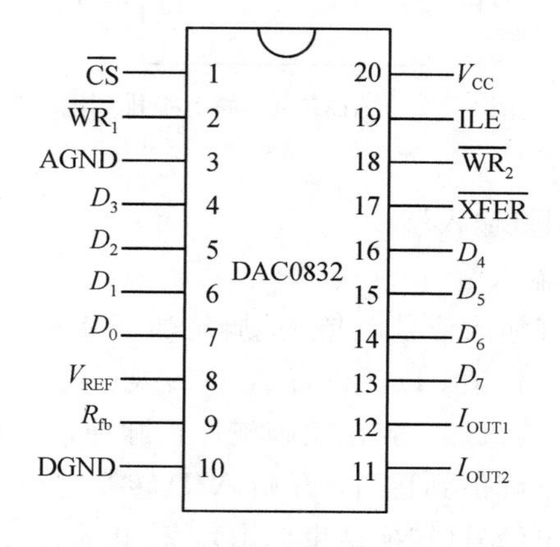

图 9-49　DAC0832 的引脚排列图

引脚功能如下：

(1) D_0～D_7：8 位数据输入端，D_7 为 MSB，D_0 为 LSR。

(2) ILE：数据锁存允许信号输入端，高电平有效。

(3) $\overline{CS}$：片选信号，低电平有效。

(4) $\overline{WR_1}$：数据锁存写选通输入端。

(5) $\overline{XFER}$：数据传输控制信号输入端，低电平有效。

(6) $\overline{WR_2}$：DAC寄存器选通输入端，负脉冲有效。

(7) I_{OUT1}：电流输出端1，当输入数字量全为1时，电流值最大。

(8) I_{OUT2}：电流输出端2。

(9) R_{fb}：集成转换器内的反馈电阻，与片外运算放大器连接。

(10) V_{CC}：接电源。

(11) DGND：接数字地，芯片数字信号接地端。

(12) AGND：接模拟地，芯片模拟信号接地端。

(13) V_{REF}：参考电压输入端，可接正/负电压，范围为(－10～＋10)V。

2) A/D 转换器 ADC0809

ADC0809是采用CMOS工艺制成的8位逐次渐近型模/数转换器，其引脚排列如图9－50所示。

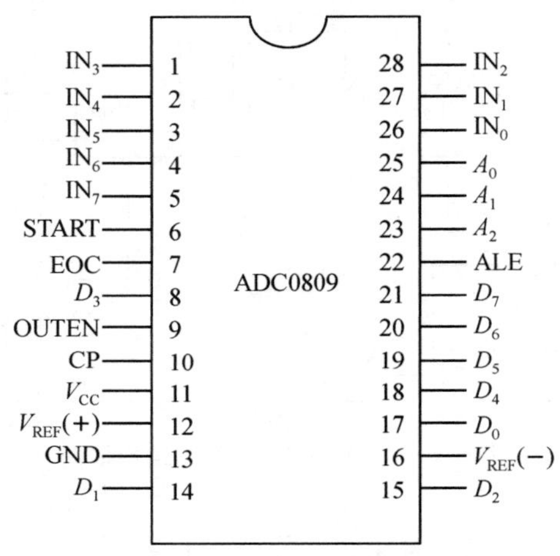

图9－50 ADC0809的引脚排列图

各引脚含义如下：

(1) IN_0～IN_7：8路模拟量输入端。

(2) A_2、A_1、A_0：地址输入端。

(3) ALE：地址锁存允许输入信号，应在此脚施加正脉冲，上升沿有效，此时锁存地址码，从而选通相应的模拟信号通道，以便进行A/D转换。

(4) START：启动信号输入端，应在此脚施加正脉冲，当上升沿到达时，内部逐次逼近寄存器START复位，在下降沿到达后，开始A/D转换过程。

(5) EOC：转换结束输出信号(转换结束标志)，高电平有效，转换在进行中时EOC为低电平，转换结束后EOC自动变为高电平，标志着A/D转换已结束。

(6) OUTEN(OE)：输入允许信号，高电平有效，即OE＝1时，将输出寄存器中的数据放到数据总线上。

(7) CP：时钟信号输入端，外接时钟脉冲，时钟频率一般为640 kHz。

(8) V_{REF}(＋)、V_{REF}(－)：基准电压的正极和负极，一般V_{REF}(＋)接＋5 V电源，V_{REF}(－)接地。

(9) D_7～D_0：数字信号输出端，D_7为MSB、D_0为LSB。

ADC0809 通过引脚 IN_0～IN_7 输入 8 路单边模拟输入电压，ALE 将 3 位地址线 A_2、A_1、A_0 进行锁存，然后由译码电路选通 8 路中某一路进行 A/D 转换，地址译码与输入选通关系如表 9－24 所示。

表 9－24　ADC0809 地址译码与输入选通关系

被选模拟通道	地址		
	A_2	A_1	A_0
IN_0	0	0	0
IN_1	0	0	1
IN_2	0	1	0
IN_3	0	1	1
IN_4	1	0	0
IN_5	1	0	1
IN_6	1	1	0
IN_7	1	1	1

3. 实验内容

1）用 DAC0832 及运算放大器 μA741 组成 D/A 转换电路

（1）按图 9－51 连接实验电路，输入数字量由逻辑电平开关提供，输出模拟量用数字电压表测量。

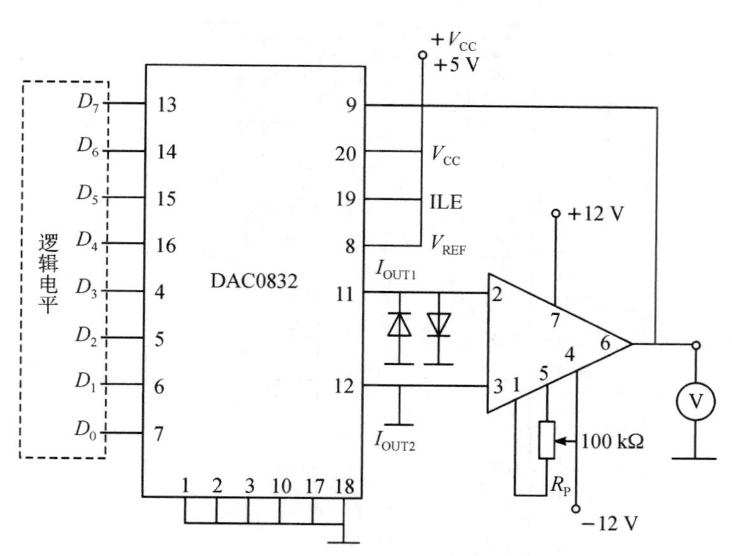

图 9－51　DAC0832 实验电路

（2）片选信号 $\overline{CS}$（脚 1）、写信号 $\overline{WR_1}$（脚 2）、写信号 $\overline{WR_2}$（脚 18）、传输控制信号 $\overline{XFER}$（脚 17）接地；基准电压 V_{REF}（脚 8）及数据锁存允许信号输入端 ILE（脚 19）接＋5 V 电源；I_{OUT2}（脚 12）接运算放大器 μA741 的反相输入端 2，I_{OUT1}（脚 11）接运算放大器的同相输入端 3；R_{fb}（脚 9）通过电阻（或不通过）接运算放大器的输出端 6。调节调零电位器，对

μA741 调零，使 $V_O=0$ V(此步骤可省去)。

(3) 实验数据填入表 9-25 中。

表 9-25　D/A 转换电路功能测试表

输入数字量								输出模拟量 V_O/V
D_7	D_6	D_5	D_4	D_3	D_2	D_1	D_0	
0	0	0	0	0	0	0	0	
0	0	0	0	0	0	0	1	
0	0	0	0	0	0	1	0	
0	0	0	0	0	1	0	0	
0	0	0	0	1	0	0	0	
0	0	0	1	0	0	0	0	
0	0	1	0	0	0	0	0	
0	1	0	0	0	0	0	0	
1	0	0	0	0	0	0	0	
1	1	1	1	1	1	1	1	

2) A/D 转换器

(1) 按图 9-52 连接电路，输入模拟量接直流可调电源(0～5 V)，输出数字量接实验箱 LED 电平指示灯。

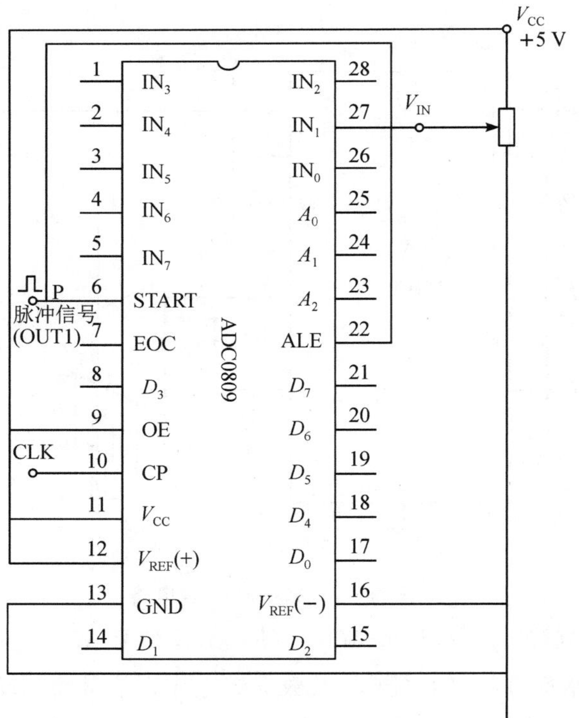

图 9-52　ADC0809 实验电路

(2) 将三位地址线 A_2、A_1、A_0(脚 23、24、25)同时接地，即选通模拟输入 IN_0(脚 26)通道进行 A/D 转换；时钟信号 CLK(脚 10)选择 $f=1$ kHz 的固定连续脉冲；启动信号 SRART(脚 6)和地址锁存信号 ALE(脚 22)相连于 P 点；参考电压 $V_{REF}(+)$(脚 12)接 +5 V 电源，$V_{REF}(-)$(脚 16)接地；输出允许信号 OE(脚 9)固定接高电平。

(3) 将脚 6(START)、脚 22(ALE)连接于 P 点，接单次脉冲源，调节输入模拟量为某值，按一下 P 点单脉冲源按钮，相应的输出数字量便由 LED 电平指示灯显示出来，完成一次 A/D 转换。

(4) 断开 P 点与单脉冲源间连线，将 ALE、START 与 EOC(脚 7)端连接在一起，则电路处于自动状态，观察 A/D 转换器的工作情况。点击实验箱“A/D 模拟电压”开关，调节模拟开关，将数据记录于表 9-26 中。

表 9-26　A/D 转换电路功能测试表

A/D 转换	输出数字量							
输入模拟量 V_i/V	D_7	D_6	D_5	D_4	D_3	D_2	D_1	D_0
4								
3.5								
3								
2.5								
1.5								
1								

4. 实验注意事项

(1) 使用仪器和实验箱前必须了解其性能、操作方法及注意事项，并在使用时严格遵守相关要求。

(2) 实验过程中接线要认真，仔细检查，确定无误才能接通电源。

(3) 实验过程中，芯片的电源电压一般为 5 V，不可以改变电压值，防止损坏 TTL 集成电路芯片。

(4) 不同门电路的输出端不能连在一起，防止烧毁输出级。

5. 预习与思考题

(1) 预习 A/D 转换器的工作原理。

(2) 写出 n 位 D/A 转换器输出电压的计算公式。

(3) 什么是 D/A 转换器的转换精度？

6. 实验报告要求

(1) 实验过程中应仔细观察实验现象，认真记录实验结果(数据、波形)。

(2) 所记录的实验结果经指导老师审阅签字后再拆除实验线路。

第 10 章

电子线路综合设计实验

电路设计是电子工程师的重要工作，本章主要对硬件电路设计方法、电路调试方法进行训练。通常电路设计采用自上而下的设计方法，即按照“分析电路功能→分析电路整体结构→拆分电路结构→搭建电路单元→联合调试”进行设计。在设计过程中需要注意各个组成部分的技术指标要能够满足其他各个单元电路的技术要求。

手工电路设计训练的目的主要是增加对电路本身的认知。因此，在进行电路设计的过程中，可以应用 Multisim 软件辅助完成设计，以缩减设计时间，提高工作效率。通过这部分内容的学习，可以大大提高电子线路设计与应用能力，有效提升创新意识，为今后的工作积累更多经验。

电子线路综合设计实验的设计方法可以分为以下几个步骤：

1. 实验准备阶段

(1) 了解实验目的和要求：在开始实验前，必须明确实验的目的和要求，包括了解所需实现的功能、性能指标和技术要求等。

(2) 选择合适的硬件平台：选择与实验目的和要求相匹配的硬件平台，可以是商用现成器件、开发板或自行设计的电路板等。

(3) 准备实验器材：根据实验目的和要求，准备所需的各种实验器材，如电阻器、电容器、电感器、二极管、三极管、集成芯片等电子元器件，以及电源、连接线、工具等。

(4) 编写实验方案：根据实验目的和要求，编写具体的实验方案，包括实验步骤、电路设计、硬件选型、测试方法等。

2. 电路设计阶段

(1) 明确设计目标：明确电路设计的目标，如实现什么样的功能、达到什么样的性能指标等。

(2) 进行系统划分：根据设计目标，将电路系统划分为若干个子系统，如输入级、中间级、输出级等。

(3) 确定电路拓扑结构：根据子系统和功能需求，确定合适的电路拓扑结构。

(4) 选择合适的元器件：根据电路拓扑结构和子系统需求，选择合适的电子元器件。

(5) 进行电路计算与仿真：根据需要计算电路相关参数，并借助 EDA 软件进行电路设计，对电路工作指标进行仿真验证。

3. 制作电路板阶段

(1) 搭建电路：根据电路结构和元器件，设计电路板，可以选择采用印制电路板(PCB)、洞洞板等完成电路的实际搭建。

(2) 检查电路质量：对制作的电路进行质量检查，如检查电路焊接是否良好、元器件连接是否正确等。

4. 调试和测试阶段

(1) 电源调试：对电路板进行电源调试，检查电源电路是否正常工作。

(2) 信号调试：对电路板进行信号调试，检查信号传输是否正常。

(3) 功能测试：对电路板进行功能测试，检查电路板是否能够正常实现所需功能。

(4) 性能测试：对电路板进行性能测试，测试电路板的各项性能指标是否达到预期要求。

(5) 可靠性测试：对电路板进行可靠性测试，测试电路板在长时间工作或高温高压等恶劣条件下的稳定性。

5. 实验总结及报告撰写

(1) 分析实验数据：对实验过程中记录的数据进行分析，如分析电路板的性能指标、调试过程中的波形等。

(2) 总结实验结果：对实验结果进行总结，如总结电路板的优点和不足、实验过程中遇到的问题及解决方法等。

(3) 撰写实验报告：实验报告的内容包括实验目的、实验内容、实验步骤、实验结果及分析等。

(4) 整理实验资料：整理实验过程中产生的各种资料，如实验数据记录表、电路设计图纸、仿真结果等。

设计项目 10.1　数字测频仪的设计与制作

设计难度：★★★★

1. 设计任务及要求

(1) 设计频率测量电路，被测信号高电平大于 4.00 V，低电平小于 0.40 V。

(2) 频率测量范围为 0～999 Hz、1.00～9.00 kHz，测量误差低于 1%。

(3) 分两个频段进行测量，允许手动切换量程，显示位数不低于 3 位。

(4) 测量响应时间小于 3 s，具有清零复位功能。

2. 实验原理

1) 测频法

先对被测信号进行整形变换，得到与其同频的脉冲串信号。对于频率较高的脉冲信号，通过在已知的闸门时间内对其进行计数，计算出信号频率，这种测量方法称为测频法。

测频法的原理框图如图 10-1 所示，波形如图 10-2 所示。

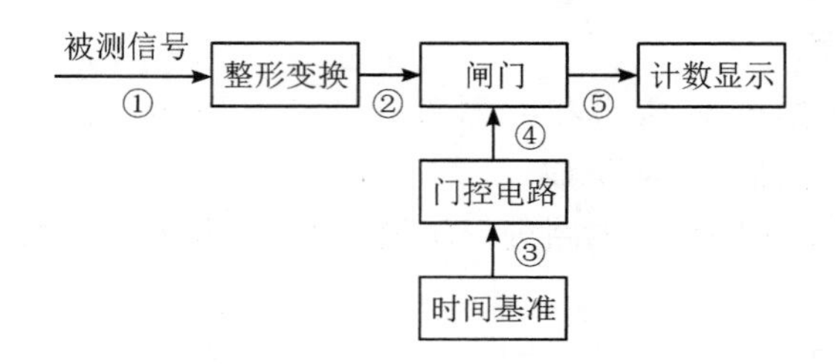

图 10-1　测频法的原理框图

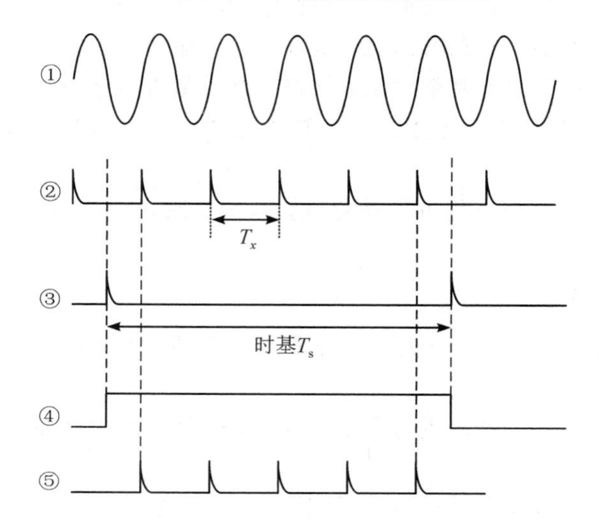

图 10-2　测频法原理波形图

图 10-2 中被测信号经整形变换得到周期为 T_x 的被测脉冲串，利用标准时钟信号分频得到的时间基准信号控制门控电路，在闸门时间 T_s 内允许被测脉冲串通过闸门电路进行计数，得到计数值 N，则被测信号频率 f_x 为

$$f_x = \frac{N}{T_s} \tag{10-1}$$

考虑到最大计数误差 $\Delta N = \pm 1$，则 $\Delta f_x = \pm 1/T_s$，称为 ±1 误差。

2）测周法

对于频率较低的脉冲信号，在被测信号的一个周期内对已知的标准频率信号进行计数，测出其周期值并换算为频率值，这种测量方法称为测周法。

测周法的原理框图如图 10-3 所示，波形如图 10-4 所示。

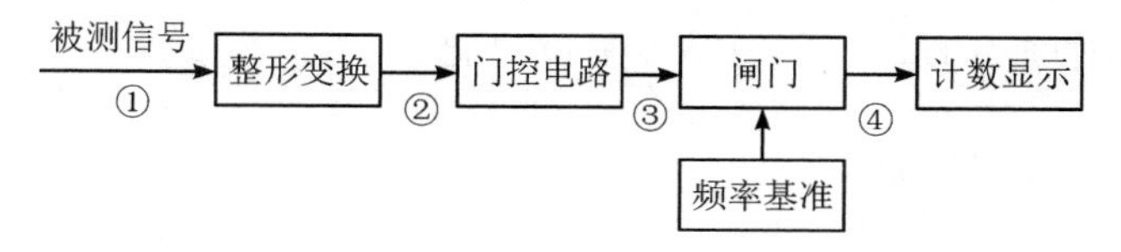

图 10-3　测周法的原理框图

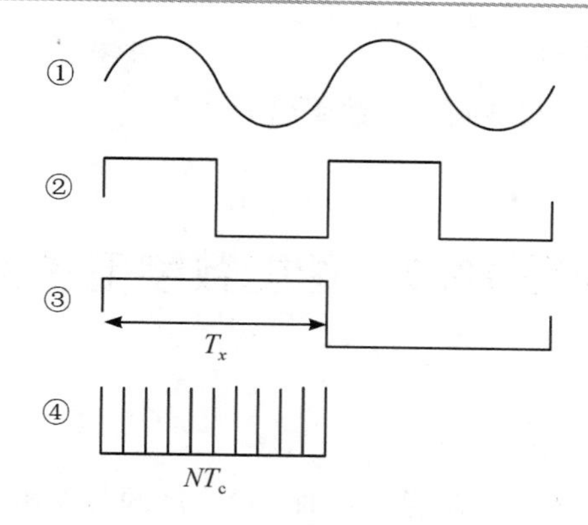

图 10－4　测周法原理波形图

图 10－4 中被测信号经比较器整形变换，得到被测脉冲，对其 2 分频得到脉宽为 T_x 的控制信号，通过门控电路控制闸门导通，在 T_x 时间内对频率为 $f_c=\frac{1}{T_c}$ 的标准时钟脉冲信号进行计数（T_c 为标准时钟信号的周期），得到计数值 N，则被测信号频率 f_x 为

$$f_x=\frac{f_c}{N} \tag{10-2}$$

计数误差造成的频率测量误差为

$$\Delta f_x=f_c\left(\frac{1}{N-1}-\frac{1}{N+1}\right)=\frac{2f_c}{(N^2-1)} \tag{10-3}$$

测周法适用于低频信号的测量，测频法则适用于较高频率信号的测量。但在测周法中，还需要对所获得的信号周期数据做倒数运算，才能得到信号频率，而二进制数据的倒数运算用中规模数字集成电路又较难实现。

测频法的测量误差与信号频率呈反比，信号频率越低，测量误差越大；信号频率越高，其误差越小。用测频法所获得的测量数据，在闸门时间为 1 s 时，不需要进行任何换算，计数器所计数据就是信号频率。另外，在信号频率较低（如 10～100 Hz）时，可通过增大闸门时间来提高测量精度。

3. 实验内容及步骤

(1) 设计整体电路，画出电路原理图，并在计算机上完成电路仿真。

(2) 分块调试电路，并记录参数。

(3) 组装调试电路，测试整体电路的功能。

4. 设计报告要求

要求设计报告包含以下内容：

(1) 设计要求；

(2) 总电路框图及总体原理图；

(3) 设计思想及基本原理分析；

(4) 单元电路与误差分析；

(5) 仿真、测试结果及调试过程中所遇到的故障的分析；

(6) 设计过程的体会与创新点。

5. 参考元器件

参考元器件包括门电路、集成运放、数码管等。

设计项目 10.2　智能数字电子钟的设计

设计难度：★★

1. 设计任务及要求

用中、小规模集成电路设计一台能显示时、分、秒的数字电子钟，具体要求如下：

(1) 由振荡电路分频产生 1 Hz 标准秒脉冲信号。

(2) 秒计数器、分计数器为六十进制计数器。

(3) 时计数器为二十四进制计数器，且其 24 小时累计偏差低于 1 分钟。

(4) 以 LED 数码管进行显示输出。

(5) 可手动校正：能分别进行秒、分、时的校正。只要将开关置于手动位置，就可分别对秒、分、时进行连续脉冲输入调整。

(6) 整点报时：要求在每个整点前鸣叫五次低音(500 Hz)，整点时再鸣叫一次高音(1000 Hz)。

(7) 加分项：实现“日”设计。

2. 实验原理

数字电子钟电路原理参考框图如图 10-5 所示。该电路由级联的秒、分、时计数器，以及相应的 6 只译码器、6 只七段半导体数码管等部分组成，秒、分计数器都为六十进制计数器，时计数器为二十四进制计数器。

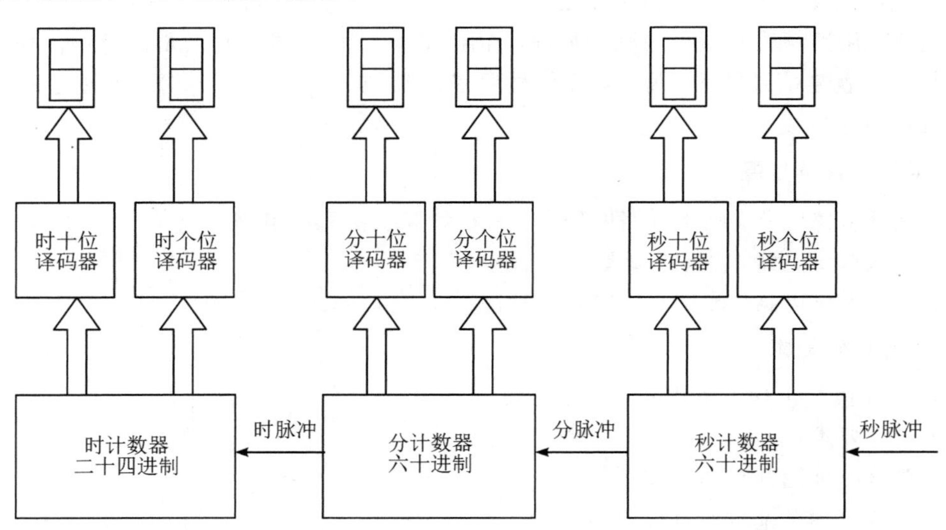

图 10-5　数字电子钟电路原理参考框图

由秒脉冲发生器产生的频率稳定的秒脉冲作为六十进制秒计数器的计数脉冲，计数结果分别经秒个位译码器和秒十位译码器译码后，由两只七段半导体数码管以十进制数的形式显示出秒数。当六十进制秒计数器累计到第59秒时，再来一个秒计数脉冲，六十进制秒计数器回到零(即显示00秒)，同时向分计数器产生一个分计数脉冲，分计数器加计1分钟。当电子表计满59分59秒时，若再来一个秒计数脉冲，则秒、分计数器均复位到零(即显示00分00秒)，与此同时，分计数器向时计数器送出一个时计数脉冲，此后数字电子钟依次计数。如果时计数器是一个二十四进制计数器，当计数到23时59分59秒后，若再输入一个秒计数脉冲，则时、分、秒计数器都恢复到00，并显示"00时00分00秒"，表示时间已到了午夜零点。

通常，利用74LS161级联构成六十进制秒计数器和六十进制分计数器，利用74LS161构成二十四进制时计数器。秒脉冲信号发生器可以由555振荡器、电容器和电阻器构成，要求振荡频率稳定准确。校时模块用与非门与组合逻辑电路实现。整点报时电路则可利用74LS192、蜂鸣器以及逻辑门构成。

3. 实验内容及步骤

(1) 设计整体电路，画出电路原理图，并在计算机上完成仿真实验。

(2) 分块调试电路，并记录参数。

(3) 组装调试电路，测试整体电路的功能(显示器用数码管代替)。

4. 设计报告要求

要求设计报告包含以下内容：

(1) 设计要求；

(2) 总电路框图及总体原理图；

(3) 设计思想及基本原理分析；

(4) 单元电路分析；

(5) 测试结果及调试过程中所遇到的故障的分析；

(6) 设计过程的体会与创新点。

5. 参考元器件

参考元器件包括门电路、集成运放、数字逻辑器件、555定时器、数码管、电容器、电阻器等。

设计项目10.3　简易电子琴的设计

设计难度：★★

1. 设计任务及要求

(1) 根据琴音设计14个不同音节频率的键盘。

(2) 按自然音阶的音高频率设计。

(3) 输出信号功率不低于3 W。

2. 实验原理

简易电子琴主要通过振荡电路产生不同频率的输出波形，可以选择使用正弦波振荡电路，也可以选择使用555定时器或者门电路构成的多谐振荡电路。按动不同按键组合将为振荡电路提供不同的电阻或者电容，从而改变振荡频率。不同音阶对应的振荡频率如表10－1所示。

表10－1 音阶频率表

音阶	1	2	3	4	5	6	7	$\dot{1}$	$\dot{2}$	$\dot{3}$	$\dot{4}$	$\dot{5}$	$\dot{6}$	$\dot{7}$
频率/Hz	264	297	330	352	396	440	495	528	594	660	704	792	880	990

图10－6为简易电子琴设计原理参考框图，按键部分应注意消除抖动，多谐振荡电路产生的交流信号的输出功率比较小，不能有效驱动扬声器，所以在输出电路中需要设置功率放大电路，为扬声器提供不低于3 W的输出功率。

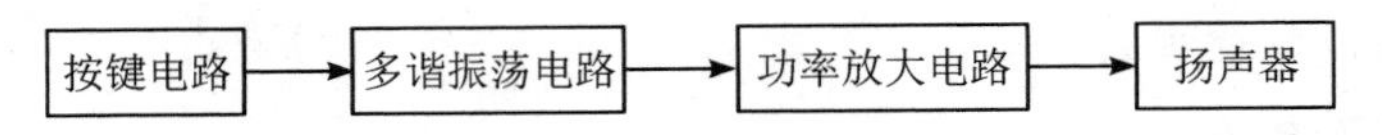

图10－6 简易电子琴设计原理参考框图

3. 实验内容及步骤

(1) 设计整体电路，画出电路原理图，并在计算机上完成仿真实验。

(2) 分块调试电路，并记录参数。

(3) 组装调试电路，测试整体电路的功能。

(3) 分析影响输出信号参数的因素。

4. 设计报告要求

要求设计报告包含以下内容：

(1) 设计要求；

(2) 总电路框图及总体原理图；

(3) 设计思想及基本原理分析；

(4) 单元电路分析；

(5) 测试结果及调试过程中所遇到的故障的分析；

(6) 设计过程的体会与创新点。

5. 参考元器件

参考元器件包括门电路、集成运放、数字逻辑器件、555定时器、扬声器、按键开关、三极管、电容器、电阻器等。

设计项目10.4 节日彩灯控制器的设计

设计难度：★★★

1. 设计任务及要求

设计一个节日彩灯控制器，控制16路彩灯按要求显示，并且至少有4种演示花型。

(1) 16路彩灯同时亮灭，亮、灭节拍交替进行。

(2) 彩灯每次8路亮、8路灭，亮灭相间，交替亮灭。

(3) 彩灯先从左至右逐个点亮，全亮后，从右至左逐个熄灭，循环演示。

(4) 加分项：可实现复杂花型且花型可自动转换。

2. 实验原理

节日彩灯控制器原理参考框图如图10-7所示，主要包括控制电路、振荡电路、计数电路、译码电路和LED流水灯五部分。彩灯控制电路可以应用寄存器(例如移位寄存器74194芯片)实现，通过对寄存器状态的控制实现不同彩灯模式的切换。计数电路可以对彩灯显示模式进行时间控制；译码电路实现彩灯显示模式的控制。为简便起见，本设计中的彩灯可以用LED完成。

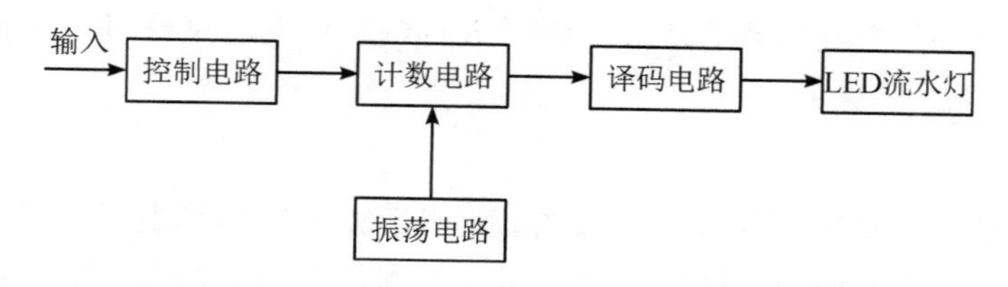

图10-7　节日彩灯控制器原理参考框图

3. 实验内容及步骤

(1) 按照设计好的原理图，在计算机上完成仿真实验。

(2) 按单元分块调试电路。

(3) 调试计数电路。

(4) 调试译码电路。

(5) 调试显示逻辑控制电路。

(6) 进行整体电路调试，观察彩灯循环电路工作情况，并记录结果。

4. 设计报告要求

要求设计报告包含以下内容：

(1) 设计要求；

(2) 总电路框图及总体原理图；

(3) 设计思想及基本原理分析；

(4) 单元电路分析；

(5) 测试结果及调试过程中所遇到的故障的分析；

(6) 设计过程的体会与创新点。

5. 参考元器件

参考元器件包括集成运放、数字逻辑器件、寄存器、555定时器、按键开关、电容器、电阻器等。

设计项目 10.5　数值运算电路的设计

设计难度：★★★★

1. 设计任务及要求

(1) 对于 3 位二进制数字信号 A(A 值为可变量且 $A<5$)，当控制信号 $M=0$ 时，实现 $Y=3A+1$；当 $M=1$ 时，实现 $Y=3A-1$。

(2) 设计过程中需要使用移位寄存器完成 $A\rightarrow 3A$ 的转换，$3A+1$ 及 $3A-1$ 的计算方式切换可以利用全加器电路实现，结果以原码进行输出。本次设计过程中涉及原码和补码间转换问题。

2. 实验原理

图 10－8 为数值运算电路原理参考框图。数值运算硬件电路主要包括移位求和电路和原码变换补码电路，两电路输出结果求和，即可得到最终运算结果。本设计的难点在于如何通过移位和求和运算完成 $A\rightarrow 3A$ 的运算，设计重点是通过对变量 M 的控制，使得 $M=0$ 时完成 $3A+1$ 的运算，$M=1$ 时实现 $3A-1$ 的运算。

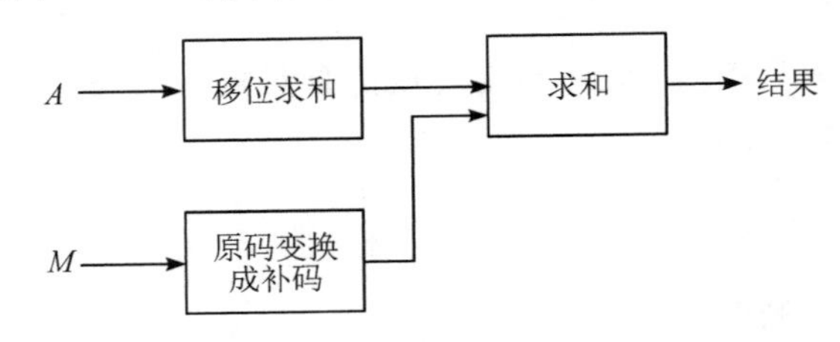

图 10－8　数值运算电路原理参考框图

3. 实验内容及步骤

(1) 设计整体电路，画出电路原理图，并在计算机上完成仿真实验。

(2) 分块调试电路，结果以二进制进行输出。

(3) 组装调试电路，测试整体电路的功能。

(4) 在实验箱上完成电路搭建，自拟表格记录实验结果。

4. 设计报告要求

要求设计报告包含以下内容：

(1) 设计要求；

(2) 总电路框图及总体原理图；

(3) 设计思想及基本原理分析；

(4) 单元电路分析；

(5) 测试结果及调试过程中所遇到的故障的分析；

(6) 设计过程的体会与创新点。

5. 参考元器件

参考元器件包括按键开关、译码器、寄存器、555 定时器、LED、电容器、电阻器等。

设计项目 10.6　矿泉水自动售卖机的设计

设计难度：★★★

1. 设计任务及要求

设计一个矿泉水自动售卖机，要求它的投币口每次只能投入 1 枚 5 角或 1 元的硬币，投入 1 元 5 角钱的硬币后机器自动给出一瓶矿泉水，投入 2 元(两枚 1 元)硬币后，在给出饮料的同时找回一枚 5 角的硬币。

2. 实验原理

设投币信号用输入逻辑变量 A 和 B 表示，A 表示 1 元投币输入，B 表示 5 角投币输入。投入 1 枚 1 元硬币时 $A=1$，未投入时 $A=0$；投入 1 枚 5 角硬币时 $B=1$，未投入时 $B=0$。设给出矿泉水和找钱为两个输出变量，分别用 Y、Z 表示。给出矿泉水时 $Y=1$，不给时 $Y=0$；找回一枚 5 角硬币时 $Z=1$，不找时 $Z=0$。

通过传感器检测到的投币信号($A=1$ 或 $B=1$)，在电路转入新状态的同时也要随之消失，否则将多次被误认作投币信号。电路设计中的难点在于如何避免投币信号产生错误的连续输入，需要注意此处的信号处理方式。设未投币前电路的初始状态为 S_0，此时输出 Y 与 Z 均为 0，投入 5 角硬币后电路状态为 S_1，投入 1 元硬币(包括投入 1 枚 1 元硬币和投入两枚 5 角硬币的情况)后电路状态为 S_2，此时电路已经记录到投币累计金额为 1 元。如果再投入 1 枚 5 角硬币，则输出为 $Y=1$、$Z=0$，同时电路返回 S_0；如果再投入的是 1 枚 1 元硬币，输出为 $Y=1$、$Z=1$，同时电路也应返回 S_0。根据上述过程可以画出如图 10-9 所示的状态转换图，据此可以完成电路设计。

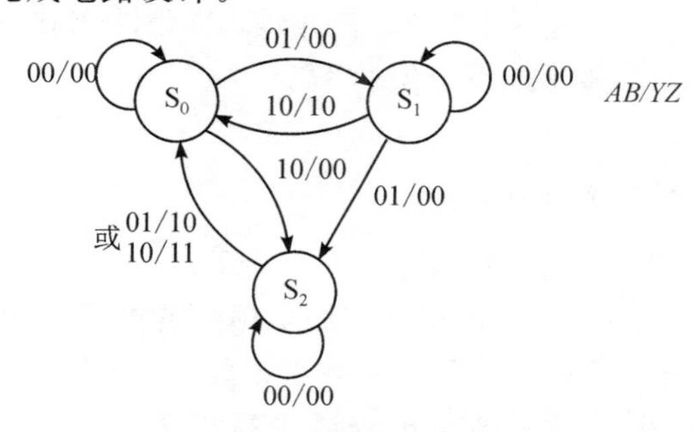

图 10-9　矿泉水自动售卖机控制逻辑转换图

图 10-10 为矿泉水自动售卖机原理参考框图。

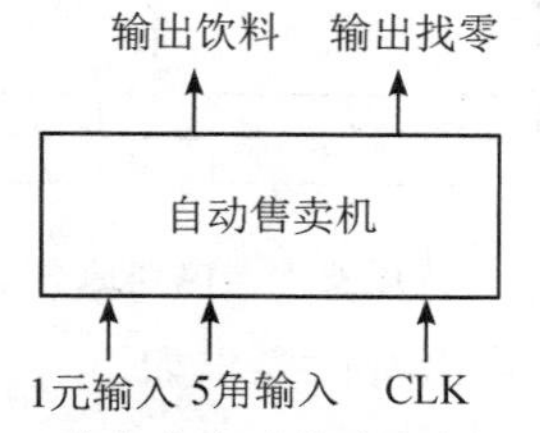

图 10-10　矿泉水自动售卖机原理参考框图

3. 实验内容及步骤

(1) 设计整体电路，画出电路原理图，并在计算机上完成仿真实验。

(2) 分块调试电路，防止投币信号检测错误，测试可能的故障情况。

(3) 组装调试电路，测试整体电路的功能。

4. 设计报告要求

要求设计报告包含以下内容：

(1) 设计要求；

(2) 总电路框图及总体原理图；

(3) 设计思想及基本原理分析；

(4) 单元电路分析；

(5) 测试结果及调试过程中所遇到的故障的分析；

(6) 设计过程的体会与创新点。

5. 参考元器件

参考元器件包括数字逻辑器件、触发器、555 定时器、按键开关、三极管、电容器、电阻器等。

设计项目 10.7　波形发生器的设计

设计难度：★★

1. 设计任务及要求

(1) 设计四种波形发生器，包括正弦波、三角波、锯齿波和方波。

(2) 要求输出信号频率偏差小于设定值的 1%。

(3) 输出波形可选择。

(4) 输出波形的幅值和频率可调。

2. 设计原理

波形发生器(又称为信号发生器)是实验室经常用到的电子仪器设备，它可以产生各种信号及波形，用途极为广泛。本设计中要求实现正弦波、三角波、方波、锯齿波输出。通常可以通过自激振荡电路产生正弦波，对正弦波进行波形变换后可以得到其他波形。图 10-11 为波形发生器电路原理参考框图。

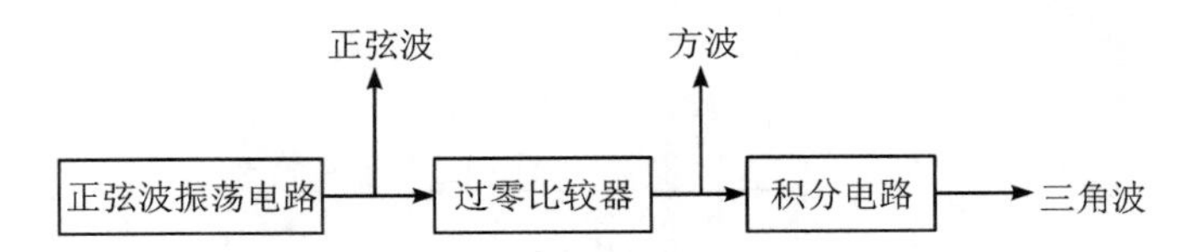

图 10-11　波形发生器电路原理参考框图

正弦波形发生器的频率特性和输出特性要求如下：

1）频率特性

（1）有效频率范围：信号频率范围要求覆盖(3～30)kHz。

（2）输出波形幅值稳定性：输出波形应保持稳定输出，负载端大小不应显著影响输入信号的幅值，正弦波的幅值应在 0～3 V 的范围内可调。

（3）频率稳定度：随着电路工作时长的变化，输出信号频率稳定的程度。

2）输出特性

（1）输出电压范围：表征波形发生器所能提供的最大和最小输出电压幅度范围，电压度量的单位一般是 dB、V 或 mV。

（2）输出电压的稳定度和平坦度：输出电压的稳定度是指输出电压随时间变化的规律；输出电压的平坦度是指在有效频率范围内调节频率时，输出信号幅度的变化。

（3）输出电压的准确度：实际输出波形电压与设定的期望输出电压之间的关系。

（4）输出阻抗：在出口处测得的阻抗，阻抗越小，驱动更大负载的能力就越高。

3. 实验内容及步骤

（1）设计整体电路，画出电路原理图，并在计算机上完成仿真实验。

（2）分块调试电路，并记录参数。

（3）组装调试电路，测试整体电路的功能(用示波器测试)。

4. 设计报告要求

要求设计报告包含以下内容：

（1）设计要求；

（2）总电路框图及总体原理图；

（3）设计思想及基本原理分析；

（4）单元电路分析；

（5）测试结果及调试过程中所遇到的故障的分析；

（6）设计过程的体会与创新点。

5. 参考元器件

参考元器件包括集成运放、常用数字逻辑器件、555 定时器、三极管、按键开关、电容器、电阻器等。

设计项目 10.8　数字温度计的设计

设计难度：★★★

1. 设计任务及要求

（1）设计测量范围为－50℃到 50℃的数字温度计。

（2）可实时显示温度。

2. 设计原理

数字温度计原理参考框图如图 10－12 所示。温度传感器将温度信息转换成电压信号，再通过比例运算放大器获得放大的模拟电压，A/D 转换器将电压信号转换成与之呈正比关系的数字信号，最后通过数码显示器显示数字温度。

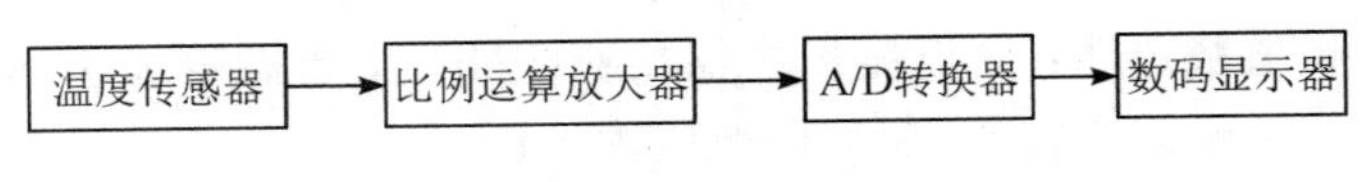

图 10－12　数字温度计原理参考框图

3. 实验内容及步骤

(1) 设计整体电路，画出电路原理图，并在计算机上完成仿真实验。

(2) 分块调试电路，并记录参数。

(3) 组装调试电路，测试整体电路的功能(用 LED 数码管显示)。

4. 设计报告要求

要求设计报告包含以下内容：

(1) 设计要求；

(2) 总电路框图及总体原理图；

(3) 设计思想及基本原理分析；

(4) 单元电路分析；

(5) 测试结果及调试过程中所遇到的故障的分析；

(6) 设计过程的创新点与体会。

5. 可选元器件

可选元器件包括三极管、集成运放、数字逻辑器件、寄存器、555 定时器、数码管、开关、电容器、电阻器等。

设计项目 10.9　出租车计价器的设计

设计难度：★★★★

1. 设计任务及要求

(1) 出租车计价器包含行车里程计费、等候时间计费和起步计费三部分，三项费用统一用 4 位数码管显示，最大金额为 99.99 元。

(2) 行车里程单价设为 1.80 元/km，等候时间计费设为 1.5 元/10 min，起步费设为 8.00 元。要求行车时计费值每 1 km 刷新一次，等候时每 10 min 刷新一次，若行车不到 1 km 或等候不足 10 min，则忽略计费。

(3) 在启动和停车时给出声音提示。

2. 实验原理

出租车计价器是根据客户用车的实际情况自动显示用车费用的数字仪表。仪表根据行车里程计费、等候时间计费及起步计费三项求得客户用车的总费用，并自动显示，还可以连接打印机自动打印数据。

(1) 行车里程计费。行车里程计费电路将汽车行驶的里程数转换成与之呈正比关系的脉冲个数，然后由计数译码电路转变成收费金额。里程传感器可用干簧继电器实现，安装在与汽车轮相连接的变速器上的磁铁使干簧继电器在汽车每前进 10 m 时闭合一次，即输出一个脉冲信号，实验用一个脉冲源模拟。每前进 1 km，则输出 100 个脉冲，将其设为 P_3，然后选用 BCD 码比例乘法器(如 J690)将里程脉冲数乘以一个表示每千米(公里)单价的比例系数。比例系数可通过 BCD 码拨盘预置，例如单价是 1.8 元/km 时，预置的两位 BCD 码为 $B_2=1$、$B_1=8$。计费电路将里程计费变换为脉冲个数。

$$P_1=P_3\times(B_2+0.1B_1) \tag{10-4}$$

由于 P_3 为 100，经比例乘法器运算后使 P_1 为 180 个脉冲，即脉冲当量为 0.01 元/脉冲。

(2) 等候时间计费。与里程计费一样，需要把等候时间变换成脉冲个数，且每个脉冲所表示的金额(即当量)应和里程计费等值(0.01 元/脉冲)。因此，需要有一个脉冲发生器产生与等候时间呈正比关系的脉冲信号，例如，每 10 min 产生 100 个脉冲，将脉冲个数设为 P_4。然后通过有单价预置的比例乘法器进行乘法运算，即得到等待时间计费值 P_2。如果设等待单价是0.15 元/min，则

$$P_2=P_4\times(0.1B_4+0.01B_3) \tag{10-5}$$

其中，$B_4=1$，$B_3=5$。

(3) 起步计费。按照同样的当量将起步费输入电路中，可以通过计数器的预置端直接进行数据预置，也可以按当量将起步费转换成脉冲数，向计数器输入脉冲。例如起步费是 8 元，则 $P_0=8$，对应的脉冲数为 8/0.01=800。

最后，得到总的用车费用

$$P=P_0+P_1+P_2 \tag{10-6}$$

经计数译码及显示器显示结果。

图 10-13 为出租车计价器原理参考框图。图中表示的起步费数据直接预置到计数器中作为初始状态。行车里程计费和等候时间计费这两项的脉冲信号不是同时发生的，因而可利用一个或门进行求和运算，或运算后的信号即为两个脉冲之和，然后用计数器对此脉冲

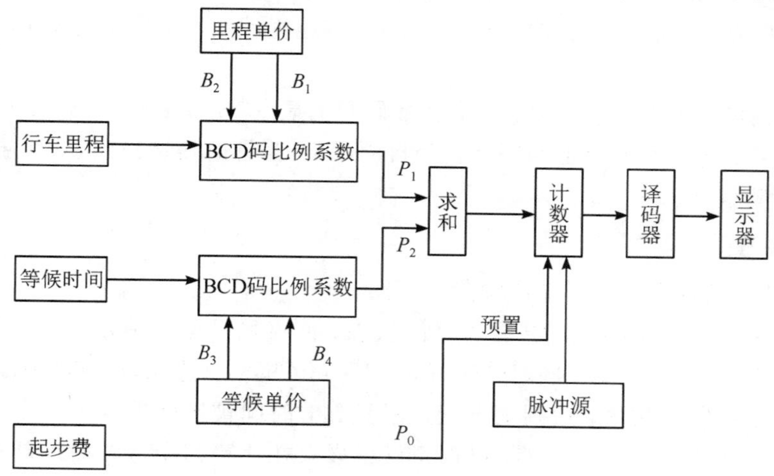

图 10-13　出租车计价器原理参考框图

进行计数，即可求得总的用车费用。

2. 实验内容及步骤

(1) 设计整体电路，画出电路原理图，并在计算机上完成仿真实验。

(2) 分块调试电路，并记录参数。

(3) 组装调试电路，测试整体电路的功能(用 LED 数码管显示)。

3. 设计报告要求

要求设计报告包含以下内容：

(1) 设计要求；

(2) 总电路框图及总体原理图；

(3) 设计思想及基本原理分析；

(4) 单元电路分析；

(5) 测试结果及调试过程中所遇到的故障的分析；

(6) 设计过程的体会与创新点。

4. 参考元器件

参考元器件包括常用数字逻辑器件、寄存器、555 定时器、按键开关、电容器、电阻器等。

设计项目 10.10 篮球比赛计时器的设计

设计难度：★★★★

1. 设计任务及要求

(1) 设计一个篮球比赛计时器，包含计数器、译码显示电路、控制电路和报警电路。

(2) 控制电路直接控制计数器启动计数、暂停/连续计数，以及译码显示电路的显示等功能。

(3) 当控制电路的置数开关闭合时，在数码管上显示 24 s 或者 12 min。每当一个秒脉冲信号输入计数器时，数码管上的数字就会自动减 1，当计时器递减到零时，报警电路发出光电报警与蜂鸣信号。

2. 实验原理

图 10-14 为篮球比赛计时器原理参考框图。

接通电源后，场外裁判拨到单节“置数”状态，使得显示屏上显示“12:00”和“24”的字样。在主裁抛球后，比赛开始，同时计时开始，12 min 和 24 s 进入倒计时。如果在比赛当中有犯规或其他情况需要暂停，裁判按下“暂停”按钮，时间被锁存器锁存，等罚完球或者情况处理完后，按下按钮，24 s 清零，计时继续。如果在比赛当中进攻时间超过 24 s，则警报响起，报警灯提示。如果比赛时间少于 24 s，则以比赛时间为准，忽略进攻时间。一次 12 min 计时结束后，报警提示。当下一节比赛开始时，比赛节数加 1，直到 4 节比赛

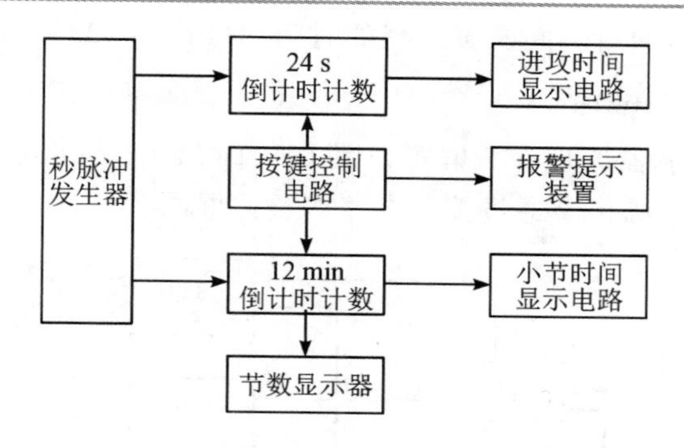

图 10－14　篮球比赛计时器原理参考框图

结束。

3. 实验内容及步骤

(1) 设计整体电路，画出电路原理图，并在计算机上完成仿真实验。

(2) 分块调试电路，并记录参数。

(3) 组装调试电路，测试整体电路的功能(用 LED 数码管显示)。

4. 设计报告要求

要求设计报告包含以下内容：

(1) 设计要求；

(2) 总电路框图及总体原理图；

(3) 设计思想及基本原理分析；

(4) 单元电路分析；

(5) 测试结果及调试过程中所遇到的故障的分析；

(6) 设计过程的体会与创新点。

5. 参考元器件

参考元器件包括集成运放、数字逻辑器件、寄存器、555 定时器、扬声器、按键开关、电容器、电阻器等。

设计项目 10.11　十字路口交通灯控制器的设计

设计难度：★★★★

1. 设计任务及要求

(1) 主支干道交替通行，主干道每次放行 30 s，支干道每次放行 20 s。

(2) 绿灯亮表示可以通行，红灯亮表示禁止通行。

(3) 每次绿灯变红灯时，黄灯先亮 5 s，此时另一干道上的红灯不变。

(4) 十字路口要有数字显示，作为时间提示，以便人们更直观地把握时间。具体要求是主、支干道通行时间及黄灯亮的时间均以 s 为单位作减计数。

(5) 黄灯亮时，红灯按 1 Hz 的频率闪烁。

(6) 要求主、支干道通行时间及黄灯亮的时间均可在 0～99 s 内任意设定。

2. 实验原理

十字路口交通灯控制器原理参考框图如图 10-15 所示。可以根据设计要求，自行设计电路，但应在设计报告中画出交通灯控制电路的整体框图。

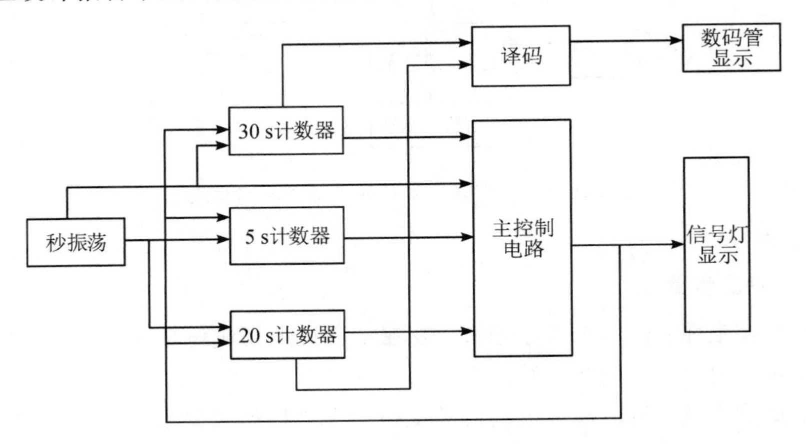

图 10-15 十字路口交通灯控制器原理参考框图

3. 实验内容及步骤

(1) 设计单方向红绿灯控制电路，画出电路原理图，并在计算机上完成仿真实验。

(2) 分块调试电路，并记录参数。信号灯用发光二极管代替，秒数用 LED 数码管显示。

(3) 组装调试电路，测试整体电路的功能。

4. 设计报告要求

要求设计报告包含以下内容：

(1) 设计要求；

(2) 总电路框图及总体原理图；

(3) 设计思想及基本原理分析；

(4) 单元电路分析；

(5) 仿真、测试结果及调试过程中所遇到的故障的分析；

(6) 设计过程的体会与创新点。

5. 参考元器件

参考元器件包括集成运放、数字逻辑器件、寄存器、555 定时器、按键开关、LED 数码管、LED、电容器、电阻器等。

设计项目 10.12 电源电压监测与报警电路的设计

设计难度：★★★★

1. 设计任务及要求

(1) 利用实验室常用芯片(如集成运放逻辑门等)设计一个电压监测与报警电路。

(2) 监测电压范围为4.5～5.0 V。

(3) 当电压超出范围时发出声光报警信号。

2. 实验原理

本设计的监测电压范围为4.5～5.0V，超出此范围将报警提示。从设计原理上讲，本设计将主要利用窗口比较器电路完成，但是设计过程中需要注意电磁干扰的问题。由于监测范围较小，极易产生误报警，当被测量出现干扰导致误报警时应及时解除。当被监测电压超过此范围时，发出报警音提示，这部分可以采用蜂鸣器或者语音输出信号完成报警，各位同学可根据科学性要求自行设计。图10-16为电源电压监测与报警电路原理参考框图。

图10-16　电源电压监测与报警电路原理参考框图

3. 实验内容及步骤

(1) 按照设计好的原理图，在万用板或面包板上组装电路。

(2) 按单元分块调试电路。

(3) 调试电压比较器电路。

(4) 调试译码显示电路。

(5) 调试控制电路。

(6) 进行整体电路调试，观察电源电压监测电路工作情况，并记录结果。

4. 设计报告要求

要求设计报告包含以下内容：

(1) 设计要求；

(2) 总电路框图及总体原理图；

(3) 设计思想及基本原理分析；

(4) 单元电路分析；

(5) 测试结果及调试过程中所遇到的故障的分析；

(6) 设计过程的体会与创新点。

5. 参考元器件

参考元器件包括集成运放、数字逻辑器件、寄存器、555定时器、LED、蜂鸣器、按键开关、电容器、电阻器等。

设计项目10.13　逻辑测试笔的设计与制作

设计难度：★★★★

1. 设计任务与要求

(1) 可用来检测数字电路中各点的逻辑状态(0、1或高阻态)。

(2) 当被测点为低电平(0)时，数码管显示“0”。

(3) 当被测点为高电平(1) 时，数码管显示“1”。

(4) 当被测点悬空(高阻态)时，数码管显示“H”。

2. 实验原理

图 10－17 为逻辑测试笔原理参考框图。为减少对被测电路的影响，输入端应设置输入缓冲电路，对输入信号进行隔离，然后对被测信号进行逻辑状态的识别，识别过程可以利用晶体管或者电压比较器电路实现，最后将识别的结果送入显示电路，显示输出采用 LED 数码管完成，所以需要增加数码管的显示译码电路。

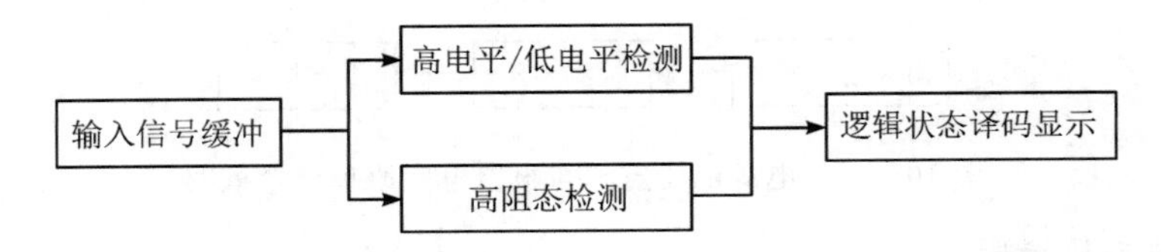

图 10－17　逻辑测试笔原理参考框图

逻辑测试笔电路的设计难点在于逻辑状态的准确识别，具体电平标准可以查阅相关技术标准。

3. 实验内容及步骤

(1) 按照设计好的原理图，在计算机上进行初步仿真。

(2) 在万用板或面包板上组装电路，按单元分块调试电路。

(3) 调试显示电路

(4) 调试电平检测电路。

(5) 进行整体电路调试。

4. 设计报告要求

要求设计报告包含以下内容：

(1) 设计要求；

(2) 总电路框图及总体原理图；

(3) 设计思想及基本原理分析；

(4) 单元电路分析；

(5) 测试结果及调试过程中所遇到的故障的分析；

(6) 设计过程的体会与创新点。

5. 参考元器件

参考元器件包括集成运放、数字逻辑器件、寄存器、数码管、555 定时器、按键开关、三极管、二极管、电容器、电阻器等。

设计项目 10.14　秒脉冲发生器的设计

设计难度：★★★

1. 设计任务及要求

(1) 利用门电路或 555 定时器并结合电容器和电阻器构成秒脉冲发生器。

(2) 秒脉冲信号周期偏差值应小于 1 ms。

(3) 高电平≥4.0 V，低电平≤0.4 V。

(4) 占空比可调范围为 0.1～0.9。

2. 实验原理

本设计的难点在于如何使脉冲的频率更为精准，若直接应用振荡电路产生 1 Hz 的脉冲，则会有较严重的频率偏移。

图 10-18 为利用一般振荡电路设计秒脉冲发生器的原理参考框图。利用多谐振荡电路产生 100 Hz(或更高频率)的脉冲信号，经过分频后可以获得周期为 1 s 的脉冲信号。这种方法易于实现，但是振荡稳定性不太理想，容易受到外界环境的影响。设计中也可以应用晶振产生更加精准的时钟信号，例如利用晶振产生 32 768 Hz 的脉冲信号，经过分频后可以得到 1 Hz 信号，这种方法具有精度高、振荡频率稳定的特点。

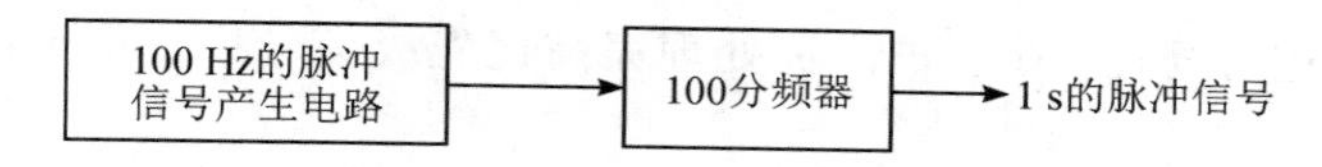

图 10-18　秒脉冲发生器原理参考框图

3. 实验内容及步骤

(1) 按照设计好的原理图，在万用板或面包板上组装电路。

(2) 按单元分块调试电路。

(3) 进行整体电路调试，测量秒脉冲发生器的输出参数和稳定性，并记录结果。

(4) 详细分析、测量秒脉冲发生器的实现精度、误差等指标信息。

4. 设计报告要求

要求设计报告包含以下内容：

(1) 设计要求；

(2) 总电路框图及总体原理图；

(3) 设计思想及基本原理分析；

(4) 单元电路分析；

(5) 测试结果及调试过程中所遇到的故障的分析；

(6) 设计过程的体会与创新点；

(7) 元器件清单。

5. 参考元器件

参考元器件包括门电路芯片、555定时器、电阻器、电容器。

设计项目 10.15 病房呼叫器的设计与制作

设计难度：★★★★

1. 设计任务及要求

(1) 能同时供四位病人使用，有需求的病人可通过病床前的按钮进行呼叫。

(2) 可依据病人病情轻重设置优先级别，多位病人同时呼叫时，病情最重者优先处理，病情最轻者最后处理。

(3) 当多位病人同时呼叫时，在医护人员处需显示所有呼叫病人的声光报警信号以及病情最重者的病床编号。

(4) 收到呼叫信号后，医护人员可停止声光报警功能。

2. 实验原理

图10-19为病房呼叫器原理参考框图。病人通过输入电路进行呼叫请求后，通过优先编码器进行优先选择，优先级高的信号进入锁存电路，通过锁存电路输出至译码显示电路进行显示输出。控制电路对呼叫信号进行计时，确保呼叫信号有效显示，同时控制报警电路，提示医护人员进行处理。在医护人员处理完高优先级信号后，进行低优先级信号的处理与显示。

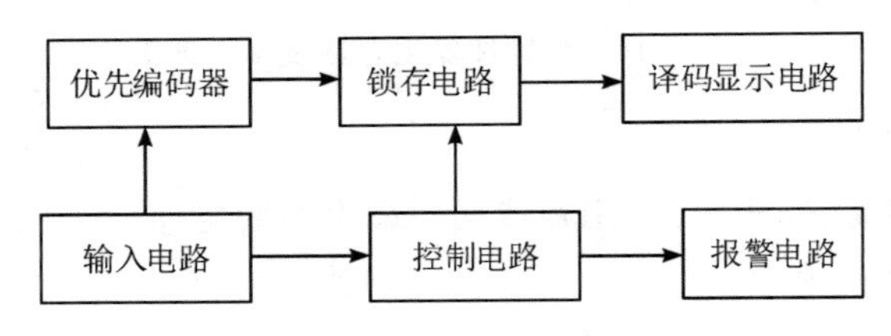

图10-19 病房呼叫器原理参考框图

3. 实验内容及步骤

(1) 按照设计好的原理图，在万用板或面包板上组装电路。

(2) 按单元分块调试电路。

(3) 调试优先编码器和锁存电路。

(4) 调试译码显示电路。

(5) 调试控制电路。

(6) 进行整体电路调试，观察病房呼叫器的工作情况并记录结果。

4. 设计报告要求

要求设计报告包含以下内容：

(1) 设计要求；

(2) 总电路框图及总体原理图；

(3) 设计思想及基本原理分析；

(4) 单元电路分析；

(5) 测试结果及调试过程中所遇到的故障的分析；

(6) 设计过程的体会与创新点；

(7) 元器件清单。

5. 参考元器件

参考元器件包括按键开关若干、集成 74LS148 优先编码器、集成 74LS48 显示译码器、集成 74LS04 反相器、5101AS 七段数码管(共阴极，与显示译码器匹配)、晶体三极管若干、发光二极管若干、蜂鸣器 1 个、电阻器若干(510 Ω、50 Ω)。

设计项目 10.16　四路抢答器的设计与制作

设计难度：★★★★

1. 设计任务及要求

(1) 抢答器同时供 4 名或者 4 个代表队比赛时使用，分别用 S_1～S_4 表示。

(2) 设置一个复位开关 S_5，由主持人控制，具有可清除前一次抢答、开启下一次抢答的功能。

(3) 抢答器具有锁存与显示参赛选手编号的功能，并能给出报警声响。当有选手按动按钮时，系统随即锁存相应编号，并在七段数码管上显示，同时蜂鸣器给出声音提示。选手抢答实行优先锁存，优先抢答的选手编号一直持续到主持人将系统复位为止。

(4) 系统可按实际需要扩展出抢答计时功能。

2. 实验原理

图 10－20 为四路抢答器原理参考框图。

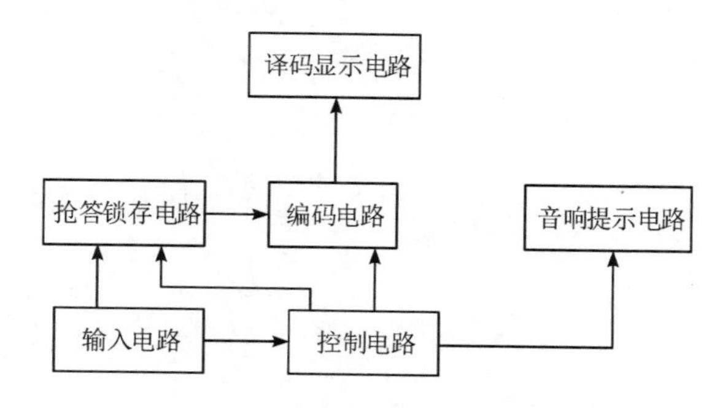

图 10－20　四路抢答器原理参考框图

抢答器能够实现要求的方法很多。推荐的方法是选用优先编码器将抢答者选出，然后送入锁存器，锁存器输出信号经过译码器译码后输出，通过LED数码管显示出抢答者的编号。控制电路将编码器置于禁止状态，不允许其他选手抢答。

3. 实验内容及步骤

(1) 按照设计好的原理图，在万用板或面包板上组装电路。

(2) 按单元分块调试电路。

(3) 调试抢答锁存电路。

(4) 调试译码显示电路。

(5) 调试控制电路。

(6) 进行整体电路调试，观察抢答器的工作情况并记录结果。

4. 设计报告要求

要求设计报告包含以下内容：

(1) 设计要求；

(2) 总电路框图及总体原理图；

(3) 设计思想及基本原理分析；

(4) 单元电路分析；

(5) 测试结果及调试过程中所遇到的故障的分析；

(6) 设计过程的体会与创新点；

(7) 元器件清单。

5. 参考元器件

参考元器件包括七段数码管、74LS373、74LS20、6个按键开关，以及相应的三极管、蜂鸣器、电阻器等。74LS373是一款常用的地址锁存器芯片，由8个并行的、带三态缓冲输出的D触发器构成。

参 考 文 献

[1] 阮秉涛，樊伟敏，蔡忠法，等. 电子技术基础实验教程[M]. 3 版. 北京：高等教育出版社，2016.

[2] 李瀚荪. 电路分析基础[M]. 5 版. 北京：高等教育出版社. 2017.

[3] 童诗白，华成英，叶朝辉. 模拟电子技术基础[M]. 6 版. 北京：高等教育出版社. 2023.

[4] 阎石，王红. 数字电子技术基础[M]. 6 版. 北京：高等教育出版社，2016.

[5] 周润景，李志，张玉光. 基于 Quartus Prime 的数字系统 Verilog HDL 设计实例详解[M]. 3 版. 北京：电子工业出版社，2018.

[6] 熊伟，侯传教，梁青，等. 基于 Multisim 14 的电路仿真与创新[M]. 北京：清华大学出版社，2021.